LPA Test

Nichttechnischer Dienst

Ausbildung & Duales Studium

Inhalt

Aufgaben und Lösungen verfasst von:
Marion von der Kammer (Testsimulation I und II)
Steffen Walz (Testsimulation III und IV)

Vorwort

Liebe Leserinnen und Leser,

Mit dem vorliegenden Band können Sie sich effektiv auf die schriftliche **Auswahlprüfung** für den **öffentlichen Dienst in Bayern** vorbereiten: sowohl für die **Ausbildungsplätze** der zweiten Qualifikationsebene als auch für **duale Studienplätze** der dritten Qualifikationsebene.

Alle **vier enthaltenen Aufgabensets**, sogenannte Testsimulationen, orientieren sich inhaltlich und in Bezug auf die Fragestellungen an den Prüfungen des Bayerischen Landespersonalausschusses (LPA). Sie können damit **einzelne Aufgabentypen** aus verschiedenen Themenbereichen üben. Außerdem können Sie die jeweilige Prüfungssituation mit den **kompletten Tests** nachstellen.

- In den **Hinweisen** zu Beginn dieses Bandes finden Sie die wichtigsten Informationen zur Auswahlprüfung, Tipps zur Vorbereitung sowie eine Checkliste, mit der Sie testen können, ob Sie bereits fit für die Prüfung sind.
- Mit den ersten beiden Aufgabensets (Testsimulationen) bereiten Sie sich auf die Prüfung für **Auszubildende** vor.
- Die Testsimulationen III und IV sind genau auf die Prüfung für das **duale Studium** abgestimmt.
- Hinter jedem Aufgabenset finden Sie einen **Lösungsbogen** zum Ausschneiden. Wie in der Originalprüfung können Sie so üben, Ihre Lösungen in einen separaten Lösungsbogen einzutragen.
- Anhand der ausführlichen **Musterlösungen** können Sie prüfen, ob Ihre Lösungen richtig sind. Tipps in *Kursivdruck* und **Lösungserklärungen** helfen Ihnen dabei, die Lösungen zu verstehen.

Wir wünschen Ihnen viel Ausdauer und viel Erfolg für die Prüfung sowie einen guten Start in Ihr Berufsleben!

Hinweise zum Auswahlverfahren für den öffentlichen Dienst in Bayern

Berufsziel öffentlicher Dienst

Sie planen eine Karriere in der Verwaltung, z. B. bei einer Kommune oder auch einer Finanz- oder Justizbehörde?
Wenn Sie bei staatlichen und kommunalen Verwaltungen im nichttechnischen Bereich einsteigen möchten, müssen Sie nicht nur einen bestimmten **Schulabschluss** nachweisen, sondern auch eine **Auswahlprüfung** erfolgreich bestehen.

Qualifikationsebenen

Unterschieden werden
- die **Ausbildung** für die zweite Qualifikationsebene (2. Q./ früher „mittlerer" Dienst)
- und das **duale Studium** für die dritte Qualifikationsebene (3. Q./ früher „gehobener Dienst").

Voraussetzungen Bewerbungsfristen etc.

▸ **Wo finde ich weitere Informationen?**
Welche beruflichen Möglichkeiten Sie im öffentlichen Dienst haben, welche Voraussetzungen jeweils zu erfüllen sind und welche aktuellen Bewerbungsfristen gelten, können Sie der Homepage des **Bayerischen Landespersonalausschusses (LPA)** entnehmen: *www.lpa.bayern.de.*

Das erwartet Sie in der Auswahlprüfung

Termine

Die Auswahlprüfung findet in der Regel Anfang **Juli** für die **Ausbildungsplätze** bzw. Anfang **Oktober** für das **Duale Studium** an einem Prüfungsort in Bayern statt, der Ihnen ca. zwei Wochen vor der Prüfung schriftlich mitgeteilt wird.
Für die Prüfung gibt es **keinen Ersatztermin**, d. h., Sie können erst wieder am Auswahlverfahren im nächsten Jahr teilnehmen, sofern Sie die Voraussetzungen erfüllen.

Prüfungsdauer

Die schriftliche Auswahlprüfung dauert drei Stunden für die Ausbildung bzw. vier Stunden für das Duale Studium und umfasst ca. 30 Aufgaben.

Inhalte

Neben einer guten **Allgemeinbildung** (kulturelles und politisches Zeitgeschehen, Geografie, Geschichte, Wirtschaft und Recht, Politik) müssen Sie Ihre **Ausdrucksfähigkeit** in der deutschen Sprache sowie Ihre Fähigkeit zu **logischem, strukturellem und analytischem Denken** beweisen. Außerdem werden Ihre **Konzentrationsfähigkeit** und Ihre Belastbarkeit geprüft.
Zu Beginn müssen Sie sich in der Regel mit einem Text auseinandersetzen und Aufgaben im Multiple-Choice-Stil dazu beantworten. Weiterhin sollten Sie in der Lage sein, Diagramme, Tabellen, Texte sowie Karikaturen auszuwerten und hierzu Fragen zu beantworten. Auf gängige Logik- und Konzentrationsaufgaben sollten Sie sich ebenfalls vorbereiten.

Wie bereite ich mich optimal auf die Prüfung vor?

Vor der Prüfung

1 Stellen Sie die **tatsächliche Prüfungssituation** nach. Bearbeiten Sie die Aufgaben und füllen Sie den Lösungsbogen aus. Nehmen Sie sich dafür genauso viel Zeit wie in der Auswahlprüfung. Die Lösungen sollten Sie vorab nicht anschauen!

2 Überprüfen Sie nach einer Pause Ihre **Lösungen** anhand der abgedruckten Lösung: Welche Aufgaben haben Sie gut gelöst, wo besteht noch Übungsbedarf? Nutzen Sie die Tipps im Lösungsteil, um fehlende oder fehlerhafte Lösungen nachzuvollziehen. Haben Sie alle Aufgaben in der vorgegebenen Zeit geschafft?

3 Sowohl bei einem Zeitproblem als auch bei fachlichen Schwierigkeiten können Sie Ihre Leistungen durch **Üben** verbessern.

4 Im Prüfungsjahr sollten Sie sich am besten täglich über das **aktuelle Geschehen** informieren. Sie können eine (überregionale) Tageszeitung in Print oder digital lesen, die Nachrichten ansehen oder sich über seriöse Internetquellen informieren (z. B. *www.tagesschau.de; www.zdf.de/nachrichten, www.br.de/nachrichten*).

5 Wie für jeden Test gilt auch hier: Kommen Sie gut ausgeschlafen zur Prüfung und planen Sie genügend Zeit für die Anreise ein!

Sind Sie fit für die Prüfung?

Die **Checkliste** auf Seite 4 hilft Ihnen dabei festzustellen, ob Sie gut vorbereitet sind bzw. wo Sie noch Übungsbedarf haben. Vor allem die Themen und Aufgaben, bei denen Sie „weniger gut" oder „noch nicht" angekreuzt haben, sollten Sie sich noch einmal genau ansehen.

Tipps für die Auswahlprüfung

In der Prüfung

1 Kontrollieren Sie zu Beginn der Prüfung, ob die Aufgaben und Lösungen **vollständig** vorliegen.

2 In welcher **Reihenfolge** Sie die Aufgaben bearbeiten, bleibt grundsätzlich Ihnen überlassen. Die Logik- und Konzentrationsaufgaben lassen sich im Normalfall unabhängig voneinander lösen. Sie können die Aufgaben nacheinander oder zwischen den anderen Aufgaben bearbeiten. Dies gilt auch für die Fragen zu Geschichte und Politik, die meist am Ende der Prüfung gestellt werden.

3 Alle **Texte und Aufgaben** sollten Sie **sorgfältig durchlesen**. Bearbeiten Sie die Aufgaben nicht zu schnell.

4 Achten Sie auf eine ordentliche **äußere Form** Ihres Lösungsbogens. Schreiben Sie nicht in den Randbereich, der für Korrekturen vorgesehen ist. Am besten nehmen Sie Notizpapier mit und markieren Sie Ihre Lösung erst im Lösungsbogen, wenn Sie sich Ihrer Antwort sicher sind.

5 Wie für jeden Test gilt auch hier: Überprüfen Sie vor der Abgabe Ihres Lösungsbogens, ob Sie (möglichst) alle Aufgaben bearbeitet haben.

Wann ist die Prüfung bestanden?

In der Auswahlprüfung können Sie in der Regel 250 (Ausbildung) bis 300 Punkte (Duales Studium) erreichen. Die maximal erzielbaren Punkte pro Aufgabe sind jeweils angegeben. Die erreichten Punkte werden in eine Note umgerechnet, die in die Gesamtnote einfließt.

Gesamtnote

Ihre **Gesamtnote** setzt sich aus Ihrem Ergebnis der Auswahlprüfung und dem Durchschnitt Ihrer Schulnoten in Mathematik oder Rechnungswesen und Deutsch zusammen. Für das Duale Studium wird bei der Schulnote zusätzlich eine frei wählbare Fremdsprache berücksichtigt. Beim Errechnen der Gesamtnote wiegt die Auswahlprüfung schwerer als Ihre Schulnote (siehe Tabelle).

AUSBILDUNG	
Gesamtnote	(Note Auswahlprüfung × 2 + Schulnotenschnitt) : 3
Schulnotenschnitt	(Note Mathematik oder Rechnungswesen × 3 + Note Deutsch) : 4
DUALES STUDIUM	
Gesamtnote	(Note Auswahlprüfung × 1,5 + Schulnotenschnitt) : 2,5
Schulnotenschnitt	(Mathematik × 3 + Deutsch + Fremdsprache) : 5

Entsprechend Ihrer Gesamtnote erhalten Sie einen Platz auf einer **Rangliste**, der Ihnen meist bis Ende September mitgeteilt wird. Bestanden haben Sie, wenn Ihre Gesamtnote nicht schlechter ist als 4,00.

Nach der Prüfung

- **Bekomme ich automatisch eine Stelle zugewiesen, wenn ich den Test bestanden habe?**
  Die erfolgreiche Teilnahme an der Auswahlprüfung bedeutet keine Einstellungsgarantie. Im Regelfall erhalten Sie zeitgleich mit Ihrem Prüfungsergebnis die Information darüber, ob dieses für die Einstellung ausreicht.
- **Kann ich die Prüfung wiederholen?**
  Wenn Sie dies im ersten Anlauf nicht geschafft haben, können Sie im nächsten Jahr erneut an der Prüfung teilnehmen, sofern Sie die erforderlichen Voraussetzungen erfüllen.

Checkliste für die Auswahlprüfung

Das kann ich	sehr gut	gut	weniger gut	noch nicht
DEUTSCH				
Texte zügig und genau lesen	☐	☐	☐	☐
Fragen zum Text	☐	☐	☐	☐
Rechtschreib- und Kommafehler erkennen	☐	☐	☐	☐
Aufgaben zur Grammatik	☐	☐	☐	☐
Synonyme und Antonyme	☐	☐	☐	☐
Eigene Texte (z. B. Leserbrief) verfassen	☐	☐	☐	☐
POLITIK UND WIRTSCHAFT				
Prinzipien des Wahlrechts (Bayern, Deutschland, Europa)	☐	☐	☐	☐
Aufgaben wichtiger Politiker*innen (z. B. Kanzler*in)	☐	☐	☐	☐
GEOGRAPHIE				
Deutschland: Bundesländer, Städte, Flüsse	☐	☐	☐	☐
Europa: Länder und Hauptstädte	☐	☐	☐	☐
Welt: Länder und Meere	☐	☐	☐	☐
GESCHICHTE				
Lückentexte zu historischen Ereignissen	☐	☐	☐	☐
Ereignisse zeitlich zuordnen	☐	☐	☐	☐
Personen und/oder Zitate zuordnen	☐	☐	☐	☐
LOGIK UND KONZENTRATION				
Logische Reihen (Buchstaben, Zahlen etc.)	☐	☐	☐	☐
Schlussfolgerungen (Wochentage etc.)	☐	☐	☐	☐
Würfel- und Dominoaufgaben	☐	☐	☐	☐
Mathematische Denkaufgaben	☐	☐	☐	☐
Konzentrationsaufgaben	☐	☐	☐	☐
ALLGEMEINE FÄHIGKEITEN				
Tagesgeschehen über seriöse Medien verfolgen	☐	☐	☐	☐
Fragestellung zu einer Aufgabe genau lesen	☐	☐	☐	☐
Aufgaben in der vorgegebenen Zeit lösen	☐	☐	☐	☐
Lösungsbogen sauber ausfüllen	☐	☐	☐	☐

Ausbildung
im öffentlichen Dienst

Testsimulationen

Testsimulation I

Für die Bearbeitung der Aufgaben haben Sie drei Stunden Zeit.

Aufgabe	Punkte	Zeit (Min.)
1–32	250	180

Insgesamt werden 250 Punkte vergeben. Bei jeder Aufgabe ist angegeben, welche Punktzahl mit der richtigen Lösung zu erreichen ist.

Textanalyse

Vor der Beantwortung der Aufgaben 1 und 2 lesen Sie bitte den folgenden Text „Meinungsfreiheit“ von Kerstin von der Decken aufmerksam durch.

Kerstin von der Decken: Meinungsfreiheit

Abschnitt 1

„Menschenrechte“ und „Grundrechte“ sind im Prinzip dasselbe. Es handelt sich um Rechte, die dem Menschen zustehen – weil er ein Individuum mit Verstand, Gefühlen und einer unverwechselbaren Persönlichkeit ist. Wenn diese Rechte in internationalen Dokumenten verankert sind, heißen sie „Menschenrechte“. Wenn sie in der deutschen Verfassung, dem „Grundgesetz“, stehen, heißen sie „Grundrechte“. Die Meinungsfreiheit ist beides: ein Menschenrecht und ein Grundrecht.

Die Meinungsfreiheit gehört zu den ältesten Menschenrechten. Zu finden ist sie bereits in der „Erklärung der Menschen- und Bürgerrechte“ von 1789, die im Zuge der Französischen Revolution verkündet wurde:

Art. 11 [...].

Heute ist die Meinungsfreiheit als Menschenrecht in weltweiten internationalen Menschenrechtsdokumenten garantiert. Die wichtigsten sind die von der UN-Generalversammlung verabschiedete „Allgemeine Erklärung der Menschenrechte“ von 1948

Art. 19 [...]

und der „Internationale Pakt über bürgerliche und politische Rechte“ von 1966

Art. 19 [...].

Obwohl die Meinungsfreiheit also als weltweites Menschenrecht gedacht ist, so wird sie doch nicht in jedem Staat gewährleistet. Die „Allgemeine Erklärung der Menschenrechte“ ist unverbindlich, und der „Internationale Pakt über bürgerliche und politische Rechte“ wurde nur von 173 (der rd. 200) Staaten ratifiziert.

Entscheidend ist daher, ob die Meinungsfreiheit in den nationalen Verfassungen garantiert ist. In Deutschland ist die Meinungsfreiheit als Grundrecht in der Verfassung, dem „Grundgesetz“ von 1949, verankert.

Art. 5

1. *Jeder hat das Recht, seine Meinung in Wort, Schrift und Bild frei zu äußern und zu verbreiten und sich aus allgemein zugänglichen Quellen ungehindert zu unterrichten. [...] Eine Zensur findet nicht statt.*
2. *Diese Rechte finden ihre Schranken in den Vorschriften der allgemeinen Gesetze, den gesetzlichen Bestimmungen zum Schutze der Jugend und in dem Recht der persönlichen Ehre.*

Abschnitt 2

Art. 5 des Grundgesetzes beginnt mit dem Wort „jeder". Das bedeutet, dass alle Menschen (sog. „natürliche Personen") Meinungsfreiheit haben – unabhängig von ihrer Nationalität, ihrer Herkunft, ihres Geschlechts, ihres Geisteszustands, ihrer politischen Haltung etc. Auch Minderjährige haben eine Meinungsfreiheit, wenn sie in der Lage sind, den Sinn einer Äußerung zu verstehen und einzuschätzen. Zum anderen haben aber auch organisierte Personengruppen (sog. „juristische Personen"), wie etwa Vereine, Nichtregierungsorganisationen (Greenpeace, Amnesty International etc.), eine Meinungsfreiheit. Die Meinungsfreiheit wird daher als „Jedermannsrecht" bezeichnet.

Abschnitt 3

Die Meinungsfreiheit ist ein Schutzrecht gegenüber dem Staat. Es ist also der Staat, der die Meinungsfreiheit aller Menschen auf seinem Territorium zu achten hat. Der Staat darf die Meinungsfreiheit grundsätzlich nicht einschränken. Er darf vor allem nicht bestimmte Meinungen, etwa kritische Stimmen, verbieten. Die Meinungsfreiheit gilt also „vertikal" zwischen dem Menschen und dem Staat.

Gleichzeitig gilt die Meinungsfreiheit aber auch zwischen den Menschen. Sie gilt also auch „horizontal". Grund ist, dass die Meinungsfreiheit Teil der verfassungsrechtlichen deutschen Wertordnung ist. Diese beeinflusst alle deutschen Normen, also auch diejenigen im Verhältnis zwischen den Menschen. Der Staat schützt die Meinungsfreiheit, indem er dafür sorgt, dass jeder Mensch die Meinungsfreiheit der anderen Menschen respektiert.

Abschnitt 4

Die Meinungsfreiheit schützt „Meinungen". Darunter versteht man Werturteile und Sichtweisen. Da Meinungen immer subjektiv sind, können sie nicht objektiv richtig oder falsch, wertvoll oder wertlos sein. Geschützt sind sie alle. Unter Meinungen werden sowohl politische als auch andere Meinungen verstanden. Auch Tatsachenbehauptungen werden als Meinung geschützt – aber nur, wenn sie erforderlich sind für die Bildung von Meinungen. Nicht geschützt sind hingegen bewusst unwahre Tatsachenbehauptungen, also Lügen. Das gilt z. B. für die Leugnung des Holocaust. Diese ist gemäß § 130 Abs. 3 Strafgesetzbuch verboten und strafbar. Bewusste Lügen („Fake news") fallen nicht unter die Meinungsfreiheit.

Geschützt wird der gesamte Prozess der Meinungsfreiheit. Das bedeutet, dass sowohl die „Entstehung" einer Meinung (durch Sammeln von Informationen und anderen Meinungen), das „Haben" einer Meinung (als interner gedanklicher Vorgang) als auch das „Verbreiten" einer Meinung (durch schriftliche, mündliche oder sonstige Kommunikation) geschützt sind. Das „Verbreiten" von Meinungen steht dabei im Zentrum. Ziel ist ein freier und ungehinderter Meinungsaustausch. Jeder Mensch soll möglichst viele Meinungen hören, um sich so seine eigene Meinung zu bilden, sie zu ändern oder sie zu bestätigen. Die eigenen Meinungen auszutauschen und sich gegenseitig zu widersprechen, ist also ein wesentlicher Teil der Meinungsfreiheit. Wie die Meinungen verbreitet werden, ist ohne Bedeutung. Auch Verbreitungen über Plakate, Flyer, im Internet, über Facebook, YouTube etc. sind geschützt.

„Schutz" der Meinungsfreiheit bedeutet, dass weder der Staat noch der Einzelne eine Meinung verbieten dürfen. Auch die Bestrafung einer Meinungsäußerung (etwa durch Anordnung einer Geldbuße, durch Verurteilung zum Schadensersatz etc.) ist grundsätzlich nicht möglich.

Abschnitt 5

Art. 5 Abs. 1 des Grundgesetzes sagt ausdrücklich: „Eine Zensur findet nicht statt." Unter einer „Zensur" ist eine Vor- oder Präventivzensur zu verstehen, also die Vorschaltung eines behördlichen Verfahrens, bevor eine Meinung veröffentlicht wird. Eine solche Zensur ist in Deutschland absolut verboten. Es ist also nicht möglich, dass zum Beispiel der Inhalt einer Zeitung oder einer Internetseite vom Staat geprüft (und möglicherweise verboten) wird, bevor er veröffentlicht wird. Möglich ist allerdings, dass der Staat bereits veröffentlichte Meinungsäußerungen prüft, um sicherzustellen, dass diese die Grenzen der Meinungsfreiheit einhalten.

Jedes Grund- und Menschenrecht, also auch die Meinungsfreiheit, hat nämlich Grenzen. Diese werden sowohl im Grundgesetz als auch in den internationalen Menschenrechtsdokumenten ausdrücklich genannt. Art. 5 Abs. 2 des Grundgesetzes nennt drei Grenzen der Meinungsfreiheit:

Die erste Grenze ist das „Recht der persönlichen Ehre“. Das bedeutet, dass Beleidigungen, Erniedrigungen und Verleumdungen nicht unter die Meinungsfreiheit fallen. Jeder hat also das Recht, seine Meinung zu äußern und andere zu kritisieren. Er darf den Andersdenkenden dabei aber nicht beleidigen oder verleumden. Der Meinungsaustausch muss „fair“ bleiben.

Die zweite Grenze ist der „Schutz der Jugend“. Alle Meinungsäußerungen, die zum Beispiel Gewalt oder Verbrechen glorifizieren, Hass auf andere Menschen provozieren oder sexuelle Vorgänge in grob schamverletzender Weise darstellen, sind jugendgefährdend. Sie sind nicht Teil der Meinungsfreiheit.

Die dritte Grenze sind sogenannte „generelle Gesetze“. Es handelt sich dabei um Gesetze, die andere verfassungsrechtliche Rechtsgüter schützen. Anders ausgedrückt: Die Meinungsfreiheit endet dort, wo ein Gesetz andere Grundrechte/andere Gemeinschaftswerte schützt. Ein solches Gesetz ist aber nur dann „generell“, wenn es sich nicht gegen eine einzelne Meinung richtet, also meinungsneutral ist. Ein Gesetz darf demnach nicht eine bestimmte Meinung verbieten, um andere Rechte und Werte zu schützen (es ist beispielsweise nicht möglich, umweltschützende Meinungen zu verbieten, um die Wirtschaft zu schützen – oder umgekehrt – wirtschaftsfreundliche Meinungen zu verbieten, um die Umwelt zu schützen). Es gibt in Deutschland nur eine Ausnahme, in der eine bestimmte Meinung verboten ist und bestraft wird: die Billigung, Verherrlichung oder Rechtfertigung der nationalsozialistischen Gewalt- und Willkürherrschaft. Solche Meinungen werden gemäß § 130 Abs. 4 Strafgesetzbuch mit Freiheitsstrafe bis zu drei Jahren oder mit Geldstrafe bestraft. Gründe sind zum einen ihre potenzielle Friedensbedrohung, zum anderen das Grundgesetz selbst, das einen bewussten Gegenentwurf zum Nationalsozialismus darstellt.

Die Grenzen sind von jedem Inhaber der Meinungsfreiheit, also jedem einzelnen Menschen sowie Vereinen und anderen Personengruppen, einzuhalten. Sonst drohen Verbote und Strafen. Diejenigen, die eine Verbreitung von Meinungen möglich machen (Zeitungen, Internetplattformen, soziale Netzwerke etc.) haben ebenfalls darauf zu achten, dass die Grenzen eingehalten werden. Sie dürfen daher Meinungen, welche die Grenzen überschreiten, nicht verbreiten bzw. müssen sie löschen. Nur so ist ein fairer Meinungsaustausch möglich.

Kerstin von der Decken: Meinungsfreiheit, bpb vom 13. 06. 2020,
https://www.bpb.de/lernen/projekte/abdelkratie/311350/meinungsfreiheit

In der Prüfung müssen Sie Ihre Antworten in einen separaten Lösungsbogen eintragen. Nutzen Sie auch für die Testsimulation den heraustrennbaren **Lösungsbogen** (S. 33). Kreuzen Sie dort die jeweils richtigen Antworten an bzw. schreiben Sie die Lösungen in die dafür vorgesehenen Felder. Die **Lösungen** zu den Aufgaben finden Sie ab S. 43.

1 Inhalt des Textes

12 Punkte

Überprüfen Sie für jeden Textabschnitt, ob die angegebenen Behauptungen im Sinne des Textes **eindeutig richtig** oder **eindeutig falsch** sind oder **dem Text nicht zu entnehmen** sind. Tragen Sie die jeweils richtige Antwort ein.

R = im Sinne des Textes eindeutig richtig
F = im Hinblick auf die Aussagen des Textes falsch
NE = dem Text nicht zu entnehmen

Behauptungen:

Abschnitt 1 (Zeilen 1–30)
- **a** Das Recht auf Meinungsfreiheit wurde bereits im Zuge der Französischen Revolution verkündet.
- **b** Heute gilt das Recht auf Meinungsfreiheit weltweit.

Abschnitt 2 (Zeilen 31–38)
- **a** Artikel 5 des Grundgesetzes gibt in Deutschland allen Bürgern und Bürgerinnen das Recht, ihre Meinung zu äußern.
- **b** Das Grundrecht auf Meinungsfreiheit gilt in Deutschland nur für Erwachsene.

Abschnitt 3 (Zeilen 39–48)
- **a** Man darf auch Dinge äußern, die anderen nicht gefallen.
- **b** Meinungen können richtig oder falsch sein.
- **c** Auch das Verbreiten von Lügen („Fake News“) ist durch die Meinungsfreiheit geschützt.

Abschnitt 4 (Zeilen 49–71)
- **a** Der Staat hat seinen Bürgern und Bürgerinnen das Recht auf Meinungsfreiheit zu garantieren.
- **b** Es darf niemandem vorgeschrieben werden, auf welchem Wege er seine Meinung kundtut.

Abschnitt 5 (Z. 72–112)
- **a** Es gibt für das Äußern von Meinungen keine Beschränkungen.
- **b** Man darf niemanden beleidigen oder verleumden.
- **c** Wer die Gewaltherrschaft des Nationalsozialismus verharmlost, wird bestraft.

2 Bedeutung von Fremdwörtern

5 Punkte

Tragen Sie zu den folgenden Fremdwörtern jeweils den Kennbuchstaben des Wortes ein, das dessen Sinn **im vorgegebenen Textzusammenhang** am besten wiedergibt (siehe Text auf S. 7 ff.).

1 ratifiziert (Z. 20)
- **A** anerkannt
- **B** bestätigt
- **C** unterzeichnet
- **D** genehmigt

2 Territorium (Z. 40)
- **A** Hoheitsgebiet
- **B** Gelände
- **C** Bezirk
- **D** Land

3 glorifizieren (Z. 89)
- **A** loben
- **B** gutheißen
- **C** verherrlichen
- **D** verklären

4 Zensur (Z. 27)
- **A** Note
- **B** Bewertung
- **C** Verbot
- **D** Kontrolle

5 subjektiv (Z. 50)
- **A** unpassend
- **B** voreingenommen
- **C** unvollständig
- **D** unsachlich

3 Fehler korrigieren

Die folgenden Aufgaben müssen Sie direkt im Lösungsbogen (S. 33) bearbeiten.

9 Punkte

a) Im Lösungsbogen finden Sie einen Text über Meinungsfreiheit. Darin sind **Ausdrucksmängel und Grammatikfehler** unterstrichen. Tragen Sie zu jeder dieser Markierungen jeweils einen Verbesserungsvorschlag in die rechte Spalte ein.

Rechtschreib- oder Zeichensetzungsfehler sind nicht zu berichtigen.

10 Punkte

b) In einem weiteren Text im Lösungsbogen fehlen alle Kommas. Tragen Sie die fehlenden notwendigen Kommas **deutlich erkennbar** in den Text ein.

12 Punkte

c) Verbessern Sie im nächsten Text im Lösungsbogen die **Rechtschreibfehler**. Streichen Sie die fehlerhaften Wörter durch und berichtigen Sie diese, indem Sie die Wörter in der korrekten Schreibweise (**komplett, keine Abkürzungen!**) sauber darüberschreiben.

4 Sätze umstrukturieren

5 Punkte

Formulieren Sie die folgenden Satzpaare jeweils in Satzgefüge um. Wandeln Sie dazu die unterstrichenen Hauptsätze in korrekte, sinnvolle Nebensätze um und tragen Sie diese in die Lücken **im Lösungsbogen** ein.

1. Meinungsfreiheit gilt in einer Demokratie als ein wesentliches Grundrecht. Es sollte unbedingt verteidigt werden.
2. Jeder Mensch darf seine Meinung frei äußern. Es gibt dafür auch Grenzen.
3. Meinungsäußerungen arten in Beleidigungen aus. Das ist nicht erlaubt.
4. Bürger*innen können sich nicht auf das Recht auf Meinungsfreiheit berufen. Sie verbreiten Lügen.
5. Der Jugendschutz muss geachtet werden. Gewaltverherrlichende Darstellungen sind ebenfalls verboten.

5 Meinungsfreiheit in der Diskussion

6 Punkte

Neben den Themen 1 bis 6 sind jeweils Oberbegriffe für eine Gliederung dieser Themen notiert. Entscheiden Sie bei jedem Thema, ob es richtig gegliedert ist. Das trifft zu, wenn **Inhalt und Anzahl** der Oberbegriffe korrekt sind. Auch die Reihenfolge spielt eine Rolle.

Beispiel (Nr. 0) für eine richtige Gliederung:

Nr.	Thema	Oberbegriffe für die Gliederung
0	Die Meinungsfreiheit ist in Deutschland ein Grundrecht. Deshalb ist sie auch im Grundgesetz verankert.	I. These II. Begründung

Kreuzen Sie jeweils an, ob das Thema richtig oder falsch gegliedert ist.

Nr.	Thema	Oberbegriffe für die Gliederung
1	Die Bürger*innen haben die Freiheit, sich zu allen wichtigen Themen ihre Meinung zu bilden. Sie dürfen ihre Meinung auf unterschiedliche Weise äußern: mündlich, per E-Mail, auf einem Flyer usw.	I. These II. Beispiele
2	Die Menschen können auch kritische Äußerungen tätigen. Eine Zensur findet nicht statt.	I. These II. Begründung
3	Es ist aber nicht erlaubt, jemanden in seiner Ehre zu verletzen. Man muss sich beim Äußern einer Meinung an bestimmte Regeln halten.	I. Beispiel II. These
4	Einige Bürger*innen fühlen sich anscheinend in ihrer Meinungsfreiheit beschränkt. Sie glauben, sie dürften nur sagen, was die Mehrheit denkt.	I. Behauptung II. Erklärung
5	Immer mehr Menschen suchen ihre Informationen vor allem im Internet. Sie befürchten nämlich, Journalist*innen würden die Meinung der Regierung vertreten.	I. Behauptung II. Begründung
6	Den Wahrheitsgehalt der Posts, die sie im Netz finden, prüfen sie nicht. Wenn sie dort auf Hass und Hetze stoßen, scheint sie das nicht zu stören.	I. Behauptung II. Bedingung

6 Lücken füllen

5 Punkte

Ergänzen Sie im Lösungsbogen die fehlenden **Wörter** im Text. Tragen Sie die in Klammern angegebenen Wörter **in der grammatisch richtigen Form in die Lücken ein** (einschließlich der Artikel und Pronomen). Achten Sie auf den richtigen Kasus.

7 Texte überarbeiten

8 Punkte

a) Damit ein Text interessanter klingt, empfiehlt es sich, die Reihenfolge der Satzglieder abwechslungsreich zu gestalten. Stellen Sie die folgenden Sätze so um, dass jeweils **das in Klammern angegebene Satzglied** an erster Stelle steht.

Es kann vorkommen, dass einem Objekt eine Präposition vorangestellt ist (Präpositionalobjekt). Die Präposition muss dann mit an den Satzanfang gestellt werden.

1. Man liest im Internet regelmäßig unverschämte Kommentare von Leser*innen. (Lokaladverbiale)
2. Die Verfasser*innen verwenden beim Schreiben oft auch eine sehr nachlässige Sprache. (Temporaladverbiale)
3. Viele von ihnen machen in ihren Kommentaren sogar grobe Fehler. (Lokaladverbiale)
4. Das scheint ihre Leser*innen aber kaum zu stören. (Akkusativobjekt)
5. Moderatoren entfernen manchmal inakzeptable Kommentare. (Temporaladverbiale)
6. Einige Online-Medien erlauben auch nur ihren Abonnenten das Posten von Meinungsäußerungen. (Akkusativobjekt).
7. Korrekturen von Hassbotschaften werden in sozialen Netzwerken allerdings nur selten vorgenommen. (Lokaladverbiale)
8. Die Mitglieder müssen dort meist von sich aus auf schlimme Posts reagieren. (Akkusativobjekt)

14 Punkte

b) Im Folgenden lesen Sie einen Auszug aus einem Kommentar einer Journalistin. Sie äußert sich darin zur Meinungsfreiheit und ihren Grenzen. Übertragen Sie ihre Worte in die **indirekte Rede**. Setzen Sie dazu die richtigen Konjunktiv-Formen in die Lücken ein.

Eine Umschreibung mit *würde* ist nur zulässig, wenn die Formen des Konjunktivs sich nicht von den Indikativ-Formen unterscheiden.

> […] vom Grundgesetz sind auch Meinungen geschützt, die von Vorstellungen der Mehrheit abweichen. Auch radikale Äußerungen von rechts wie links haben ihren Platz, egal ob sie wertvoll und durchdacht oder stumpf und unsinnig sind. Die Mütter und Väter unserer Verfassung hatten eine pluralistische Gesellschaft mit vielen unterschiedlichen Meinungen im Blick. Die Meinungsfreiheit ist das Fundament für die Demokratie, so ähnlich hat es das Bundesverfassungsgericht in Karlsruhe ausgedrückt. […] Und darauf fußt die Demokratie.
> Aber die Meinungsfreiheit hat Grenzen. Eine Meinungsäußerung darf verboten werden, wenn ansonsten ein Schaden für einen anderen Menschen oder die Gesellschaft entsteht. Man darf zum Beispiel einen anderen nicht einfach beleidigen, auch wenn man ihn wirklich nicht mag. Der Schutz seiner Ehre ist dann im Prinzip wichtiger als die Meinungsfreiheit […]

Helene Bubrowski: Wie erkläre ich's meinem Kind? – Warum auch Meinungsfreiheit ihre Grenzen hat, FAZ vom 26. 10. 2015, https://www.faz.net/aktuell/feuilleton/familie/wie-erklaere-ich-s-meinem-kind/warum-auch-meinungsfreiheit-ihre-grenzen-hat-13870595.html

8 Meinungsfreiheit als höchstes Gut

6 Punkte

Unter der folgenden Infografik finden Sie einen Lückentext. Bitte entnehmen Sie der Infografik die in den Textlücken (a) bis (f) fehlenden Informationen und tragen Sie diese jeweils dort ein.

Hedda Nier: Meinungsfreiheit für Deutsche das höchste Gut, Statista vom 07. 04. 2016, CC BY-ND 4.0, https://de.statista.com/infografik/4604/meinungsfreiheit-fuer-deutsche-hoechstes-gut/

Lückentext:

Für die Deutschen ist Meinungsfreiheit das höchste Gut. Das hat eine Umfrage des Meinungsforschungsinstituts YouGov gezeigt. Demnach gaben [**a**] Prozent der Befragten an, dass dieses Recht für sie am wichtigsten sei.

Es scheinen vor allem soziale Rechte zu sein, die den Menschen von Bedeutung sind. An materielle Bedürfnisse denken die Bürger*innen offenbar weniger. Zwar meinten [**b**] Prozent der Befragten auch, sie würden Wert auf eine bezahlbare Gesundheitsversorgung legen, aber nur [**c**] Prozent hoffen im Alter auf eine Grundrente. Dagegen legen [**d**] Prozent Wert auf ihre Privatsphäre, und [**e**] Prozent wünschen sich im Streitfall ein faires Gerichtsverfahren. Als gleichermaßen wichtig bewertet wurden drei Dinge: [**f**] Prozent der befragten Personen legen Wert darauf, sich angstfrei draußen bewegen zu können. Genauso groß ist der Anteil derer, die angaben, ihnen sei es wichtig, wählen zu dürfen und ein diskriminierungsfreies Leben führen zu können.

9

6 Punkte

Meinungsfreiheit für alle?

Schauen Sie sich die folgende Karikatur an und lesen Sie sich die Aussagen dazu durch.

Kreuzen Sie im Lösungsbogen bei jeder Aussage an, welche weiterführenden Gedanken zur Karikatur passen (**richtig**) und welche nicht passen bzw. sich nicht aus ihr ableiten lassen (**falsch**).

© Schwarwel

Aussagen:

1 Die Querdenker eint ein starkes Gefühl der Verbundenheit.

2 Sie scheinen begeistert zu sein.

3 Die Demonstrierenden fordern das Recht auf Meinungsfreiheit.

4 Sie halten Meinungsfreiheit für ein Grundrecht, das für alle gilt.

5 Sie fühlen sich wie in einer Diktatur.

6 Der Zeichner sieht eine Parallele zwischen den Querdenkern und den Nationalsozialisten.

10 Freie Meinungsäußerung

6 Punkte

Sehen die Bürger*innen in Deutschland die Meinungsfreiheit in Gefahr? Das Meinungsforschungsinstitut Allensbach führt jährlich Umfragen durch, um das herauszufinden.
Sehen Sie sich das folgende Diagramm an und lesen Sie sich die Aussagen dazu durch. Tragen Sie im Lösungsbogen ein, welche Aussagen nach den Angaben im Diagramm richtig (R) und welche falsch (F) sind.

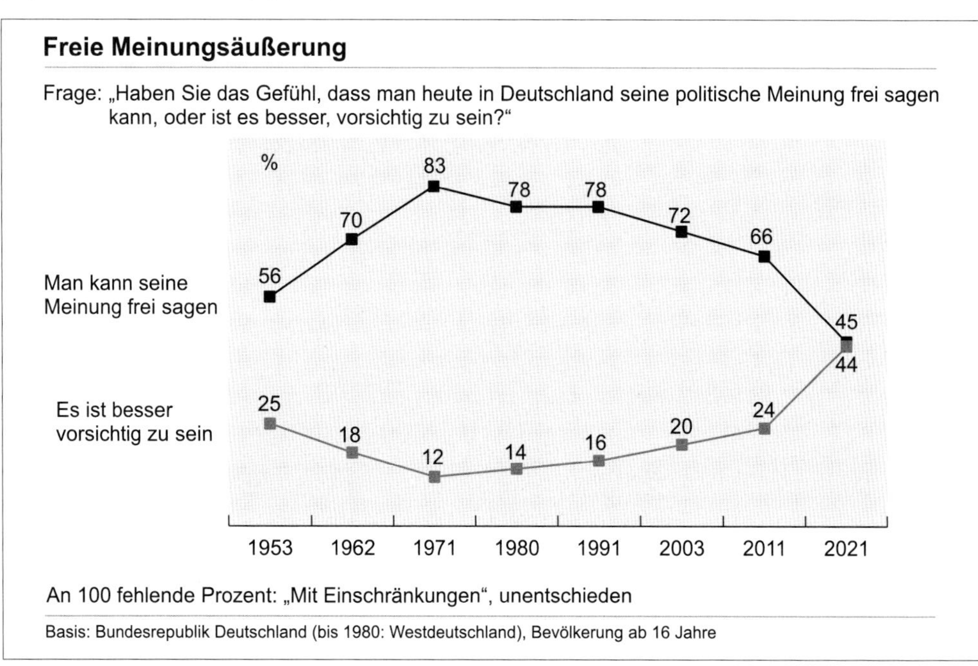

Quelle: Allensbacher Archiv, IfD-Umfragen, zuletzt 12036

Aussagen:

1 Die Vorstellung, man könne in Deutschland frei seine Meinung äußern, war zu Anfang der 70er-Jahre am größten.

2 Inzwischen glauben nur noch 45 %, dass das Recht auf Meinungsfreiheit hierzulande garantiert ist.

3 Ähnlich pessimistisch waren die Deutschen nur bei der ersten Umfrage im Jahr 1953.

4 In den Jahren danach stieg der Glaube an das Recht auf Meinungsfreiheit deutlich an.

5 Die Vorstellung, man könne seine Meinung immer frei äußern, hat nach dem Fall der Mauer kontinuierlich abgenommen.

6 Der Anteil derer, die glauben, die Meinungsfreiheit sei in Gefahr, ist heutzutage fast so groß wie der Anteil derer, die glauben, sie könnten ihre Meinung nach wie vor frei äußern.

11 Themen, über die man besser nicht spricht

5 Punkte

Nach der Umfrage des Instituts Allensbach sind es vor allem bestimmte Themen, über die man nach den Angaben der Befragten besser nicht spricht.

Prüfen Sie die unter dem Diagramm stehenden Aussagen und kreuzen Sie im Lösungsbogen an, welche davon die Angaben daraus **richtig** wiedergeben, welche **falsch** sind und welche sich **nicht** daraus **entnehmen** lassen.

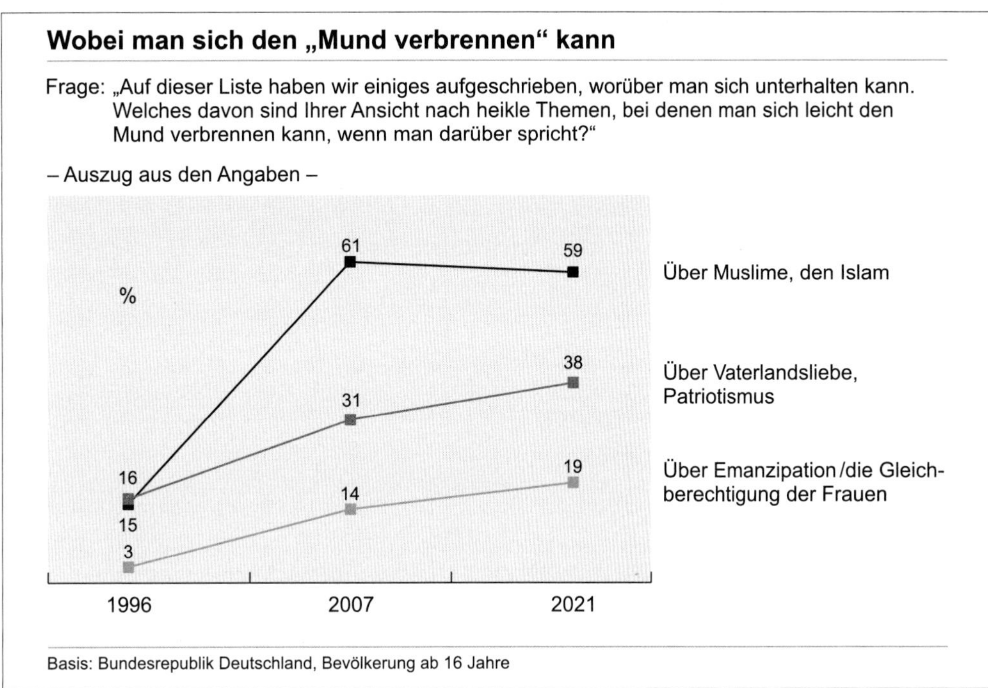

Quelle: Allensbacher Archiv, IfD-Umfragen, zuletzt 12036

Aussagen:

1. Es gibt nur drei Themen, über die viele der Befragten nicht in der Öffentlichkeit reden möchten.
2. Mitte der 90er-Jahre war die Gleichstellung von Mann und Frau für die meisten der Befragten noch kein wichtiges Thema.
3. Heute mag sich kaum noch jeder Dritte zur Emanzipation der Frauen äußern.
4. Die Zahl derer, die es nicht wagen, ihre Meinung über den Islam zu äußern, hat in den letzten Jahren etwas abgenommen.
5. Der Anteil derer, die sich nicht trauen, über Patriotismus zu sprechen, hat sich seit 1996 mehr als verdoppelt.

12
6 Punkte

Meinungsfreiheit nicht in Gefahr!

Zum Thema „Das Recht auf Meinungsfreiheit ist nicht in Gefahr!“ liegt Ihnen eine Stoffsammlung mit sechs Stichpunkten und sechs möglichen Oberbegriffen vor.

Wählen Sie **drei** Oberbegriffe aus und ordnen Sie diesen die Stichpunkte aus der Stoffsammlung zu.

Jedem Oberbegriff dürfen mehrere Stichpunkte zugeordnet werden. Aber jeder Stichpunkt darf nur einmal zugeordnet werden.

Stichpunkte:

1 Keine Angst vor Kritik haben!
2 Selbstbewusst auftreten
3 Sachlich bleiben (keine Beleidigungen)
4 Behauptungen nachvollziehbar begründen
5 Meinungsfreiheit durch Grundgesetz garantiert
6 Abweichende Meinungen akzeptieren

Oberbegriffe:

A Subjektivität von Meinungen
B Psychologische Aspekte
C Frage der Toleranz
D Aspekte der Darstellung
E Berücksichtigen von Kenntnissen
F Juristische Grundlagen

13
7 Punkte

Fake News

In letzter Zeit hört man immer wieder, dass im Internet, vor allem in den sozialen Netzwerken, sogenannte *Fake News* verbreitet werden, also Nachrichten, die bewusst falsch sind und die gezielt verbreitet werden, um die Empfänger*innen zu manipulieren. Sie wollen Ihre Freunde und Freundinnen darüber informieren, wie sie vorgehen können, um Falschnachrichten zu erkennen. Die Ideen, die Ihnen dazu in den Sinn gekommen sind, haben Sie schon notiert. Allerdings sind die Appelle und die zugehörigen Begründungen noch ungeordnet. Ordnen Sie die Begründungen den passenden Appellen zu.

Tragen Sie jeweils die Kennnummern der zu den Appellen passenden Begründungen ein.

Appelle:

A Achtet auf die Quelle einer Nachricht!
B Informiert euch über den Verfasser bzw. die Verfasserin!
C Lest nicht nur die Überschriften!
D Lasst euch nicht von Bildern täuschen!
E Sucht weitere Nachrichten zu dem Thema!
F Achtet auf das Erscheinungsdatum!
G Seht euch die Sprache an!

Begründungen:

1 Verfasser*innen, die seriös sind, werden die Leser*innen nicht mit einer reißerischen Sprache anlocken.
2 Es ist wichtig zu wissen, ob die Nachricht aktuell ist.
3 Sucht nach einem Impressum, das Auskunft über den Herausgeber gibt. Das hilft, um festzustellen, ob die Nachricht seriös ist.
4 Wenn es ähnliche Nachrichten zu diesem Thema gibt, ist die Nachricht glaubwürdig.
5 Bilder können manipuliert sein. Das ist im Internet leicht möglich.
6 Überschriften beziehen sich manchmal nur auf einen Ausschnitt des Textes.
7 Der Verfasser sollte über das nötige Fachwissen verfügen.

14

7 Punkte

Pressefreiheit weltweit

Zur Meinungsfreiheit gehört auch die Pressefreiheit. Journalist*innen müssen über das berichten können, was sie erfahren, und sie müssen die Ereignisse, die sie in Erfahrung bringen, auch kommentieren können. Aber Pressefreiheit ist nicht in allen Ländern garantiert. Das Netzwerk „Reporter ohne Grenzen" dokumentiert die Entwicklung der Pressefreiheit Jahr für Jahr, um aufzuzeigen, wie frei Journalist*innen weltweit arbeiten können. Untersucht wird die Situation in 180 Staaten.
Im Folgenden sehen Sie zwei Auszüge aus der Rangliste der Pressefreiheit aus dem Jahr 2022.

Kreuzen Sie in der Tabelle an, ob folgende Aussagen nach den Angaben in dieser Rangliste **richtig**, **falsch** oder der Tabelle **nicht zu entnehmen** sind.

Rang	Land	Rangänderung	Punktzahl	Lage	Rang 2021
1	Norwegen	0	92,65	Gut	1
2	Dänemark	1	90,27	Gut	4
3	Schweden	0	88,84	Gut	3
4	Estland	11	88,83	Gut	15
5	Finnland	–3	88,42	Gut	2
6	Irland	6	88,30	Gut	12
7	Portugal	2	87,07	Gut	9
8	Costa Rica	–3	85,92	Gut	5
9	Litauen	19	84,14	Zufriedenstellend	28
10	Liechtenstein	13	84,03	Zufriedenstellend	23
11	Neuseeland	–3	83,54	Zufriedenstellend	8
12	Jamaika	–5	83,35	Zufriedenstellend	7
13	Seychellen	39	83,33	Zufriedenstellend	52
14	Schweiz	–4	82,72	Zufriedenstellend	10
15	Island	1	82,69	Zufriedenstellend	16
16	Deutschland	–3	82,04	Zufriedenstellend	13
17	Osttimor	54	81,89	Zufriedenstellend	71
18	Namibia	6	81,84	Zufriedenstellend	24
19	Kanada	–5	81,74	Zufriedenstellend	14
20	Tschechische Republik	20	80,54	Zufriedenstellend	40
…					
171	Syrien	2	28,94	Sehr ernst	173
172	Irak	–9	28,59	Sehr ernst	163
173	Kuba	–2	27,32	Sehr ernst	171
174	Vietnam	1	26,11	Sehr ernst	175
175	China	2	25,17	Sehr ernst	177
176	Myanmar	–36	25,03	Sehr ernst	140
177	Turkmenistan	1	25,01	Sehr ernst	178
178	Iran	–4	23,22	Sehr ernst	174
179	Eritrea	1	19,62	Sehr ernst	180
180	Nordkorea	–1	13,92	Sehr ernst	179

Rangliste der Pressefreiheit 2022, Reporter ohne Grenzen, https://www.reporter-ohne-grenzen.de/fileadmin/Redaktion/Downloads/Ranglisten/Rangliste_2022/RSF_Rangliste_der_Pressefreiheit_2022.pdf

Aussagen:

A Die ersten zehn Plätze werden ausschließlich von europäischen Ländern belegt.
B In den skandinavischen Ländern ist es um die Pressefreiheit durchweg gut bestellt.
C In Deutschland hat die Pressefreiheit im Laufe des letzten Jahres abgenommen.
D In Kanada steht es erstaunlich schlecht um die Pressefreiheit.
E Auf den letzten zehn Plätzen befinden sich nur asiatische Länder.
F Namibia hat sich bezüglich der Pressefreiheit um 6 Plätze verbessert.
G Nordkorea belegt bei der Pressefreiheit den letzten Platz.

15
7 Punkte

Medienschaffende im Gefängnis

Sehen Sie sich die folgenden Schaubilder genau an und beurteilen Sie die Aussagen dazu. Kreuzen Sie entsprechend an: **richtig**, **falsch** oder **nicht zu entnehmen**.

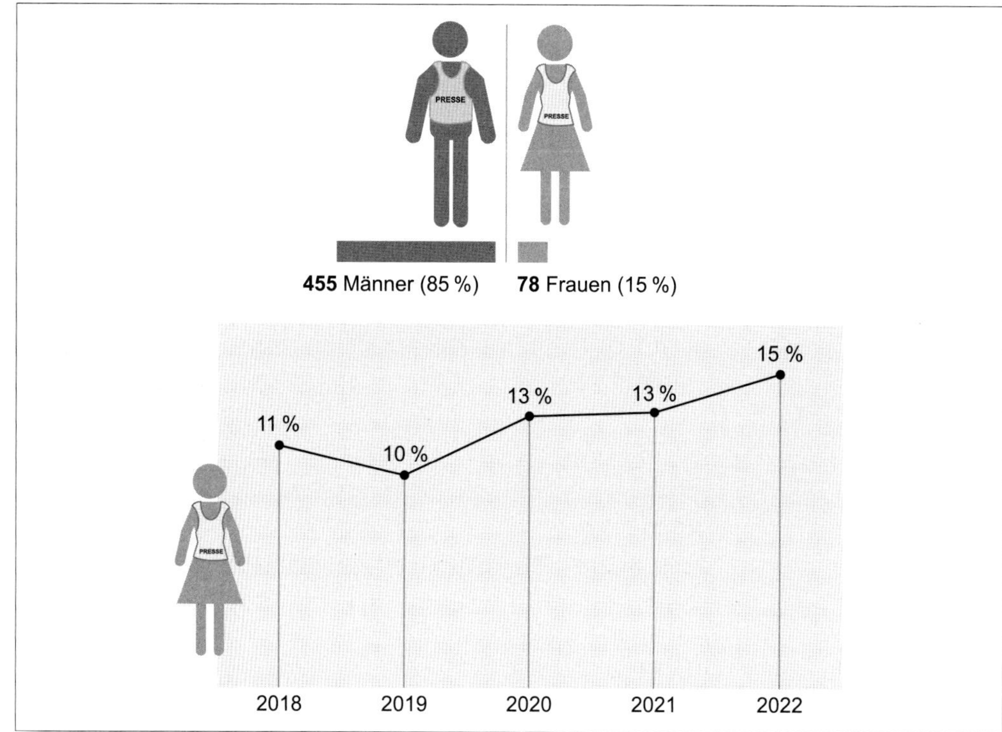

Jahresbilanz der Pressefreiheit, Reporter ohne Grenzen, www.reporter-ohne-grenzen.de/jahresbilanz/2022

Aussagen:

A Es ist für Journalistinnen und Journalisten nicht ungefährlich, ihrer Arbeit nachzugehen.
B Weniger als 500 Journalistinnen und Journalisten saßen im Jahr 2022 im Gefängnis.
C Journalistinnen scheinen bei ihrer Arbeit vorsichtiger zu sein als ihre männlichen Kollegen.
D Männer werden wegen ihrer journalistischen Tätigkeit häufiger verhaftet als Frauen.
E 2018 waren weniger Frauen als Journalistinnen tätig als heute.
F Der Anteil der Journalistinnen, die im Gefängnis sitzen, ist seit 2019 gestiegen.
G In einigen Ländern ist die Arbeit für Journalistinnen und Journalisten besonders gefährlich.

16

10 Punkte

Konzentration ist alles

Notieren Sie zu den folgenden Aufgaben die richtigen Antworten.

1 Prüfen Sie in jeder Zeile von links nach rechts, wie oft das Wort DEMO (kurz für „Demonstration“) in der folgenden Aneinanderreihung von Buchstaben versteckt ist. Groß- oder Kleinschreibung spielt dabei keine Rolle. Tragen Sie **im Lösungsbogen** die Gesamtzahl ein.

demmodedommemomodedemoemodomododemomdomdomodemo
domodemomodeemodomodedodemoedomomememomedodemom
medomemomomoDEMOemodomedemoemdodoDomomodemedom
demoedomdemdomdedododedemododemedomomedomedemedemo
odemmedomomededomemodemedemododeomenDemodedodemode
omeddomemodeodemdememeomedememodemedomodemdemodo
momomedomodededomomdomomenmododemdemodememdomom
omdeDemodedodemedodemomomomodeomedomeoodomodemem

2 Wie oft ist der Buchstabe k in dem folgenden Satz enthalten? Notieren Sie die Anzahl **im Lösungsbogen**.

SCHNECKEN ERSCHRECKEN, WENN SIE KECK AN ANDEREN SCHNECKEN SCHLECKEN, WEIL SIE DANN MERKEN, DASS SCHNECKEN IHNEN KAUM LECKER SCHMECKEN, WENN SIE AN IHNEN SCHLECKEN.

3 Wie oft hat sich das Wort REISEN (Groß-, Kleinschreibung oder gemischt) in der folgenden Aneinanderreihung von Buchstaben versteckt? Notieren Sie die Anzahl **im Lösungsbogen**.

verREIsenREISEBÜROfernREISENDIENSTREISEreiseFERTIGREISEPLÄNEanR
EISENREISEZIELREISEFREIHEITREISENDERREISEGEPÄCKRUNDREISEN

4 Wie oft ist der **Buchstabe d** in der folgenden Aneinanderreihung von Buchstaben enthalten? Notieren Sie die Anzahl **im Lösungsbogen**.

bpddpqpbdqpbbdlydbpdbldbdqlbpbpyqdbpdpyrpqdbplyqbddpqppqqdbpqpdpdbbp

5 Wie viele verschiedene Buchstaben sind in der folgenden Aneinanderreihung von Buchstaben versteckt? Notieren Sie deren Anzahl **im Lösungsbogen**.

wvyyvvwllvwtvvylllxwwvlywvvwxwvywvllywlyvhwwywyyvwlwvywvwwvyvyl

17

3 Punkte

Vertrauen in Informationsquellen

Das Grundrecht auf Meinungsfreiheit besagt, dass man sich Informationen aus den Quellen seiner Wahl beschaffen darf, um sich zu einem Thema seine Meinung zu bilden. Aber die Bürger*innen finden nicht jede Informationsquelle vertrauenswürdig, wie eine Umfrage zeigt.
Kennzeichnen Sie im Lösungsbogen, welchen Informationsquellen die Bürger*innen am meisten vertrauen und welchen Sie am wenigsten vertrauen.

> Notieren Sie für die vertrauenswürdigste Quelle +1, für die zweitplatzierte +2 und für die drittplatzierte +3. Tragen Sie für die am wenigsten vertrauenswürdige Quelle –1 ein, für die am zweitschlechtesten bewertete –2 und für die am drittschlechtesten beurteilte –3. Informationsquellen mit gleicher Bewertung erhalten die gleiche Nummer.

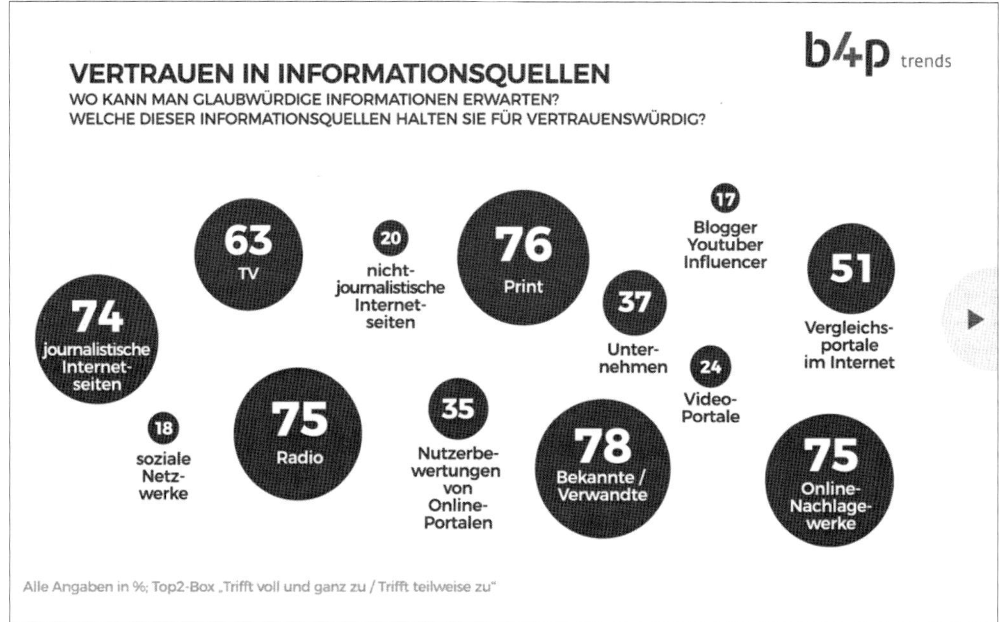

Copyright: Gesellschaft für integrierte Kommunikationsforschung: best for planning (b4p) trends 2018; repräsentativ für die deutschsprachige Online-Bevölkerung ab 16 Jahren (n = 1 000); Frage: „Wo bzw. von wem kann man glaubwürdige Informationen erwarten? Welche dieser Informationsquellen halten Sie für vertrauenswürdig?"; Alle Angaben in %; Top-2-Box „Trifft voll und ganz zu" „Trifft teilweise zu"

Informationsquellen:

A TV
B Print
C Unternehmen
D Influencer/Blogger
E Journalistische Internetseiten
F Nichtjournalistische Internetseiten
G Radio
H Soziale Netzwerke
I Nutzerbewertungen von Onlineportalen
K Bekannte/Verwandte
L Videoportale
M Vergleichsportale im Internet
N Onlinenachschlagewerke

18

5 Punkte

Hass und Hetze im Internet

Nicht nur Fake News werden im Internet verbreitet, sondern auch Hass und Hetze. Das haben viele User*innen auch schon bemerkt, wie eine Studie gezeigt hat. Sehen Sie sich das Diagramm und die zugehörigen Erläuterungen genau an.

Tragen Sie im Lösungsbogen die passenden Zahlenwerte für die Lücken a bis e ein.

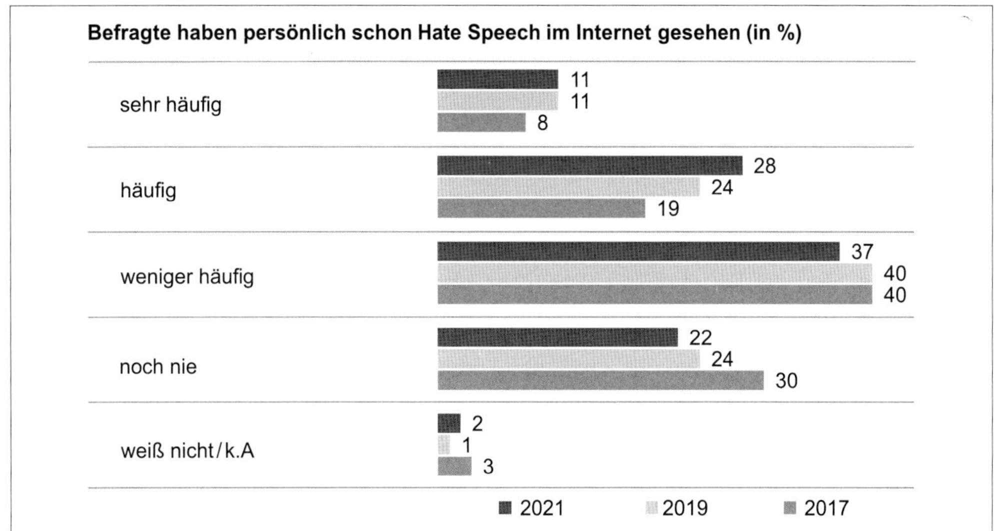

Landesanstalt für Medien NRW (2021). Hate Speech forsa-Studie 2021. Zentrale Untersuchungsergebnisse. [URL: https://www.medienanstalt-nrw.de/fileadmin/user_upload/NeueWebsite_0120/Themen/Hass/forsa_LFMNRW_Hassrede2021_Praesentation.pdf] © Landesanstalt für Medien NRW

Vor einigen Jahren haben viele User noch keine Hassbotschaften im Internet gesehen. In einer Umfrage gaben insgesamt **[a]** Prozent der Befragten an, im Jahr 2017 *noch nie* oder *weniger häufig* im Netz auf Beschimpfungen oder Beleidigungen gestoßen zu sein. Das hat sich im Laufe der Zeit geändert. Im Jahr 2021 sagten **[b]** Prozent der Befragten, sie würden in sozialen Netzwerken, Internetforen oder Blogs *häufig* oder *sehr* häufig auf Hate Speech stoßen. Der Anteil derer, die *noch nie* Hasskommentare gesehen haben, hat sich von **[c]** auf **[d]** Prozent verringert. Es gibt nur wenige, die gar nicht darauf achten, ob sie im Netz auf Hassbotschaften stoßen; ihr Anteil lag in allen Jahren bei maximal **[e]** Prozent, wie eine Studie der Landesanstalt für Medien NRW gezeigt hat.

19

2 Punkte

Buchstabenfolgen

1 Vier Freunde haben sich T-Shirts gekauft, die sie mit ihrem Namen haben bedrucken lassen. Beim Blick in den Spiegel sehen sie ihre Namen in Spiegelschrift. Wie heißen die Jungen? Notieren Sie deren Namen auf dem Lösungsblatt.

A	B	C	D
TREBOR	NAFETS	SAKUL	ZTIROM

8 Punkte

2 Ergänzen Sie bei jeder Buchstabenfolge jeweils den Buchstaben, der als nächster folgen müsste. Tragen Sie das Ergebnis im Lösungsbogen ein.

a A C E G I K M ___

b Z Y X W V U T S ___

c A B B A C D D C ___

d A B C G H I M N ___

20

Logische Reihen

6 Punkte

a Welche Zahl passt in die Lücke? Tragen Sie das Ergebnis im Lösungsbogen ein.

1 – 4 – 2 – 8 – 4 – 16 – ___ – 32 – 16

b Welche Figur aus der zweiten Reihe würde die erste Reihe richtig fortsetzen? Tragen Sie den richtigen Buchstaben im Lösungsbogen ein.

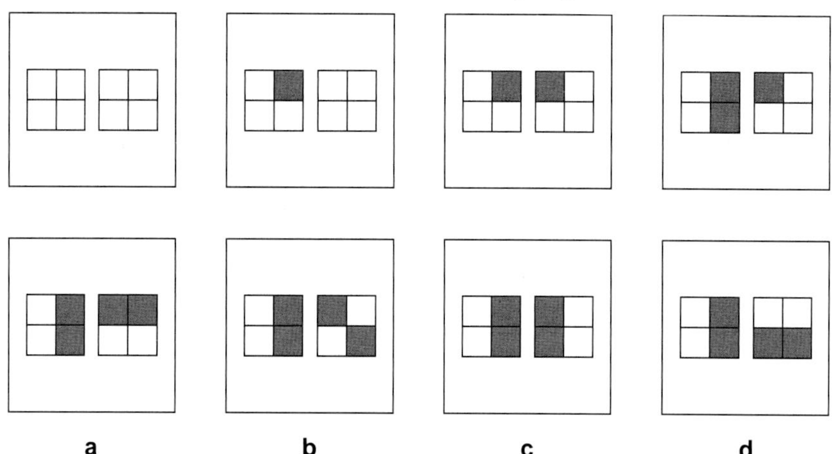

a b c d

c Welcher Dominostein aus der Reihe ganz unten gehört auf den Platz mit dem Fragezeichen? Tragen Sie den richtigen Buchstaben im Lösungsbogen ein.

a b c d e f

21

12 Punkte

Soziale Netzwerke

Um ausreichende Deutschkenntnisse zu beweisen, müssen Sie einen Leserbrief schreiben und ein Argument ausformulieren. **Einleitung** und **Schluss** sind **nicht** gefordert. Sie sollen **eine** Behauptung aufstellen, diese begründen und mit einem Beispiel veranschaulichen. Bitte achten Sie auf eine ansprechende **äußere Form**. Nehmen Sie sich insgesamt ca. 15 bis 20 Minuten Zeit.

Thema:
Sie haben sich zusammen mit ihren Freunden darüber unterhalten, dass in bestimmten sozialen Netzwerken im Internet regelmäßig Hass und Hetze verbreitet werden. Sie diskutieren darüber, ob solche Netzwerke deshalb vielleicht verboten werden sollten. Um Ihre Meinung einer größeren Öffentlichkeit mitzuteilen, wollen Sie als Gruppe einen Leserbrief an die Lokalzeitung schreiben. Jeder und jede von Ihnen wird ein Argument dazu beitragen. Sie sind dagegen, dass soziale Netzwerke verboten werden.

Formulieren Sie für Ihren Standpunkt **eine aussagekräftige Behauptung**, **begründen Sie diese ausführlich** und **veranschaulichen** Sie Ihre Argumentation anhand **eines** überzeugenden Beispiels.

22

5 Punkte

Wahlberechtigte bei den Bundestagswahlen

Der Anteil der Wahlberechtigten bei den Bundestagswahlen hat sich im Laufe der Jahre verändert, wie das folgende Schaubild zeigt.

Sehen Sie sich das Diagramm genau an und tragen Sie im Lösungsbogen ein, welche Aussagen demnach richtig sind (R), welche falsch (F) sind und welche sich nicht daraus entnehmen lassen (NE).

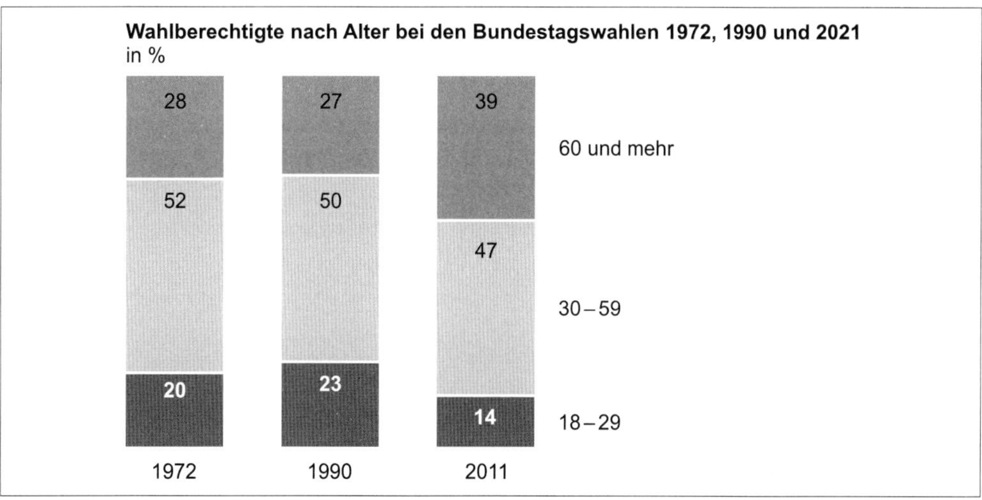

Quelle: Repräsentative Wahlstatistik; Der Bundeswahlleiter

Aussagen:

A Der Anteil aller Wählergruppen hat sich im Laufe der Jahre verändert.

B Die Gruppe der ältesten Wähler*innen hat regelmäßig zugenommen.

C Die Gruppe der jüngsten Wähler*innen ist erst gewachsen und danach geschrumpft.

D In der Gruppe der 30- bis 59-Jährigen gab es stets die meisten Wähler*innen.

E Die jüngsten Wähler*innen spielten bei der Bundestagswahl im Jahr 2021 kaum noch eine Rolle.

23

5 Punkte

Wahlbeteiligung in Bayern

Dem Schaubild unten können Sie entnehmen, wie sich die Wahlbeteiligung in Bayern im Laufe der Jahre verändert hat.

Kreuzen Sie im Lösungsbogen an, welche Aussagen zu dem Schaubild passen (**richtig**), welche falsch sind (**falsch**) und welche sich dem Schaubild nicht entnehmen lassen (**nicht zu entnehmen**).

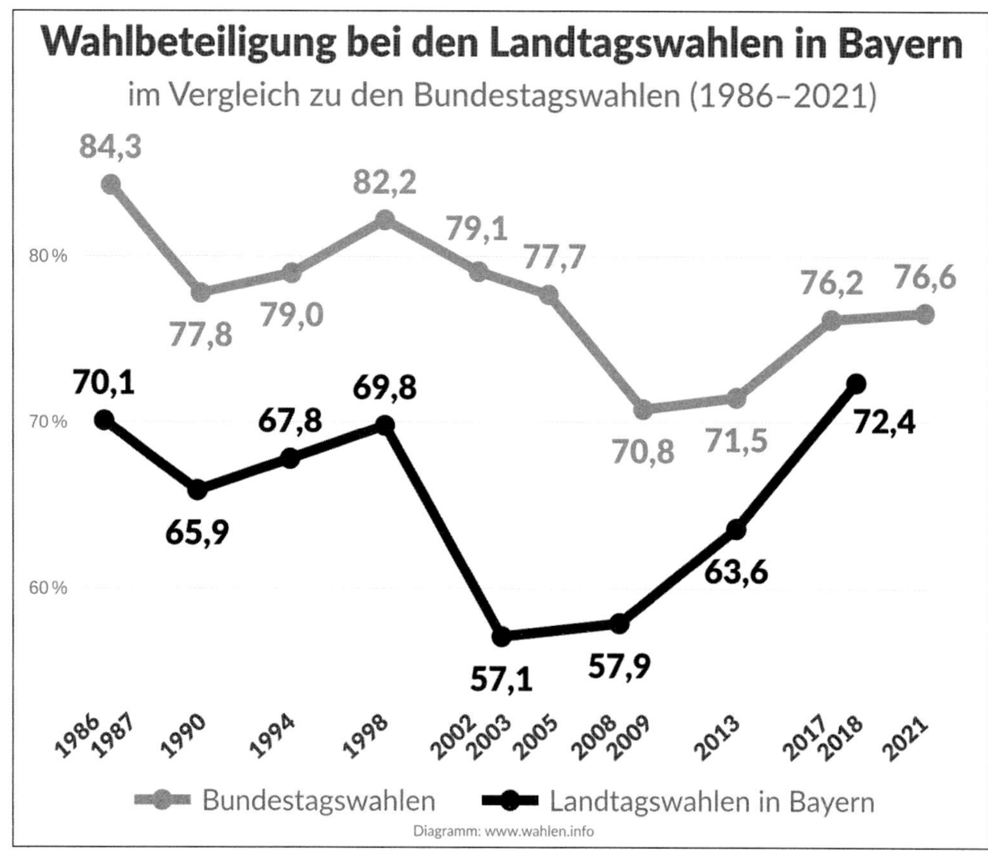

www.wahlen.info

Aussagen:

1 Im Laufe der Jahre haben immer weniger Wahlberechtigte von ihrem Wahlrecht Gebrauch gemacht.

2 Bei Landtagswahlen lag die Wahlbeteiligung stets unter der Wahlbeteiligung bei den Bundestagswahlen.

3 Bei den Landtagswahlen war die Wahlbeteiligung im Jahr 2003 am niedrigsten.

4 In den Jahren ab 2008 hat das Interesse an Politik wieder zugenommen.

5 Vor 1986 war die Wahlbeteiligung bei beiden Wahlen höher als in allen späteren Jahren.

24

6 Punkte

Nichtwähler*innen

Die Zahl der Wahlberechtigten, die nicht zur Wahl gehen, hat in Deutschland in den letzten Jahren zugenommen. Das wird kritisiert – nicht nur von den Politiker*innen. Thematisiert wird die wachsende Zahl der Nichtwähler*innen auch in Karikaturen.

Notieren Sie zu den folgenden Aussagen, ob sie sich aus der folgenden Karikatur ableiten lassen.
R = im Sinne der Karikatur richtig
F = im Sinne der Karikatur falsch
NE = nicht zu entnehmen

Gerhard Mester

Aussagen:

A Der Nichtwähler hält alle Politiker*innen für unfähig.

B Er will den Politiker*innen seine Ablehnung deutlich zeigen.

C Sie sollen verstehen, warum er nicht zur Wahl geht.

D Er ist schon öfter nicht zur Wahl gegangen.

E Er weiß genau, was er will.

F Auf lange Sicht zerstören Nichtwähler*innen ihre eigene Zukunft.

25

7 Punkte

Regierungsbezirke in Bayern

Ordnen Sie den sieben Regierungsbezirken in Bayern die jeweiligen Bezirkshauptstädte zu und notieren Sie diese im Lösungsbogen.

https://www.bayern-infos.de/regionen_bayerische_landkreise.html

Regierungsbezirk		**Bezirkshauptstadt**	
A	Mittelfranken	**1**	Ansbach
B	Niederbayern	**2**	Augsburg
C	Oberbayern	**3**	Bayreuth
D	Oberfranken	**4**	Landshut
E	Oberpfalz	**5**	München
F	Schwaben	**6**	Regensburg
G	Unterfranken	**7**	Würzburg

26

6 Punkte

Gewaltenteilung in Deutschland

Im folgenden Schaubild sind die Befugnisse der einzelnen Staatsgewalten dargestellt: Legislative (gesetzgebende Gewalt), Exekutive (ausführende Gewalt) oder Judikative (rechtssprechende Gewalt).

Legislative, Exekutive oder Judikative? Ordnen Sie die unter dem Schaubild genannten Personen auf dem Lösungsbogen passend zu.

Es kann sein, dass eine Person zu mehr als einer Staatsgewalt gehört. Dann notieren Sie z. B. in der Antwort Legislative und Exekutive.

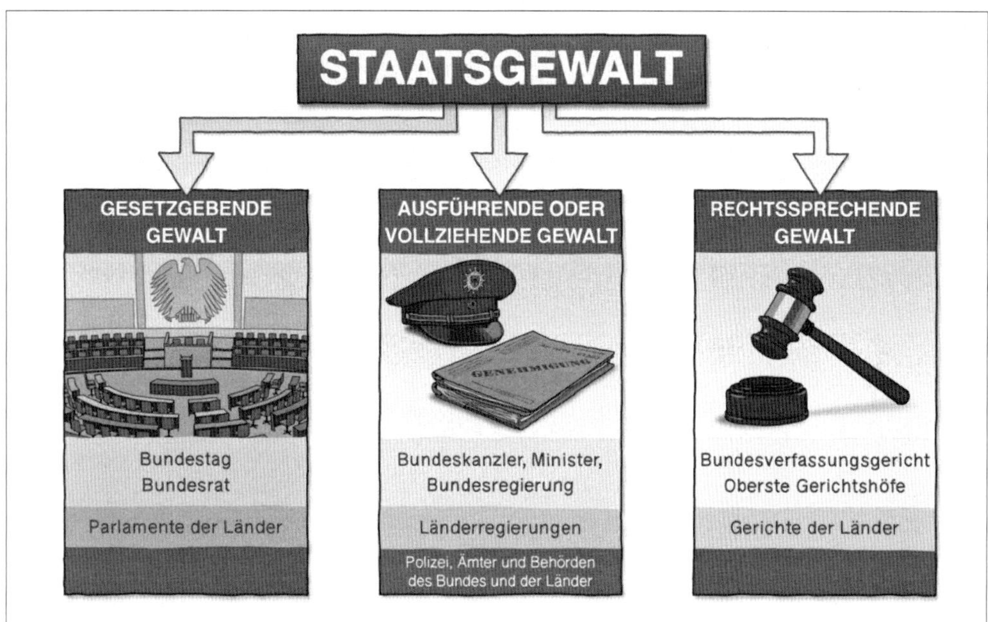

Bundeszentrale für politische Bildung/bpb (Hrsg.): einfach POLITIK: Lexikon. Autor*innen: D. Meyer, T. Schüller-Ruhl, R. Vock u. a. / Redaktion (verantw.): Wolfram Hilpert (bpb). Bonn: 2022. Illustrator Andreas Piehl, Lizenz: CC BY-SA 4.0, https://www.bpb.de/kurz-knapp/lexika/lexikon-in-einfacher-sprache/249931/gewaltenteilung/

Personen:

1 Die Ministerpräsidentin eines Bundeslandes
2 Ein Bundestagsabgeordneter
3 Die Leiterin eines Gesundheitsamts
4 Ein Richter eines Landgerichts
5 Der Bundesjustizminister
6 Polizisten

27
7 Punkte

Wie ein Gesetz entsteht

Es gibt in Deutschland ein bestimmtes Verfahren, um Gesetze zu verabschieden. Dabei spielen unterschiedliche Gremien eine Rolle.

Sehen Sie sich das Schaubild genau an. Notieren Sie die richtige Reihenfolge der einzelnen Schritte (A, B, C, …) auf dem Lösungsbogen (1, 2, 3, …).

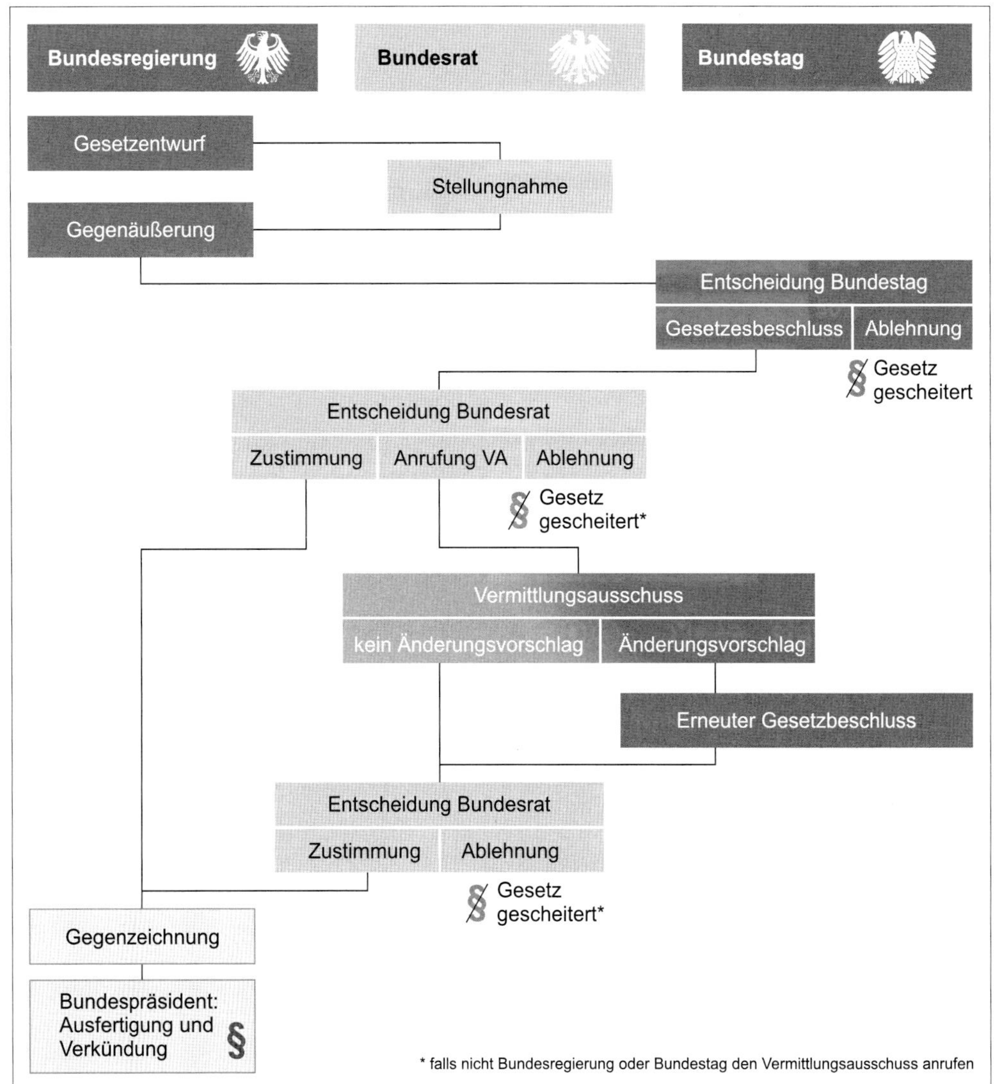

Bundesrat

Aussagen:

A Das Gesetz wird vom Bundespräsidenten unterschrieben.
B Der Bundesrat stimmt über den Gesetzentwurf ab.
C Der Bundestag stimmt über den Gesetzentwurf ab.
D Die Bundestagsabgeordneten tauschen sich im Parlament über den Gesetzentwurf aus.
E Die Bundesregierung reicht vor dem Bundestag einen Gesetzentwurf ein.
F Das Gesetz wird vom Bundespräsidenten verkündet
G Ein vom Bundestag beschlossener Gesetzentwurf wird im Bundesrat beraten.

28

8 Punkte

An diesen Tagen wurde Geschichte geschrieben

Vor mehr als 30 Jahren kam es zur Wiedervereinigung von Bundesrepublik und DDR. Ergänzen Sie die Lücken im nachfolgenden Text. Tragen Sie deren Kennnummern im Lösungsbogen jeweils bei den passenden Jahreszahlen oder Begriffen ein.

Nicht alle Einträge der Auswahlliste passen für den Lückentext.

Lückentext

Das Kalte Krieg

Der Zweite Weltkrieg führte von 1949 bis 1990 zur **[A]** Deutschlands. In dieser Zeit existierten zwei deutsche Staaten: im Westen die Bundesrepublik Deutschland (BRD) und im Osten die Deutsche Demokratische Republik (DDR). Die Grenze zwischen beiden Staaten wurde streng bewacht. Am **[B]** wurde die Trennung noch verschärft: Auf Geheiß der Regierung der DDR wurde damit begonnen, Ostberlin von Westberlin erst durch Stacheldraht und dann durch den Bau einer **[C]** vollständig abzuriegeln. Fortan war es praktisch nicht mehr möglich, von Ost nach West zu gelangen. Es gab zwar immer wieder Fluchtversuche, aber diese waren äußerst schwierig und misslangen des Öfteren. Über **[D]** Menschen starben dabei, weil sie von Grenzpolizisten der DDR erschossen wurden. Doch gegen Ende der 1980er-Jahre ertrugen viele Menschen in der DDR die Diktatur, der sie ausgesetzt waren, nicht mehr. Irgendwann fingen immer mehr von ihnen an, dagegen zu protestieren, indem sie regelmäßig **[E]** auf die Straße gingen. Am **[F]** wurde die Grenze schließlich geöffnet: Den Ostdeutschen wurde erlaubt, das Gebiet der DDR zu verlassen und das Staatsgebiet der BRD zu betreten. Ein Jahr später – am **[G]** – kam es offiziell zur **[H]**. Zuvor hatten die Volkskammer der DDR und der Deutsche Bundestag dem Einigungsvertrag zugestimmt. Damit endete die Ära des Kalten Krieges in Deutschland offiziell.

Auswahlliste:

1	13. August 1961	**2**	140	**3**	3. Oktober 1990
4	9. November 1989	**5**	Demokratie	**6**	Diktatur
7	freitags	**8**	Mauer	**9**	Länder
10	montags	**11**	Spaltung	**12**	Teilung
13	vier	**14**	Wiedervereinigung	**15**	zwei

29

8 Punkte

Orientierung in der Zeit

Im Jahr 2022 jährten sich einige historische Ereignisse.

Bestimmen Sie für die nachfolgenden Ereignisse, wie viele Jahre sie zurückliegen. Tragen Sie in den Lösungsbogen den jeweils richtigen Buchstaben aus der Auswahlliste ein.

1 Auf die Olympischen Sommerspiele in München fiel ein Schatten: Eine palästinensische Terrororganisation verübte einen Anschlag auf die israelische Mannschaft. Elf israelische Sportler und ein Polizist verloren dabei ihr Leben.

2 Im Alter von 25 Jahren wurde Elisabeth II. Königin des Vereinigten Königreichs von Großbritannien und Nordirland. Jahrzehntelang repräsentierte sie von da an als Monarchin nicht nur das britische Königreich, sondern auch andere Länder des Commonwealth, u. a. Kanada, Australien und Neuseeland.

3 In elf Ländern der Europäischen Union wurde der Euro als Bargeld eingeführt. Nach und nach übernahmen sieben weitere Staaten die Gemeinschaftswährung. Dadurch sollte der Zusammenhalt der europäischen Staaten gestärkt werden. Von da an mussten die Bürgerinnen und Bürger bei Reisen ins europäische Ausland kein Geld mehr umtauschen.

4 Willy Brandt, der vierte Bundeskanzler der Bundesrepublik Deutschland, ist gestorben. Er trat dafür ein, die Gegensätze zwischen Ost und West abzumildern. Berühmt wurde das Bild von seinem Kniefall in Warschau. Für seine Entspannungspolitik erhielt Willy Brandt den Friedensnobelpreis.

Auswahlliste:

A	B	C	D	E	F	G	H	I	K
10	15	20	25	30	40	50	60	70	100

30

10 Punkte

Im Wirrwarr von Tagen, Alter und Flächen

Beantworten Sie die Fragen, indem Sie jeweils die zutreffende Antwort im Lösungsbogen notieren (Wörter oder Zahlen).

Fragen:

1 Welchen Tag hatten wir vorgestern, wenn übermorgen der Tag nach Sonntag ist?

2 Max ist älter als Udo. Nick ist jünger als Max. Udo und Paul sind Zwillinge. Wer ist die jüngste Person?

3 Eine Frau, die keine Schwester hat, schaut sich ein Foto ihrer Familie an. Sie denkt: „Es ist nicht zu glauben. Die Person auf dem Bild ist die Tochter meiner Mutter. Dabei sieht sie ihr gar nicht ähnlich." Wen sieht die Frau auf dem Foto?

4 Ein Vater ist heute sechsmal so alt wie sein Sohn Kevin. In 20 Jahren wird er nur noch doppelt so alt sein wie Kevin. Wie alt ist Kevin heute?

5 In einem See wachsen Seerosen. Die Fläche, die von Seerosen bedeckt ist, verdoppelt sich von Tag zu Tag. Nach 24 Tagen ist die ganze Fläche des Sees mit Seerosen bedeckt. Wann war dieser See erst zur Hälfte mit Seerosen bedeckt?

31

6 Punkte

Who is who?

Folgende Personen sorgten im Jahr 2022 für Schlagzeilen. Tragen Sie im Lösungsbogen die passenden Kennnummern ein.

Kurzbiographien:

A

Er gilt als der reichste Mann der Welt. Seine unternehmerischen Aktivitäten sind äußerst vielseitig: Unter anderem hat er den Bezahldienst PayPal gegründet; außerdem baut er Elektroautos und er ist auch Leiter eines Raumfahrtunternehmens. Im Jahr 2022 sorgte er auch immer wieder für Schlagzeilen. So machte er von sich reden, weil er den Nachrichtendienst Twitter gekauft hat.

B

Er hat in den 1960er- und 1970er-Jahren Karriere als Fußballspieler gemacht. Zeitweise wurde er als der beste Mittelstürmer der Welt angesehen. In den Jahren 1963 und 1964 war er Torschützenkönig der Bundesliga. Trotzdem entwickelte er keine Starallüren. Seinem Fußballverein, dem HSV, blieb er ein Leben lang treu. Der größte Ruhm – der Sieg bei einer Weltmeisterschaft – blieb ihm aber versagt. Er starb am 21. Juli 2022.

C

Er war Generalsekretär des Zentralkomitees der Kommunistischen Partei und später auch Staatspräsident der Sowjetunion. Während seiner Amtszeit setzte er neue Akzente. Zum einen förderte er eine offenere Gesellschaft, zum anderen wollte er die darniederliegende Wirtschaft reformieren. Er hat maßgeblich dazu beigetragen, dass es zur Wiedervereinigung des geteilten Deutschlands kam. Am 30. August 2022 starb er.

Auswahlliste:

1 Uwe Seeler

2 Michail Gorbatschow

3 Elon Musk

Lösungsbogen

1 Inhalt des Textes

Tragen Sie die jeweils richtige Antwort ein:
R = im Sinne des Textes eindeutig richtig
F = im Sinne des Textes eindeutig falsch
NE = dem Text nicht zu entnehmen

Abschnitt 1		Abschnitt 2		Abschnitt 3			Abschnitt 4		Abschnitt 5		
a	b	a	b	a	b	c	a	b	a	b	c

2 Bedeutung von Fremdwörtern

Tragen Sie den richtigen Kennbuchstaben ein:

1	2	3	4	5

3 Fehler korrigieren

a) Im Folgenden finden Sie einen Text über Meinungsfreiheit. Darin sind **Ausdrucksmängel und Grammatikfehler** unterstrichen. Tragen Sie zu jeder dieser Markierungen jeweils einen Verbesserungsvorschlag in die rechte Spalte ein.

Rechtschreib- oder Zeichensetzungsfehler sind nicht zu berichtigen.

Formulierungen im Text	**Korrekturen**
Das Recht auf Meinungsfreiheit wurde schon vor mehr als 200 Jahren verkündet, nämlich in der Französischen Revolution. Man sollte also meinen, dies sei heute ein Grundrecht, das weltweit gilt. Immerhin hat die Generalversammlung der Vereinten Nationen 1948 die „Allgemeine Erklärung der Menschenrechte" verabschiedet. Aber die Menschen können sich trotzdem nicht überall darauf verlassen. Das erkennt man schon daran, weil nur 173 von rund 200 Staaten die Erklärung der UNO ratifiziert haben. Entscheidend ist, dass das Grundrecht auf Meinungsfreiheit in der Verfassung eines Staates notiert ist, sonst können sich die Bürgerinnen und Bürger nicht darauf berufen. Falls jemand es wagen sollte, unliebsame Äußerungen zu verbreiten, muss man sogar damit rechnen, bestraft zu werden. Das droht vor allem Personen, die Maßnahmen der Regierung kritisieren. In einer Diktatur werden solche Menschen sofort als Terroristen angesehen und verfolgt. Es hilft auch niemandem, wenn er eine kritische Meinung mit Pseudonym im Internet veröffentlicht. Er muss immer damit rechnen, dass der Geheimdienst herausfindet, von wem eine Nachricht stammt. Ob eine Aussage der Wahrheit entspricht oder nicht, spielt keine Rolle. Es genügt, wenn sich die Regierung durch eine Person kritisiert fühlt. Dann wird ihm sofort vorgeworfen, er wolle die Leserinnen und Leser zur Rebellion gegen den Staat anregen. Wer offen seine Meinung äußert, muss also immer damit rechnen, entdeckt und hart bestraft zu werden.	

b) Tragen Sie die fehlenden Kommas **deutlich erkennbar** ein.

Das Recht auf Meinungsfreiheit ist in demokratischen Staaten ein Grundrecht. Allerdings ist nur knapp die Hälfte aller Staaten wirklich als Demokratie anzusehen wie eine aktuelle Studie zeigt. Heutzutage leben nur noch 47,7 Prozent aller Menschen in einem demokratischen Land. Damit hat die Zahl der Menschen die in einer Demokratie leben weiter abgenommen. Inzwischen lebt mehr als jeder dritte Mensch in einer Diktatur. Die Anzahl der Staaten die autoritär regiert werden ist in den letzten Jahren immer weiter gestiegen. Als Musterland für eine Demokratie gilt nach wie vor Norwegen denn es belegt in der Liste der Demokratien weiterhin den ersten Platz. Auf Platz 2 folgt Neuseeland danach kommen weitere nordische Staaten: Schweden Finnland Island und Dänemark. Deutschland liegt immerhin auf Platz 15 und gehört damit zu den wenigen Staaten die als vollwertige Demokratie anzusehen sind. Auf einem der letzten Plätze liegt China.

c) Verbessern Sie die Rechtschreibfehler. Streichen sie die falsch geschriebenen Wörter durch und schreiben Sie die Wörter in der richtigen Schreibweise sauber darüber.

Durch die Überwachung seiner Bürgerinnen und Bürger sorgt die Regierung in China dafür, das niemand gegen geltende Gesetze und Vorschriften verstösst. Zugleich werden die Menschen dazu angehallten, sich vorbildlich zu verhalten. Überall sind Kameras angebracht, mit denen die Einwohner kontrollirt werden. Dabei geht es auch um Kleinigkeiten, z. B. darum, ob jemand bei rot eine Straße überquert oder seinen Müll nicht ordnungsgemäß endsorgt. Es wird aber nicht nur fehlverhalten registriert, sondern auch Wünschenswerte Eigenschaften werden festgehalten. Beispielsweise wird beobachtet, ob ein Erwachsener Sohn oft genug seine Eltern besucht oder seiner kranken Tante hilft. Hat sich jemand einer Handlung schuldig gemacht, die als vergehen angesehen wird, so werden ihm von seinem Konto Punckte abgezogen. Wer zu viele Minuspunkte hat, der wird bestraft. Beispielsweise darf er keine Reise mehr Buchen.

4

Sätze umstrukturieren

Tragen Sie anstelle der ursprünglichen Hauptsätze in die Lücken Nebensätze ein.

1 Meinungsfreiheit gilt in einer Demokratie als ein wesentliches Grundrecht,

____

2 ________________________________, gibt es dafür auch Grenzen.

3 ________________________________, ist das ist nicht erlaubt.

4 Bürger*innen, ________________________, können sich auch nicht auf das Recht auf Meinungsfreiheit berufen.

5 ________________________________, sind gewaltverherrlichende

Darstellungen ebenfalls verboten.

5

Meinungsfreiheit in der Diskussion

Kreuzen Sie an:

	0	1	2	3	4	5	6
richtig	☒	☐	☐	☐	☐	☐	☐
falsch	☐	☐	☐	☐	☐	☐	☐

6

Lücken füllen

Ergänzen Sie im folgenden Text die fehlenden Wörter. Tragen Sie die in Klammern angegebenen **Wörter in der grammatisch richtigen Form** in die Lücken ein (einschließlich der Artikel und Pronomen). Achten Sie auf den richtigen Kasus.

1 Einige Bürger*innen meinen, dass ________________ (die Menschen) das Recht auf freie Meinungsäußerung immer mehr entzogen werde.

2 Dabei erliegen sie aber ________________. (ein Irrtum)

3 Sie scheinen Artikel 5 ________________ (das Grundgesetz) nicht richtig gelesen zu haben.

4 Dort steht nämlich ausdrücklich, dass es nicht erlaubt ist, (seine Ehre) jemanden in ________________ zu verletzen.

5 Auch bedenken sie nicht, dass sie von ________________ (ihr Gesprächspartner) ________________ ab und zu auch Kritik zu hören bekommen können.

7 Texte überarbeiten

a) Tragen Sie die überarbeiteten Sätze ein.

1

2

3

4

5

6

7

8

b) Übertragen Sie den vorgegebenen Text in die **indirekte Rede**.

8 **Meinungsfreiheit als höchstes Gut**

Tragen Sie die jeweils passenden Zahlenwerte ein.

a	b	c	d	e	f

9 **Meinungsfreiheit für alle?**

Kreuzen Sie an:

1	2	3	4	5	6	
☐	☐	☐	☐	☐	☐	richtig
☐	☐	☐	☐	☐	☐	falsch

10 **Freie Meinungsäußerung**

Tragen Sie **R** ein für „richtig" und **F** für „falsch".

1	2	3	4	5	6

11 **Themen, über die man besser nicht spricht**

Kreuzen Sie an:

1	2	3	4	5	
☐	☐	☐	☐	☐	richtig
☐	☐	☐	☐	☐	falsch
☐	☐	☐	☐	☐	nicht zu entnehmen

12 **Meinungsfreiheit nicht in Gefahr!**

Tragen Sie drei ausgewählte Oberbegriffe oben ein und darunter die passenden Stichpunkte aus der Stoffsammlung.

___	___	___

13 **Fake News**

Tragen Sie jeweils die Kennnummern der zu den Appellen passenden Begründungen ein.

A	B	C	D	E	F	G

14 Pressefreiheit weltweit

Kreuzen Sie an:

A	B	C	D	E	F	G	
☐	☐	☐	☐	☐	☐	☐	richtig
☐	☐	☐	☐	☐	☐	☐	falsch
☐	☐	☐	☐	☐	☐	☐	nicht zu entnehmen

15 Medienschaffende im Gefängnis

Kreuzen Sie an:

A	B	C	D	E	F	G	
☐	☐	☐	☐	☐	☐	☐	richtig
☐	☐	☐	☐	☐	☐	☐	falsch
☐	☐	☐	☐	☐	☐	☐	nicht zu entnehmen

16 Konzentration ist alles

1 Tragen Sie ein, wie oft das Wort **Demo** versteckt ist (Gesamtzahl).

☐

2 Wie oft ist der Buchstabe **k** in dem folgenden Satz enthalten? Notieren Sie die Anzahl.

☐

3 Wie oft hat sich das Wort **REISEN** (Groß-, Kleinschreibung oder gemischt) in der folgenden Aneinanderreihung von Buchstaben versteckt? Notieren Sie die Anzahl.

☐

4 Wie oft ist der **Buchstabe d** in der folgenden Aneinanderreihung von Buchstaben enthalten? Notieren Sie die Anzahl.

☐

5 Wie viele verschiedene Buchstaben sind in der folgenden Aneinanderreihung von Buchstaben versteckt? Notieren Sie deren Anzahl.

☐

17 **Vertrauen in Informationsquellen**

Kennzeichnen Sie jeweils die **drei Informationsquellen**, denen die Bürger*innen **am meisten** bzw. **am wenigsten** vertrauen. Notieren Sie für die vertrauenswürdigste Quelle +1, für die zweitplatzierte +2 und für die drittplatzierte +3. Tragen Sie für die am wenigsten vertrauenswürdige Quelle –1 ein, für die am zweitschlechtesten bewertete –2 und für die am drittschlechtesten beurteilte –3.

A	B	C	D	E	F	G	H	I	K	L	M	N

18 **Hass und Hetze im Internet**

Tragen Sie die jeweils passenden Zahlen ein.

a	b	c	d	e

19 **Buchstabenfolgen**

1 Tragen Sie ein:

A	B	C	D

2 Tragen Sie ein:

a	b	c	d

20 **Logische Reihen**

Notieren Sie die Lösungszahl bzw. die Lösungsbuchstaben.

a ☐ b ☐ c ☐

21 **Soziale Netzwerke**

Leserbrief:

22 **Wahlberechtigte bei den Bundestagswahlen**

Tragen Sie ein, welche Aussagen richtig sind (R), welche falsch sind (F) und welche sich nicht daraus entnehmen lassen (NE).

A	B	C	D	E

23 **Wahlbeteiligung in Bayern**

Kreuzen Sie an.

1	2	3	4	5	
☐	☐	☐	☐	☐	richtig
☐	☐	☐	☐	☐	falsch
☐	☐	☐	☐	☐	nicht zu entnehmen

24 **Nichtwähler*innen**

Notieren Sie zu den folgenden Aussagen, ob sie sich aus der Karikatur ableiten lassen.
R = im Sinne der Karikatur richtig
F = im Sinne der Karikatur falsch
NE = nicht zu entnehmen

A	B	C	D	E	F

25 **Regierungsbezirke in Bayern**

Notieren Sie die jeweiligen Kennzahlen für die jeweils passenden Bezirkshauptstädte.

A	B	C	D	E	F	G

26 **Gewaltenteilung in Deutschland**

Ordnen Sie die Personen zu: Legislative (L), Exekutive (E), Judikative (J).

1	2	3	4	5	6

27 **Wie ein Gesetz entsteht**

Bringen Sie die Aussagen (A, B, C, …) in die richtige Reihenfolge (1, 2, 3, …).

A	B	C	D	E	F	G

28 An diesen Tagen wurde Geschichte geschrieben

Tragen Sie passenden Kennnummern ein.

A	B	C	D	E	F	G	H

29 Orientierung in der Zeit

Tragen Sie den jeweils passenden Kennbuchstaben ein.

1	2	3	4

30 Im Wirrwarr von Tagen, Alter und Flächen

Notieren Sie die zutreffenden Antworten (Wörter oder Zahlen).

1

2

3

4

5

31 Who is who?

Tragen Sie passenden Kennnummern ein.

A	B	C

Lösungen

Allgemeine Tipps zur Auswahlprüfung

Teilen Sie sich die Zeit ein. Starten Sie mit den Aufgabentypen, die Ihnen liegen. Wenn Sie z. B. ein großes Allgemeinwissen haben, sich aber beim Umgang mit Texten schwertun, beginnen Sie bei den Wissensaufgaben. Andernfalls gehen Sie umgekehrt vor. Sollten Sie bei einer Aufgabe gar nicht weiterkommen, machen Sie bei der nächsten weiter. Besser eine Aufgabe weniger gelöst, als keine Zeit mehr für Aufgaben zu haben, die Sie lösen könnten! Ihr Ziel muss es sein, in den gegebenen 180 Minuten möglichst viele der insgesamt 250 Punkte einzusammeln. Bei den meisten Aufgaben erhalten Sie für jede richtige Antwort einen Punkt, bei Logikaufgaben häufig zwei Punkte.

1 ___ von 12 P.

Inhalt des Textes

TIPP *Lesen Sie den Text „Meinungsfreiheit" genau, bevor Sie Ihre Antworten eintragen. Für jede richtige Antwort wird 1 Punkt vergeben. Für die Beantwortung der Fragen zum Text sollten Sie sich etwa 15 bis 20 Minuten Zeit nehmen.*

Abschnitt 1		Abschnitt 2		Abschnitt 3			Abschnitt 4		Abschnitt 5		
a	b	a	b	a	b	c	a	b	a	b	c
R	F	R	F	R	F	F	R	R	F	R	NE

Abschnitt 1:

a) Es heißt im Text, dass das Recht auf Meinungsfreiheit im Laufe der Französischen Revolution verkündet wurde (vgl. Z. 7 ff.).

b) Das Recht auf Meinungsfreiheit gilt nicht in allen Staaten (vgl. Z. 17 f.).

Abschnitt 2:

a) In Artikel 5 des Grundgesetzes ist das Recht auf Meinungsfreiheit garantiert (vgl. Z. 25 ff.).

b) Auch Kinder und Jugendliche dürfen in Deutschland ihre Meinung äußern (vgl. Z. 33 ff.).

Abschnitt 3:

a) Man darf auch Kritik üben (vgl. Z. 41 f.).

b) Meinungen sind immer subjektiv, deshalb können sie – objektiv gesehen – nicht richtig oder falsch sein (vgl. Z. 50 f.).

c) Das Verbreiten von Lügen ist nicht erlaubt (vgl. Z. 54 ff.).

Abschnitt 4:

a) Es heißt, der Staat dürfe die Meinungsfreiheit nicht einengen (vgl. Z. 58 ff.).

b) Die Bürger*innen können ihre Meinungen über verschiedene Medien verbreiten (vgl. Z. 66 f.).

Abschnitt 5:

a) Es gibt für das Äußern von Meinungen doch Grenzen (vgl. Z. 80).

b) Man darf niemanden in seiner Ehre verletzen (vgl. Z. 84 f.).

c) Bestraft wird, wer die Gewaltherrschaft des Nationalsozialismus billigt, verherrlicht oder rechtfertigt. Was mit jemandem geschieht, der diese Zeit verharmlost, darüber steht nichts im Text.

2
___ von 5 P.

Bedeutung von Fremdwörtern

TIPP *Es geht stets darum, welches der vorgeschlagenen Wörter anstelle des genannten Fremdwortes im Text am besten passt.*

1	2	3	4	5
C	A	C	D	B

1 Das Recht auf Meinungsfreiheit muss von den Staaten, die es beschlossen haben, *unterzeichnet* worden sein. Vorher gilt es nicht. Es genügt nicht, wenn es nur aufgeschrieben wurde.

2 Als *Hoheitsgebiet* gilt das Gebiet, das zum Regierungsbereich eines Staates gehört.

3 Wenn man eine Sache *glorifiziert*, verleiht man ihr einen Ruhm (eine Glorie), der ihr nicht gebührt. Die Verben *loben* und *gutheißen* sind zu schwach, *verklären* passt nicht, denn es bedeutet, dass man etwas idealisiert.

4 Eine Zensur erfolgt, wenn Texte vor der Veröffentlichung von staatlichen Stellen geprüft und ggf. verboten werden.

5 Wer *subjektiv* urteilt, berücksichtigt nur seine persönliche Sicht und ist damit *voreingenommen*. Ein subjektives Urteil muss nicht *unvollständig* oder *unpassend* sein. Eine Darstellung ist *unsachlich*, wenn sie sich nicht auf die Sache bezieht, um die es geht, sondern andere Dinge in den Vordergrund rückt, die damit nichts zu tun haben.

3
___ von 9 P.

Fehler korrigieren

a) TIPP *Bei den Korrekturen geht es vor allem um den Austausch unpassender Präpositionen, Konjunktionen und Verben. Die zu korrigierenden Verben sind nicht unbedingt falsch, passen aber vom Sinn her nicht wirklich und sollten deshalb durch treffendere Verben ersetzt werden.*

Formulierungen im Text	Korrekturen
Das Recht auf Meinungsfreiheit wurde schon vor mehr als 200 Jahren	
verkündet, nämlich **in** der Französischen Revolution. Man sollte also	während
meinen, dies sei heute ein Grundrecht, das weltweit gilt. Immerhin hat	
die Generalversammlung der Vereinten Nationen 1948 die „Allge-	
meine Erklärung der Menschenrechte" verabschiedet. Aber die Men-	
schen können sich trotzdem nicht überall darauf verlassen. Das erkennt	
man schon daran, **weil** nur 173 von rund 200 Staaten die Erklärung der	dass
UNO ratifiziert haben. Entscheidend ist, dass das Grundrecht auf Mei-	
nungsfreiheit in der Verfassung eines Staates **notiert** ist, sonst können	garantiert
sich die Bürgerinnen und Bürger nicht darauf berufen. Falls jemand es	
wagen sollte, unliebsame Äußerungen zu verbreiten, muss **man** sogar	er/dieser
damit rechnen, bestraft zu werden. Das droht vor allem Personen, die	
Maßnahmen der Regierung kritisieren. In einer Diktatur werden solche	
Menschen sofort als Terroristen angesehen und verfolgt. Es hilft auch	
niemandem, wenn er eine kritische Meinung **mit** Pseudonym im Inter-	unter
net veröffentlicht. Er muss immer damit rechnen, dass der Geheim-	
dienst herausfindet, von wem eine Nachricht stammt. Ob eine Aussage	
der Wahrheit entspricht oder nicht, spielt keine Rolle. Es genügt, **wenn**	dass
sich die Regierung durch eine Person kritisiert fühlt. Dann wird **ihm**	ihr
sofort vorgeworfen, **er** wolle die Leserinnen und Leser zur Rebellion	sie
gegen den Staat **anregen**. Wer offen seine Meinung äußert, muss also	aufhetzen/ anstiften
immer damit rechnen, entdeckt und hart bestraft zu werden.	

Zu den Korrekturen:

- Die Präposition *in* passt hier nicht, denn sie klingt wie eine Ortsangabe. Gemeint ist ***während*** (ein Zeitraum).
- Richtig heißt es: *Das erkennt man* ***daran, dass*** …
- Mit dem Verb *notieren* drückt man aus, dass man etwas schriftlich festhält. Hier geht es aber darum, dass ein Grundrecht ***garantiert*** ist.
- Das passende Pronomen nach *jemand* ist ***er*** oder ***dieser***.
- Man äußert sich ***unter*** *Pseudonym*.
- Richtig heißt es: *Es genügt,* ***dass*** …
- Das passende Personalpronomen zu *eine Person* (Femininum!) lautet ***sie***. Also muss es heißen, dass ***ihr*** vorgeworfen wird, ***sie*** wolle etwas tun.
- Das Verb ***anregen*** passt nicht; es drückt aus, dass jemand auf zurückhaltende Weise etwas vorschlägt. Gemeint ist hier, dass er seine Mitmenschen auf aggressive und fordernde Art dazu bringen will, sich gegen den Staat aufzulehnen. Dazu passen nur Verben wie ***anstiften*** oder ***aufhetzen.***

____ von 10 P.

b) TIPP *Jedes richtige Komma gibt einen Punkt. Bei falsch gesetzten Kommas wird jeweils 1 Punkt abgezogen. Wenn 10 Punkte vergeben werden, sollten Sie auch genau 10 Kommas setzen. Setzen Sie Kommas bei Aufzählungen (Bsp.: „Schweden, Finnland, Island […]"), Relativsätzen (Bsp.: „Staaten, die autoritär regiert werden, […]") und Nebensätzen, die mit einer Konjunktion eingeleitet werden (Bsp.: „[…], wie eine aktuelle Studie zeigt."). Auch Hauptsätze, die aufeinander folgen, werden in der Regel durch ein Satzzeichen (Punkt, Semikolon oder Komma) voneinander getrennt (Bsp.: „Als Musterland für eine Demokratie gilt nach wie vor Norwegen, denn es belegt […] den ersten Platz.")*

Das Recht auf Meinungsfreiheit ist in demokratischen Staaten ein Grundrecht. Allerdings ist nur knapp die Hälfte aller Staaten wirklich als Demokratie anzusehen, wie eine aktuelle Studie zeigt. Heutzutage leben nur noch 47,7 Prozent aller Menschen in einem demokratischen Land. Damit hat die Zahl der Menschen, die in einer Demokratie leben, weiter abgenommen. Inzwischen lebt mehr als jeder dritte Mensch in einer Diktatur. Die Anzahl der Staaten, die autoritär regiert werden, ist in den letzten Jahren immer weiter gestiegen. Als Musterland für eine Demokratie gilt nach wie vor Norwegen, denn es belegt in der Liste der Demokratien weiterhin den ersten Platz. Auf Platz 2 folgt Neuseeland, danach kommen weitere nordische Staaten: Schweden, Finnland, Island und Dänemark. Deutschland liegt immerhin auf Platz 15 und gehört damit zu den wenigen Staaten, die als vollwertige Demokratie anzusehen sind. Auf einem der letzten Plätze liegt China.

Regeln, nach denen die fehlenden Kommas zu setzen sind:

Z. 2: Das Komma trennt den folgenden Nebensatz vom vorangestellten Hauptsatz.

Z. 4/5: Die beiden Kommas trennen einen Relativsatz vom Hauptsatz, und zwar vorne und hinten, denn der Relativsatz ist in den Hauptsatz eingeschoben.

Z. 6: Die beiden Kommas trennen wieder einen Relativsatz von dem Hauptsatz, in den er eingeschoben ist.

Z. 8: Das Komma trennt zwei Hauptsätze, die aufeinander folgen und die durch die Konjunktion *denn* miteinander verbunden sind.

Z. 9/10: Das erste Komma trennt zwei aufeinander folgende Hauptsätze voneinander, die nicht durch eine Konjunktion miteinander verbunden sind. Das zweite und dritte Komma trennt die Glieder einer Aufzählung voneinander. Die Konjunktion *denn* leitet einen Hauptsatz ein.

Z. 11: Das Komma trennt einen Relativsatz von dem vorangestellten Hauptsatz.

___ von 12 P.

c) **TIPP** *Sie müssen 12 Fehler korrigieren. Streichen Sie falsch geschriebene Wörter sauber durch und notieren Sie die richtige Schreibweise ordentlich darüber.*

Durch die Überwachung seiner Bürgerinnen und Bürger sorgt die Regierung in China dafür, ~~das~~ dass niemand gegen geltende Gesetze und Vorschriften ~~verstösst~~ verstößt. Zugleich werden die Menschen dazu ~~angehallten~~ angehalten, sich vorbildlich zu verhalten. Überall sind Kameras angebracht, mit denen die Einwohner ~~kontrollirt~~ kontrolliert werden. Dabei geht es auch um Kleinigkeiten, z. B. darum, ob jemand bei ~~rot~~ Rot eine Straße überquert oder seinen Müll nicht ordnungsgemäß ~~endsorgt~~ entsorgt. Es wird aber nicht nur ~~fehlverhalten~~ Fehlverhalten registriert, sondern auch ~~Wünschenswerte~~ wünschenswerte Eigenschaften werden festgehalten. Beispielsweise wird beobachtet, ob ein ~~Erwachsener~~ erwachsener Sohn oft genug seine Eltern besucht oder seiner kranken Tante hilft. Hat sich jemand einer Handlung schuldig gemacht, die als ~~vergehen~~ Vergehen angesehen wird, so werden ihm von seinem Konto ~~Punckte~~ Punkte abgezogen. Wer zu viele Minuspunkte hat, der wird bestraft. Beispielsweise darf er keine Reise mehr ~~Buchen~~ buchen.

Erläuterung der Korrekturen:

Z. 2: Das Wort *dass* ist hier weder ein Artikel noch ein Pronomen, sondern eine Konjunktion. – Bei der Verbform *verstößt* folgt ein „scharfes S" auf einen langen Vokal (hier auf den Umlaut ö).

Z. 2: Das Partizip *angehalten* gehört zum Verb *anhalten*. Es wird nicht mit Doppelkonsonanten geschrieben.

Z. 4: Der Infinitiv der Verbform *kontrolliert* lautet *kontrollieren*. Die Endung „-ieren" ist typisch für einige Verben (z. B. *verlieren*, *buchstabieren*). Im Übrigen wird ein lang gesprochenes i in der Regel mit ie geschrieben.

Z. 5: Das Wort *Rot* ist hier kein Adjektiv, sondern ein Nomen. Das erkennt man an der Verwendung im Satz: Es gibt kein Nomen, auf das es sich bezieht; zudem wandelt die vorangestellte Präposition *bei* das ursprüngliche Adjektiv in ein Nomen um.

Z. 6: Das Wort *entsorgt* hat nichts mit einem Ende zu tun!

Z. 7: *Fehlverhalten* ist ein Nomen. Man könnte zur Probe einen typischen Begleiter voranstellen, z. B. so: „nicht nur jedes Fehlverhalten". – Ob ein Kompositum (zusammengesetztes Wort) klein- oder großgeschrieben wird, richtet sich nach dem letzten Wort, hier *wünschens**wert***.

Z. 8: Das Wort *erwachsener* ist hier ein Adjektiv, das sich auf *Sohn* bezieht. Folglich wird es kleingeschrieben.

Z. 10: Hier kann man wieder eine Begleitwort-Probe machen: *als **ein** Vergehen*.

Z. 11: Nach **n** folgt nie **ck**, sondern immer nur ein einzelnes **k** (z. B. *Enkel, Winkel, Gestank, denken, hinken*)

Z. 12: Das Wort *buchen* beschreibt eine Tätigkeit, ist also ein Verb und wird kleingeschrieben.

4

___ von 5 P.

Sätze umstrukturieren

TIPP *Wenn Sie einen Hauptsatz in einen Konjunktionalsatz umwandeln wollen, müssen Sie eine passende Konjunktion voranstellen (2, 3, 5). Bei der Umwandlung in einen Relativsatz stellen Sie ein geeignetes Relativpronomen voran (1, 4).*

1 Meinungsfreiheit gilt in einer Demokratie als ein wesentliches Grundrecht, das unbedingt verteidigt werden sollte.
2 Obwohl jeder Mensch seine Meinung frei äußern darf, gibt es dafür auch Grenzen.
3 Wenn Meinungsäußerungen in Beleidigungen ausarten, ist das ist nicht erlaubt.
4 Bürger*innen, die Lügen verbreiten, können sich auch nicht auf das Recht auf Meinungsfreiheit berufen.
5 Weil der Jugendschutz geachtet werden muss, sind gewaltverherrlichende Darstellungen ebenfalls verboten.

5

___ von 6 P.

Meinungsfreiheit in der Diskussion

TIPP *Pro richtige Antwort wird 1 Punkt vergeben (kein Punkt für das vorangestellte Beispiel).*
Eigentlich gibt es bei der Darstellung eines Themas nur wenige Arten von Aussagen:
These (Behauptung): *Damit bezieht man sich auf Tatsachen. Man sagt aus, was der Fall ist.*
Begründung*: Man führt genauer aus, warum man eine These (Behauptung) für richtig hält.*
Beispiel: *Man verweist auf Einzelfälle. So veranschaulicht man das, was man in einer Begründung darlegt.*
Einige Aussagen sind auf eine besondere Weise formuliert:

- *als* ***Vermutung****: Das ist dann keine These, sondern eine Annahme.*
- *als* ***Erklärung****: Man führt genauer aus, wie eine bestimmte Behauptung zu verstehen ist. Dem Leser/der Leserin soll so klar werden, was man meint.*
- *als* ***Erläuterung****: Damit stellt man einen Sachverhalt ausführlich dar, z. B., indem man Einzelheiten beschreibt.*

0	1	2	3	4	5	6	
X	X	X			X		richtig
			X	X		X	falsch

1 Der erste Satz ist eine **These**. Er sagt aus, dass man sich seine Meinung bilden darf. Der zweite Satz nennt **Beispiele** dafür, wie man seine Meinung äußern darf.

2 Der erste Satz ist eine **Behauptung** (These): Er sagt aus, was erlaubt ist. Der zweite Satz liefert eine **Begründung** dafür, indem er auf den entsprechenden Sachverhalt verweist: Es herrscht keine Zensur.

3 Der erste Satz ist kein Beispiel, auch wenn er sich auf eine Einzelperson bezieht. Er drückt wieder eine **Behauptung** (These) aus, denn er sagt, was **nicht** erlaubt ist. (Auch eine Verneinung kann eine Behauptung sein!) Der zweite Satz liefert die **Begründung** dafür: Er sagt, worauf man beim Äußern seiner Meinung achten muss.

4 Dass mit dem ersten Satz eine **Vermutung** geäußert wird, erkennt man an dem Wort „anscheinend *(anscheinend: Es scheint so zu sein.)* Danach folgt eine **Erklärung**: Der Verfasser/die Verfasserin äußert sich dazu, warum es Bürger*innen gibt, die sich in ihrer Meinungsfreiheit eingeschränkt fühlen.

5 Der erste Satz ist eine **Behauptung**: Behauptet wird, dass immer mehr Menschen ihre Informationen aus dem Internet beziehen. Im zweiten Satz wird eine **Begründung** dafür abgegeben.

6 Der erste Satz ist wieder eine **Behauptung**: Er sagt aus, wie sich viele Bürger*innen verhalten, die ihre Informationen aus dem Internet beziehen. Im nachfolgenden Satzgefüge beginnt der Nebensatz mit der Konjunktion *wenn*. Allerdings wird damit keine Bedingung zum Ausdruck gebracht. Die Konjunktion *wenn* ist hier im zeitlichen Sinne gemeint: Sie erläutert, was (dann) passiert, wenn Menschen im Internet auf Hass und Hetze stoßen. Die Aussage ist als **Vermutung** formuliert („scheint sie das nicht zu stören").

6

____ von 5 P.

Lücken füllen

TIPP *Entscheidend ist bei allen Sätzen der richtige Kasus.*

1 Einige Bürger*innen meinen, dass das Recht auf freie Meinungsäußerung den Menschen immer mehr entzogen werde. (die Menschen)

2 Dabei erliegen sie aber einem Irrtum. (ein Irrtum)

3 Sie scheinen Artikel 5 des Grundgesetzes nicht richtig gelesen zu haben. (das Grundgesetz)

4 Dort steht nämlich ausdrücklich, dass es nicht erlaubt ist, jemanden in seiner Ehre zu verletzen. (seine Ehre)

5 Auch bedenken sie nicht, dass sie von ihrem Gesprächspartner ab und zu auch Kritik zu hören bekommen können. (ihr Gesprächspartner)

Satz 1: Das Verb *entziehen* erfordert den Dativ: Wem entzieht man etwas? Den Menschen.

Satz 2: Das Verb *erliegen* verlangt ebenfalls den Dativ: Wem oder was erliegen sie? Einem Irrtum.

Satz 3: Hier muss der Genitiv eingetragen werden: „Artikel 5 des Grundgesetzes"

Satz 4: Die Präposition *in* erfordert den Dativ: Man verletzt jemanden „in seiner Ehre".

Satz 5: Die Präposition *von* erfordert immer den Dativ, also auch hier. Eingetragen werden muss die Singularform („von ihrem Gesprächspartner"), denn die ist in der Randspalte angegeben.

7

____ von 8 P.

Texte überarbeiten

a) TIPP *Achten Sie darauf, dass nach dem ersten Satzglied eine weitere Umstellung nötig ist: Das Subjekt vertauscht seine Position mit dem finiten Verb, denn das steht immer auf Position 2. (Beispiel: „**Man liest** im Internet regelmäßig …" – „Im Internet **liest man** regelmäßig …")*

1 Im Internet liest man regelmäßig unverschämte Kommentare von Leser*innen.

2 Oft verwenden die Verfasser*innen beim Schreiben auch eine sehr nachlässige Sprache.

3 In ihren Kommentaren machen viele von ihnen sogar grobe Fehler.

4 Ihre Leser*innen scheint das aber kaum zu stören.

5 Manchmal entfernen Moderatoren inakzeptable Kommentare.

6 Das Posten von Meinungsäußerungen erlauben einige Online-Medien auch nur ihren Abonnenten.

7 In sozialen Netzwerken werden Korrekturen von Hassbotschaften allerdings nur selten vorgenommen.

8 Auf schlimme Posts müssen die Mitglieder dort meist von sich aus reagieren.

___ von 14 P.

b) TIPP *Markiert sind hier nicht nur die finiten Verben, sondern auch die infiniten Verbformen, die dazugehören (Partizipien und Infinitive), obwohl diese sich im Konjunktiv nicht ändern, z. B. „geschützt“ oder „abweichen“. Je Umformung des vollständigen Prädikats wird 1 Punkt vergeben, z. B. für „seien geschützt“, „abweichen würden“ oder „hätten“.*

> 1 [...] vom Grundgesetz **seien** auch Meinungen **geschützt**, die von Vorstellungen der Mehrheit **abweichen würden**. Auch radikale Äußerungen von rechts wie links **hätten** ihren Platz, egal ob sie wertvoll und durchdacht oder stumpf und unsinnig **seien**. Die Mütter und Väter unserer Verfassung **hätten** eine pluralistische Gesellschaft mit vielen unterschiedlichen Meinungen im Blick **gehabt**. Die Meinungsfreiheit **sei** das Fundament für die Demokratie, so ähnlich **habe** es das Bundesverfassungsgericht in Karlsruhe **ausgedrückt**. [...] Und darauf **fuße** die Demokratie.
> Aber die Meinungsfreiheit **habe** Grenzen. Eine Meinungsäußerung **dürfe verboten werden**, wenn ansonsten ein Schaden für einen anderen Menschen oder die Gesellschaft **entstehe**. Man **dürfe** zum Beispiel einen anderen nicht einfach **beleidigen**, auch wenn man ihn wirklich nicht **möge**. Der Schutz seiner Ehre **sei** dann im Prinzip wichtiger als die Meinungsfreiheit [...]

Anmerkungen zu den Umformulierungen:

Z. 2: Die Umschreibung mit „würde“ ist nötig, weil auch die Form des Konjunktivs II („die ... abwichen“) nicht von der entsprechenden Präteritum-Form des Infinitivs zu unterscheiden wäre („die ... abwichen“).

Z. 3: Die Form des Konjunktivs II ist in diesem Fall nötig (und erlaubt): haben – hätten. Der Grund: Die Form des Konjunktivs I („sie haben“) ist nicht von der entsprechenden Form des Infinitivs („sie haben“) zu unterscheiden.

8

___ von 6 P.

Meinungsfreiheit als höchstes Gut

TIPP *Sie sollen die fehlenden Zahlenwerte aus dem Diagramm ablesen und korrekt in den Lösungsbogen eintragen. Um zu verstehen, was gemeint ist, müssen Sie manchmal nach einer Textstelle suchen, die weiter vorn steht. In dem Satz mit der Lücke **a** heißt es z. B. „dieses Recht“. Die Worte **dieses Recht** beziehen sich auf etwas zurück, was im ersten Satz steht: „Für die Deutschen ist Meinungsfreiheit das höchste Gut.“ Gemeint ist also das Recht auf Meinungsfreiheit. Nun können Sie im Diagramm die entsprechende Prozentzahl ablesen und in die Lücke eintragen. Außerdem müssen Sie beachten, dass die Darstellung im Lückentext von der Reihenfolge her nicht exakt an das Diagramm angelehnt ist. Sie müssen also hin und wieder im Schaubild nach dem passenden Balken suchen.*

A	B	D	D	E	F
66	50	45	57	50	48

9

___ von 6 P.

Meinungsfreiheit für alle?

TIPP *Sehen Sie sich die Karikatur genau an. Achten Sie nicht nur auf die Worte, die in den Sprechblasen und auf den Plakaten zu lesen sind, sondern auch auf die Darstellung der Personen. Der Redner sieht z. B. so aus, als fühle er sich in seiner Rolle wohl und sicher. Er geht davon aus, dass die versammelten Querdenker ihn bestätigen werden. Die wiederum wirken keineswegs zuversichtlich, sondern unzufrieden und aggressiv. Überlegen Sie, was der Zeichner zum Ausdruck bringen will: Er übt Kritik an den Querdenkern. Zum einen lässt er den Redner eine Frage stellen („Wollt ihr die totale Meinungsfreiheit?!"), die an eine Rede von Goebbels erinnert. Zum anderen zeigt er, dass die Demonstrierenden überhaupt nicht begriffen haben, was Meinungsfreiheit bedeutet, denn sie verlangen das Recht darauf nur für sich.*

1	2	3	4	5	6	
X		X	X		X	richtig
	X			X		falsch

1 Dass sie sich verbunden fühlen, zeigt schon ihre körperliche Nähe.

2 Begeisterung sieht anders aus; sie schreien vielmehr ihre Wut hinaus.

3 So lautet ihre Antwort auf die Frage des Anführers.

4 Sie fordern das Recht auf Meinungsfreiheit nur für ihre Gruppe.

5 Auf einem Schild ist die Rede von einer „Corona-Diktatur". Das ist als Provokation zu verstehen, denn auch sie wissen eigentlich, dass wir nicht in einer Diktatur leben.

6 Die Frage nach der „totalen Meinungsfreiheit" erinnert an die NS-Zeit (an die Frage von Reichspropagandaminister Goebbels: „Wollt ihr den totalen Krieg?").

10

___ von 6 P.

Freie Meinungsäußerung

TIPP *Achten Sie auf die beiden Kurven: Wo laufen sie aufwärts, wo abwärts und an welcher Stelle wird eine Richtungsänderung angezeigt? Die Aussagen der Kurven sind unterschiedlich: Je höher die obere Kurve verläuft, desto mehr Vertrauen haben die Befragten in das Recht auf Meinungsfreiheit, und je weiter sie nach unten geht, desto geringer ist dieses Vertrauen. Bei der unteren Kurve ist es genau umgekehrt: Je weiter sich die Kurve nach oben bewegt, desto weniger vertrauen die Befragten darauf, dass sie sagen können, was sie wollen, ohne Ärger zu bekommen. Und je mehr sie sich nach unten bewegt, desto geringer ist ihre Furcht davor, dass sie etwas Falsches sagen könnten.*

1	2	3	4	5	6
R	R	F	R	R	R

1 Im Jahr 1971 erreichte der Glaube an die Meinungsfreiheit mit 83 % ihren Höhepunkt.

2 Jetzt sind es nur noch 45 %, also weniger als die Hälfte.

3 Bei der ersten Umfrage waren es 56 % und somit deutlich mehr als 45 %.

4 Von 1953 bis 1971 stieg der Prozentsatz der Befragten, die an Meinungsfreiheit glauben, von 58 % bis auf 83 %.

5 Nach der Wiedervereinigung glaubten noch 78 % der Befragten an die Meinungsfreiheit, danach taten dies immer weniger.

6 Der Unterschied beträgt nur noch 1 % (45 % glauben, sie könnten ihre Meinung nach wie vor frei äußern, 44 % glauben dagegen, dass sie das nicht mehr können).

11
___ von 5 P.

Themen, über die man besser nicht spricht

TIPP *Es gibt drei Kurven zu jeweils drei verschiedenen Themen: Muslime/Islam, Patriotismus/Vaterlandsliebe, Emanzipation/Gleichberechtigung der Frauen. Achten Sie auch hier auf den genauen Verlauf. Von Interesse sind bei jeder Kurve vor allem diese Fragen: In welchem Zeitraum hat sich die Kurve nach oben bewegt? Gab es im Laufe der Jahre Veränderungen? Wenn ja: Wann kam es zu Veränderungen – und wann waren sie am größten? Vergleichen Sie die Kurven auch bezüglich ihrer Unterschiede: Welche Kurve zeigt die größten Unterschiede an – und welche die geringsten? Die Aussagen, die Sie als richtig ankreuzen, müssen dazu passen.*

1	2	3	4	5	
☐	☐	☐	☒	☒	richtig
☐	☐	☒	☐	☐	falsch
☒	☒	☐	☐	☐	nicht zu entnehmen

1 Es sind nur drei Themen, zu denen die Meinung der Befragten im Diagramm abgebildet ist. Ob es noch mehr Themen gibt, bei denen sie ihre Meinung nicht mehr frei äußern mögen, geht aus dem Diagramm nicht hervor.

2 Dass die Gleichberechtigung der Frauen für die Befragten in den 1990er-Jahren kein Thema war, lässt sich aus dem Diagramm nicht ableiten. Das Diagramm sagt nur, dass sehr wenige (3 %) ausgesagt haben, sich darüber nicht äußern zu mögen.

3 Es ist nur fast jeder Fünfte (19 %), der angegeben hat, sich nicht zur Emanzipation der Frauen äußern zu mögen.

4 Die Abnahme der Befragten, die sagten, sie würden nicht über den Islam reden wollen, ist aber gering; sie beträgt nur 2 %.

5 Der Anteil derer, die sich nicht scheuen, über Patriotismus zu sprechen, ist von 16 % auf 38 % gestiegen und hat sich somit mehr als verdoppelt.

12
___ von 6 P.

Meinungsfreiheit nicht in Gefahr!

TIPP *Sie sollen aus der Liste drei* ***Oberbegriffe*** *auswählen. Diesen drei Oberbegriffen sollen Sie Stichpunkte zuordnen. Dabei müssen Sie* ***alle*** *Stichpunkte verwenden, aber jeder Stichpunkt darf* ***nur einmal*** *zugeordnet werden. Es gibt allerdings Stichpunkte, die sich mehr als einem Oberbegriff zuordnen lassen. Da Sie jeden Stichpunkt nur einmal verwenden sollen, müssen Sie sich im Zweifel entscheiden. Je Zeile erhalten Sie 2 Punkte, insgesamt somit 6 Punkte. Es bietet sich an, die Oberbegriffe B, D und F auszuwählen.*

B	D	F
1, 2, 6	3, 4	5

B **Psychologische Aspekte**
Wenn man seine Meinung anderen gegenüber vertritt, sollte man selbstbewusst auftreten (**2**). Man darf auch keine Angst vor Kritik haben (**1**). Zugleich sollte man bedenken, dass es Menschen gibt, die zu diesem Thema eine andere Meinung vertreten könnten. Man sollte also abweichende Meinungen akzeptieren (**6**).

D **Aspekte der Darstellung**
Man sollte sachlich bleiben. Das erfordert, dass man niemanden beleidigt (**3**). Man sollte auch seine Ansicht nachvollziehbar begründen (**4**).

F **Juristische Grundlagen**
Artikel 5 des Grundgesetzes garantiert das Recht auf Meinungsfreiheit (**5**).

13 Fake News

___ von 7 P.

TIPP *Überlegen Sie bei jedem Appell, warum man bestimmte Dinge tun oder unterlassen sollte. So können Sie jeden Appell einer passenden Begründung zuordnen.*

A	B	C	D	E	F	G
3	7	6	5	4	2	1

14 Pressefreiheit weltweit

___ von 7 P.

TIPP *Bei einigen Aussagen müssen Sie einzelne Länder auch den Kontinenten zuordnen, zu denen sie gehören. Fragen Sie sich dann, wo das eine oder andere Land liegt: Gehört es zu Europa? Oder zu Asien? Achten Sie auch auf die Formulierungen. Manche Aussagen sind sehr absolut formuliert (z. B. „durchweg" – also immer). Überlegen Sie in diesen Fällen, ob man das wirklich so sagen kann. Wichtig ist auch: Die Zahlen in der Tabelle sagen nichts über die Gründe aus und es werden auch keine Bewertungen abgegeben. Aussagen, die in diese Richtung gehen, lassen sich der Übersicht nicht entnehmen. Als falsch kreuzen Sie alle Aussagen an, bei denen Zahlen oder Rangfolgen angegeben werden, die nicht stimmen.*

A	B	C	D	E	F	G	
☐	☒	☒	☐	☐	☒	☒	richtig
☒	☐	☐	☐	☒	☐	☐	falsch
☐	☐	☐	☒	☐	☐	☐	nicht zu entnehmen

A Costa Rica befindet sich auf Platz 8, ist aber kein europäisches Land.

B Auf den ersten drei Plätzen liegen Norwegen, Dänemark und Schweden, Finnland folgt immerhin auf Platz 5.

C Deutschland besetzt jetzt in der Rangliste Platz 16 und ist damit um 3 Plätze nach unten gesunken.

D Es stimmt, dass Kanada um 5 Plätze abgerutscht ist und nun den 19. Platz in der Rangliste belegt. Ob das erstaunlich ist, lässt sich der Tabelle aber nicht entnehmen. Dazu müsste man mehr Kenntnisse über die Verhältnisse im Land haben.

E Auf den letzten zehn Plätzen befinden sich auch ein lateinamerikanisches Land (Kuba, Platz 173) und ein afrikanisches Land (Eritrea, Platz 179).

F Namibia ist von Platz 24 auf Platz 18 aufgestiegen.

G Nord-Korea belegt mit Platz 180 den letzten Platz. Damit hat dieser Staat seinen Rangplatz mit Eritrea getauscht: Im Jahr davor belegte Eritrea den letzten Platz und Nord-Korea den vorletzten Platz.

15 Medienschaffende im Gefängnis

___ von 7 P.

TIPP *Fragen Sie sich bei jeder Aussage, worauf sie sich bezieht: Auf Journalisten, auf Journalistinnen – oder auf beide Gruppen? Das Liniendiagramm bezieht sich ausschließlich auf Frauen. Überlegen Sie also, ob die Aussagen über Frauen zum Verlauf dieser Kurve passen oder nicht. Bedenken Sie auch, dass das Diagramm nur eine Entwicklung aufzeigt. Es kann zwar sein, dass sich an der einen oder anderen Stelle eine Begründung oder eine Bewertung aufdrängt. Dem Diagramm lassen sie sich aber nicht entnehmen.*

A	B	C	D	E	F	G	
☐	☐	☐	☒	☐	☒	☐	richtig
☐	☒	☐	☐	☐	☐	☐	falsch
☒	☐	☒	☐	☒	☐	☒	nicht zu entnehmen

A Dass die berufliche Tätigkeit für Journalistinnen und Journalisten grundsätzlich gefährlich ist, lässt sich den Diagrammen nicht entnehmen, auch wenn einige von ihnen im Gefängnis sitzen.

B Es waren mehr als 500 Journalistinnen und Journalisten, die im Gefängnis saßen: 533 (455 Männer und 78 Frauen).

C Worauf es zurückzuführen ist, dass weniger Journalistinnen inhaftiert werden als ihre männlichen Kollegen, lässt sich den Diagrammen nicht entnehmen. Man kann dazu nur Vermutungen anstellen, z. B., dass Frauen seltener zur Berichterstattung in einem gefährlichen Land eingesetzt werden als Männer.

D 455 Journalisten waren inhaftiert, von ihren Kolleginnen waren es 78.

E Wie viele Frauen journalistisch tätig waren, lässt sich der Tabelle nicht entnehmen.

F Es geht um den Anteil der inhaftierten Journalistinnen im Verhältnis zu ihren männlichen Kollegen. 2019 lag dieser Anteil bei 10 %, 2020 und 2021 lag er bei 13 % und 2022 bei 15 %.

G Keines der Schaubilder sagt etwas darüber aus, in welchen Ländern Personen, die journalistisch tätig sind, im Gefängnis sitzen.

16 Konzentration ist alles

___ von 10 P.

1 TIPP *Hier werden immer 2 Punkte pro Antwort vergeben. Sehen Sie genau hin! Das Problem ist, dass die Buchstaben D, E, M und O in verschiedenen Wörtern vorkommen können, nicht nur in DEMO, sondern auch in MODE, MEMO, ODEM (alt für „Atem") und DOM. Gefragt ist aber nur nach dem Wort DEMO.*

demmodedommemomode**demo**emodomodo**demo**mdomdomo**demo**	3
domo**demo**modeemodomodedo**demo**edomomememomedo**demo**m	3
medomemomomo**DEMO**emodome**demo**emdodoDomomodemedom	2
demoedomdemdomdedodode**demo**dodemedomomedomedeme**demo**	3
odemmedomomededomemodeme**demo**dodeomen**Demo**dedo**demo**de	3
omeddomemodeodemdememeomedememodemedomodem**demo**do	1
momomedomodededomomdomomenmododem**demo**dememdomom	1
omde**Demo**dedodemedo**demo**momomodeomedomeoodomodemem	2

18

2 Schnec**k**en erschrec**k**en, wenn sie **k**ec**k** an anderen Schnec**k**en schlec**k**en, weil sie dann mer**k**en, dass Schnec**k**en ihnen **k**aum lec**k**er schmec**k**en, wenn sie an ihnen schlec**k**en.

12

3 TIPP *Achten Sie genau darauf, wie oft das Wort in der* ***Pluralform*** *oder im* ***Infinitiv*** *enthalten ist, denn genau das ist die Aufgabe.*

ver**REIsen**REISEBÜROfern**REISEN**DIENSTREISEreiseFERTIGREISEPLÄNEan**R**
EISENREISEZIELREISEFREIHEIT**REISEN**DERREISEGEPÄCKRUND**REISEN**

5

4 TIPP *Der* ***Buchstabe d*** *kann mit den Buchstaben b, p und q leicht verwechselt werden. Schauen Sie also ganz genau hin.*

15

5 TIPP *Diese Buchstaben sind enthalten: w – v – y – l – t – x – h*

7

17
___ von 3 P.

Vertrauen in Informationsquellen

TIPP *Sie erhalten je richtig beurteilter Informationsquelle 0,5 Punkte, also insgesamt 3 Punkte. Eingetragen werden müssen nur die drei besten und die drei schlechtesten. Radio und Onlinenachschlagewerke sind gleichplatziert und müssen beide genannt werden. Am schnellsten kommen Sie voran, wenn Sie sich an der Größe der Kreise in der Grafik orientieren.*

A	B	C	D	E	F	G	H	I	K	L	M	N
	+2		–1		–3	+3	–2		+1			+3

18
___ von 5 P.

Hass und Hetze im Internet

TIPP *Achten Sie auf die jeweiligen Jahreszahlen. Bei a) und b) müssen zwei Zahlenwerte zusammengezählt werden (a: 30 + 40, b: 11 + 28).*

Tragen Sie die jeweils passenden Zahlen ein.

a	b	c	d	e
70	39	30	22	3

19
___ von 2 P.

Buchstabenfolgen

1 TIPP *Sie müssen die Namen von rechts nach links lesen.*

A	B	C	D
Robert	Stefan	Lukas	Moritz

___ von 8 P.

2 TIPP *Sie müssen herausfinden, nach welchem System die Buchstabenfolgen angeordnet sind. Orientieren Sie sich dabei an der Reihenfolge im Alphabet. Für jede Zahlenreihe erhalten Sie 2 Punkte.*

a	b	c	d
O	R	E	O

a A (B) C (D) E (F) G (H) I (J) K (L) M (N) **O**
(jeweils jeder 2. Buchstabe)

b Z Y X W V U T S **R**
(Alphabet von hinten nach vorn: Z Y X …)

c A B B A C D D C **E**
(In dieser Reihenfolge nach dem Alphabet: 1 2 2 1 3 4 4 3 …)

d A B C G H I M N **O**
(Nach jedem dritten Buchstaben werden immer drei Buchstaben weggelassen: ABC (DEF) GHI (JKL) MNO)

20 Logische Reihen

___ von 6 P.

TIPP *Zahlen- und Figurenreihen folgen ebenso wie Dominoreihen einem bestimmten logischen Schema. Mit etwas Übung kann man solche Reihen gut knacken. Pro richtige Antwort werden 2 Punkte vergeben.*

a Die Zahlenreihe ist nach diesem Schema angeordnet: · 4 : 2 · 4 : 2 · 4 : 2 · 4 …

b Hier ist immer ein weiteres Viertel ausgefüllt: erst im linken Quadrat ein Viertel oben, dann im rechten Quadrat ein Viertel oben, dann jeweils die Viertel darunter.

c Hier erhöhen sich die Werte in der oberen Reihe von links nach rechts jeweils um einen Punkt (4-5-6; 1-2-3; 3-4-5). Betrachtet man die Reihen senkrecht, verringern sich die Werte von oben nach unten gesehen um je einen Punkt (4-3-2; 1-0-6; 3-2-1).

21 Soziale Netzwerke

___ von 12 P.

TIPP *Sie sollten Ihren Aufsatz folgendermaßen gliedern: Behauptung, Begründung und Beispiel. Für den Inhalt erhalten Sie 8 Punkte (2 P. für die Behauptung, 3 P. für die Begründung, 3 P. für das Beispiel). Für eine abwechslungsreiche und angemessene Sprache sowie eine korrekte Rechtschreibung bekommen Sie 4 Punkte. Die folgende Lösung ist eine Beispiellösung.*

> Bei einer Themaverfehlung, d. h. der Formulierung eines unpassenden Arguments, wird Ihr Aufsatz mit 0 Punkten bewertet.

Ist es richtig, soziale Netzwerke zu verbieten, in der Hoffnung, dass Hass und Hetze dann künftig nicht mehr im Internet verbreitet werden? Das ist sicher eine Fehleinschätzung. Ein Verbot solcher Dienste würde das Problem eher verstärken. *Behauptung*

Wer andere Personen beschimpfen will, der wird sich durch ein solches Verbot nicht davon abhalten lassen. Er wird andere Wege finden, den Abscheu, den er bestimmten Menschen gegenüber empfindet, zu verbreiten, auch im Internet. Man darf nämlich nicht vergessen, dass es neben dem „normalen" Internet, das die meisten von uns benutzen, noch ein anonymes Internet gibt, das sogenannte „Darknet". *Begründung*

In das gelangt jeder hinein, der sich über Firefox in das „Tor-Netzwerk" einklickt. Dort kann er zusammen mit Gleichgesinnten weiterhin seinen Hass über Personen verbreiten, die er als Feinde ansieht – in dem Wissen, dass ihn seine Freunde schon nicht verraten werden. *Beispiel*

22
___ von 5 P.

Wahlberechtigte bei den Bundestagswahlen

TIPP *Orientieren Sie sich nicht nur an der Länge der Abschnitte in den einzelnen Balken, sondern achten Sie auch auf die darin angegebenen Zahlen. Die Unterschiede sind manchmal nicht sehr groß. Um die Aussagen beurteilen zu können, sollten Sie außerdem die Jahreszahlen in den Blick nehmen und die Altersangaben bei den einzelnen Personengruppen rechts im Diagramm. Fragen Sie sich stets: Auf welche Altersgruppe(n) bezieht sich die Aussage – und auf welche Wahl(en)?*

A	B	C	D	E
R	F	R	R	NE

A Dass sich die Altersgruppen der Wähler*innen im Laufe der Zeit verändert haben, lässt sich aus dem Diagramm ableiten: Die Teilabschnitte der drei Säulen sind alle unterschiedlich lang.

B Der Anteil der ältesten Wählergruppe war im Jahr 1990 etwas kleiner als im Jahr 1972.

C Von 1992 bis 1990 hat sich die Gruppe der jüngsten Wähler*innen um 3 % vergrößert, von 1990 bis 2021 ist sie um 9 % geschrumpft.

D Mit 47 % bis 52 % war die mittlere Altersgruppe stets am größten.

E Dass die jüngsten Wähler*innen bei den letzten Bundestagswahlen keine Rolle mehr gespielt haben, lässt sich dem Diagramm nicht entnehmen. Das Diagramm zeigt nur, dass sich diese Gruppe zahlenmäßig verringert hat.

23
___ von 5 P.

Wahlbeteiligung in Bayern

TIPP *Sehen Sie sich den genauen Verlauf der Kurven an. Stellen Sie sich bei beiden Kurven diese Fragen: Wann zeigt die Kurve nach oben? Wann fällt sie wieder ab? Wann waren die Höhepunkte – und wann die Tiefpunkte? Achten Sie auch auf die Formulierungen. Fragen Sie sich, worauf sich die einzelnen Aussagen beziehen: auf die Bundestagswahlen – oder auf die Landtagswahlen – oder auf beiden Arten von Wahlen?*

1	2	3	4	5	
☐	☒	☒	☐	☐	richtig
☒	☐	☐	☐	☐	falsch
☐	☐	☐	☒	☒	nicht zu entnehmen

1 Diese Aussage ist zu pauschal. Die Wahlbeteiligung ist zwischendurch bei einigen Wahlen auch wieder gestiegen.

2 Das ist am Verlauf der beiden Kurven eindeutig zu erkennen.

3 Sie betrug da nur 57,1 %. Bei allen anderen Landtagswahlen lag die Wahlbeteiligung höher.

4 Warum die Wahlbeteiligung zugenommen hat, ist den Zahlen nicht zu entnehmen.

5 Der Verlauf der Kurven zeigt nur die Entwicklung seit 1986.

24
___ von 6 P.

Nichtwähler*innen

TIPP *Sehen Sie sich die Karikatur genau an. Auf dem Baum steht „Demokratie", die Säge ist mit dem Wort „Wahlenthaltung" beschriftet, und der Nichtwähler will den Politikern, die zur Wahl stehen, einen Denkzettel verpassen. Die Vorstellung des Nichtwählers ist aber falsch: Mit seiner Wahlenthaltung zeigt er niemandem, was er denkt. Vielmehr sägt er den Ast ab, auf dem er sitzt. Die Karikatur zeigt also am Beispiel eines Nichtwählers, dass Menschen, die nicht zur Wahl gehen, nach und nach die Demokratie zerstören.*

A	B	C	D	E	F
NE	R	NE	R	F	R

A Er hält Politiker*innen für korrupt, was aber nicht heißt, dass er sie für unfähig hält.

B Er will ihnen deshalb „einen Denkzettel“ verpassen, indem er nicht zur Wahl geht.

C Seine Ablehnung ist eher pauschal.

D Er hat schon mehrere Äste abgesägt.

E Seine Ziele sind nicht klar.

F Das zeigt der Zeichner mit der Wahl seines Bildes: Wer nicht zur Wahl geht, sägt den Ast ab, auf dem er sitzt. Gemeint ist damit das Leben in der Demokratie.

25 Regierungsbezirke in Bayern

___ von 7 P.

TIPP *Am besten ordnen Sie zunächst diejenigen Bezirkshauptstädte zu, bei denen Sie ganz sicher wissen, in welchen Regierungsbezirk sie gehören. Sollte dann noch die eine oder andere Bezirkshauptstadt übriggeblieben sein, wird es Ihnen leichter fallen, auch diese noch zuzuordnen; schließlich hat sich die Auswahl auf diese Weise deutlich verringert.*

A	B	C	D	E	F	G
1	4	5	3	6	2	7

26 Gewaltenteilung in Deutschland

___ von 6 P.

TIPP *Je richtig beurteilter Person wird ein Punkt vergeben. Manche Personen sind allerdings zwei Gewalten zuzuordnen. Wohin die einzelnen Personen gehören, können Sie dem Schaubild direkt entnehmen.*

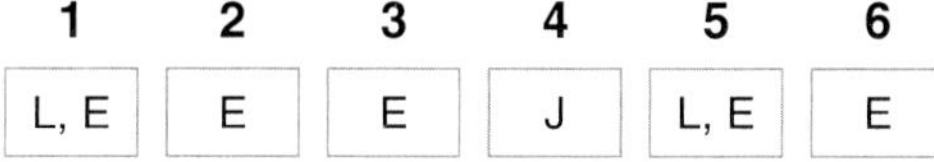

1	2	3	4	5	6
L, E	E	E	J	L, E	E

1 Ministerpräsidenten und -präsidentinnen eines Bundeslandes sind sowohl Mitglieder des Bundesrats als auch des jeweiligen Landtags; deshalb gehören sie sowohl zur Legislative als auch zur Exekutive.

2 Bundestagsabgeordnete gehören nur zur Legislative.

3 Die Leiterin eines Gesundheitsamtes gehört zur Behörde eines Bundeslands, ist also Teil der Exekutive.

4 Richter*innen sind Angehörige der Judikative.

5 Der Bundesjustizminister ist sowohl Mitglied des Bundestags, also der Legislative, als auch der Regierung, also der Exekutive.

6 Polizisten und Polizistinnen sorgen dafür, dass Gesetze eingehalten werden; daher gehören sie zur Exekutive.

27
___ von 7 P.

Wie ein Gesetz entsteht

TIPP *Sie können den Ablauf des gesetzgebenden Verfahrens am Verlauf der eingezeichneten Linie nachvollziehen. Beginnen Sie mit dem ersten Schritt, dem Gesetzentwurf. Verfolgen Sie anhand der Linie die weiteren Schritte. So bringen Sie die Aussagen in die richtige Reihenfolge.*

A	B	C	D	E	F	G
6	5	3	2	1	7	4

28
___ von 8 P.

An diesen Tagen wurde Geschichte geschrieben

TIPP *Grundsätzlich empfiehlt es sich, zunächst die Daten einzutragen, die Sie sicher wissen. Bei der Zuordnung müssen Sie auf den Sinn achten. Fragen Sie sich, was inhaltlich zusammenpasst. Wenn Sie bei einem Ereignis das genaue Datum nicht wissen, sollten Sie sich daran orientieren, in welchem Zeitraum es liegen könnte. Das hilft Ihnen bei der ungefähren Zuordnung des richtigen Datums; so grenzen Sie die Lösungsmöglichkeiten ein.*

A	B	C	D	E	F	G	H
12	1	8	2	10	4	3	14

29
___ von 8 P.

Orientierung in der Zeit

TIPP *Sie müssen die vier vorgegebenen Ereignisse zeitlich richtig zuordnen. Manchmal hilft dabei das Ausschlussverfahren. Bei den Lösungsmöglichkeiten wurde der Buchstabe „j" ausgespart, um Verwechslungen mit dem Buchstaben „i" zu vermeiden.*

1	2	3	4
G	I	C	E

1 Olympische Spiele in München: 26. August bis 11. September 1972
2 Elisabeth II. zur Königin ernannt: 6. Februar 1952
3 Einführung des Euro als Bargeld: 1. Januar 2002
4 Tod Willy Brandts: 8. Oktober 1992

30
___ von 10 P.

Im Wirrwarr von Tagen, Alter und Flächen

TIPP *Notieren Sie zu jedem Satz, den Sie lesen, mit wenigen Worten die entscheidende Information und ziehen Sie daraus Schlussfolgerungen. Auf diese Weise finden Sie das richtige Ergebnis. Hier werden 2 Punkte pro Antwort vergeben.*

1 Donnerstag
2 Nick
3 sich selbst
4 5 Jahre
5 nach 23 Tagen

1 Sie müssen als Erstes bestimmen, welcher Tag heute ist: Wenn übermorgen Montag ist, dann ist heute Samstag. Folglich ist vorgestern Donnerstag.

2 Udo und Paul sind Zwillinge, also gleich alt. Da muss Nick der Jüngste sein, denn Max ist sowohl älter als Udo als auch älter als Nick. Da nur einer der Jüngste ist, kann das von den Zwillingen keiner sein.

3 Die Frau spricht von sich als von der Tochter ihrer Mutter. Das kann nur sie selbst sein, da sie keine Schwester hat.

4 Um diese Aufgabe zu lösen, müssen Sie eine Gleichung aufstellen: Wenn Sie das jetzige Alter des Sohnes mit x bezeichnen, dann beträgt das Alter des Vaters heute 6x, denn der Vater ist heute sechsmal so alt wie sein Sohn. Wenn 20 Jahre hinzukommen (+20), dann ist er nur noch zweimal so alt wie sein Sohn ($2x + 20 = 6x$). Diese Gleichung müssen Sie ausrechnen.

5 Tag für Tag verdoppelt sich die Fläche der Seerosen. Umgekehrt gilt dann: Jeder Tag weniger reduziert die Zahl der Seerosen um die Hälfte. Wenn die Seerosen nach 24 Tagen die gesamte Fläche des Sees besetzen, dann beträgt die Fläche mit Seerosen einen Tag zuvor – also nach 23 Tagen – nur die Hälfte davon.

31

___ von 6 P.

Who is who?

TIPP *Hier müssen Sie Namen in der Auswahlliste den passenden Personen (Bild und Personenbeschreibung) zuordnen. Beginnen Sie mit der Person, die Sie aufgrund des Fotos und/oder anhand der Biografie sofort zuordnen können. Wahrscheinlich werden Sie die verbliebenen Personen dann auch richtig bestimmen können.*

A	B	C
3	1	2

Testsimulation II

Für die Bearbeitung der Aufgaben haben Sie drei Stunden Zeit.

Aufgabe	Punkte	Zeit (Min.)
1–32	250	180

Insgesamt werden 250 Punkte vergeben. Bei jeder Aufgabe ist angegeben, welche Punktzahl mit der richtigen Lösung zu erreichen ist.

Textanalyse

Vor der Beantwortung der Aufgaben 1 und 2 lesen Sie bitte den folgenden Text „Generation Z: Erst das Vergnügen, dann die Arbeit" aufmerksam durch.

Generation Z: Erst das Vergnügen, dann die Arbeit

Abschnitt 1

[...] Nicht mal neun Millionen Menschen in Deutschland sind um die Jahrtausendwende geboren und jetzt 15 bis 24 Jahre alt. Aber sie sind die Zukunft. Deshalb interessiert man sich derzeit besonders in Unternehmen dafür, was da auf einen zukommt.

Wichtig zu wissen: Mehr als die Hälfte der Deutschen ist mit Autoatlanten, Schallplatten, Telefonzellen und Kaltem Krieg aufgewachsen. 47 Millionen sind 40 Jahre alt und älter. Sie haben zwar auch Handys und Apps, aber sie gehen ins Internet, die Generation Z lebt darin. [...] Wenn Soziologen eine Generation beschreiben, fassen sie Millionen von Menschen zusammen, die in einem Zeitraum von meist 15 Jahren geboren wurden, und ordnen ihnen bestimmte Eigenschaften zu. Weil sie in derselben Zeit aufgewachsen sind und dieselben gesellschaftlichen Entwicklungen erlebt haben, geht man davon aus, dass sie ähnlich geprägt sind. Weil Menschen aber sehr unterschiedlich sind und ihr Leben auch davon bestimmt wird, aus welcher sozialen Schicht sie kommen, sind solche Beschreibungen immer nur Tendenzen. Besonders dann, wenn es sich um Schüler, Studenten und Berufsanfänger handelt, von denen noch niemand weiß, wie sie wirklich einmal leben, denken und arbeiten werden. [...]

Abschnitt 2

Die Jahrtausendkinder sind mit Barack Obama, Angela Merkel, Miley Cyrus, Justin Bieber und „Fack ju Göthe" aufgewachsen, in einer Zeit relativ großen Wohlstands, zumindest in Deutschland. Als Terroristen 2001 die Flugzeuge ins World Trade Center steuerten, waren sie gerade geboren, zu Beginn der Finanz- und Wirtschaftskrise 2007 noch in der Grundschule. Sie haben nur wenige globale Krisen bewusst erlebt.

Aber sie bekommen nun mit, wie vieles, das lange unzerstörbar schien, zu zerfallen droht: Europa, Demokratien, die stabilen Machtverhältnisse in der Welt. Sie wachsen mit Debatten über selbstfahrende Autos und Künstliche Intelligenz auf, in einer Zeit großer Umbrüche und großer Angst. [...]

Abschnitt 3

Die Generation Z ist nicht rebellisch. Warum auch? Es ist ja alles erlaubt: Männer dürfen Männer lieben, Frauen dürfen Frauen lieben, Haare dürfen blau oder grau sein, und wenn in der Nase Ringe und Holzkeile stecken, regt das keinen mehr auf. Auch die Eltern nicht. Die sind ja nun auch ewig jung, tätowiert und tragen Slim-Fit-Jeans, die über den Knöcheln enden. Wieso also nicht mit der Mutter Schminktipps austauschen und das anziehen, was alle anderen auch tragen?

Ein sehr enges Verhältnis zu den Eltern und der Familie ist typisch für die um die Jahrtausendwende Geborenen. Sie lassen sich gern umsorgen, die meisten wollen ihre Kinder so erziehen, wie ihre Eltern sie erzogen haben, und sie wollen heiraten. In einer Welt, in der sich alles sehr schnell verändert, suchen sie nach Sicherheit.

Abschnitt 4

[…] Die Jugendlichen sind ehrgeizig und pragmatisch, aber auch unsicher. […] Viele reisen nach der Schule erst einmal durch die Welt, bevor sie entscheiden, wie es weitergeht. Denn sie sind jung. Mit 17 oder 18 haben sie […] wahrscheinlich schon mehr Länder gesehen als ihre Großeltern bis zum Tod. Es ist eine globale Generation, die die Welt nur ohne Grenzen kennt. Die Jahrtausendkinder aus der Mittelschicht können Englisch, gehen selbstverständlich ins Ausland und sind über soziale Netzwerke mit Menschen aller Kontinente verbunden. Das mache sie weltoffener und toleranter, sagen Wissenschaftler.

Sie sagen auch, dass die Mehrheit der jungen Menschen in Deutschland ihrer Zukunft optimistischer entgegenblicke als die Generationen zuvor. Obwohl sie sich nach Sicherheit sehnen. Der große Unterschied zu früheren Generationen ist nämlich, dass die Generation Z in einer Zeit aufwächst, in der den Unternehmen der Nachwuchs ausgeht. Sie kann es sich leisten, anspruchsvoll zu sein.

Sie wollen einen sicheren Job, den sie als sinnvoll empfinden, und genug Zeit für das übrige Leben haben. […] Beruf und Freizeit sollen getrennte Lebenswelten sein. Familie und Kinder vor Karriere. Und bitte keine Überstunden! Denn die um die Jahrtausendwende Geborenen wollen keine Burnout-Generation sein.

Sie wissen, dass sie Ansprüche haben, die nicht jedem Arbeitgeber gefallen. Aber sie sind wenige, und sie sind die Zukunft. Das wissen sie auch.

Abschnitt 5

[…] Lange Zeit waren mangelhafte Qualifikationen der Bewerber der Hauptgrund dafür, dass Jobs nicht besetzt wurden, jetzt fehlen schlicht Leute, die Arbeit suchen. Darunter leiden besonders kleine und mittelgroße Unternehmen, weil die oft weniger bekannt sind. […]

Nicht genug Personal bedeutet weniger Umsatz. Deswegen tun Unternehmen viel, um junge Menschen in ihre Firmen zu locken. […] Es sind jetzt die Firmen, die sich bei den Bewerbern bewerben. Und die sich anstrengen müssen, damit die guten Leute bleiben. […]

[…] Unternehmen tun viel dafür, junge Leute für sich zu gewinnen. Daimler lässt Auszubildende mit Snapchat und Tablets arbeiten, die Deutsche Bahn verzichtet auf Bewerbungsanschreiben, bei Deloitte bekommt jeder einen Laptop und ein Smartphone, es gibt die ersten Unternehmensberater in Teilzeit und fast schon standardmäßig Homeoffice, Büros mit Wohlfühlatmosphäre und das Du.

Abschnitt 6

Die Generation Z verstärkt so einen Wandel der Arbeitswelt, der schon vor ihr begonnen hat. Ein Beispiel: Seit mehr als 20 Jahren bietet die Deutsche Lufthansa das Traineeprogramm „ProTeam“ an, um vielversprechende Talente in das Unternehmen zu locken. 18 Monate lang können diese an innovativen Ideen arbeiten, bei sozialen Projekten in Schwellenländern mitmachen, eine Woche im Kloster verbringen oder ins Silicon Valley fliegen. Idealerweise bleiben die Teilnehmer danach im Konzern und helfen in Führungspositionen beim digitalen Wandel. […]

Etwas Sinnvolles tun, flexibel arbeiten und Verantwortung für Projekte haben, das wollte auch die Generation Y, Chef werden eher nicht. Das stellt Unternehmen schon länger vor Herausforderungen. Die Generation Z wird sie verstärken. Weil ihr Freizeit noch wichtiger ist und weil sie mit modernen Techniken arbeiten will. […]

brand eins 09/2018, Sophie Burfeind

In der Prüfung müssen Sie Ihre Antworten in einen separaten Lösungsbogen eintragen. Nutzen Sie auch für die Testsimulation den heraustrennbaren **Lösungsbogen** (S. 87). Kreuzen Sie dort die jeweils richtigen Antworten an bzw. schreiben Sie die Lösungen in die dafür vorgesehenen Felder. Die **Lösungen** zu den Aufgaben finden Sie ab S. 97.

1 Inhalt des Textes

13 Punkte

Überprüfen Sie für jeden Textabschnitt, ob die vorgegebenen Behauptungen im Sinne des Textes eindeutig **richtig** sind oder eindeutig **falsch** – oder dem Text **nicht zu entnehmen** sind. Tragen Sie die jeweils richtige Antwort im Lösungsbogen ein:

R = im Sinne des Textes eindeutig richtig
F = im Hinblick auf die Aussagen des Textes falsch
NE = dem Text nicht zu entnehmen

Behauptungen:

Abschnitt 1 (Zeilen 1–15)

a Angehörige der Generation Z sind um die Jahrtausendwende geboren.

b Die typischen Eigenschaften der Generation Z lassen sich genau beschreiben.

Abschnitt 2 (Zeilen 16–24)

a Wer zur Generation Z gehört, ist im Wohlstand aufgewachsen.

b Er oder sie hat noch nie eine Krise erlebt.

c Allerdings müssen auch diese jungen Menschen in Zukunft mit großen Veränderungen rechnen.

Abschnitt 3 (Zeilen 25–34)

a Junge Leute, die der Generation Z zugerechnet werden, haben bisher ein gutes Leben geführt.

b Sie wünschen sich stabile Verhältnisse, weil sie spüren, dass die künftige Entwicklung unsicher ist.

Abschnitt 4 (Z. 35–52)

a Angehörige der Generation Z sind Angehörigen früherer Generationen überlegen.

b Junge Leute, die jetzt ins Berufsleben starten, haben Ansprüche an die Gestaltung ihres Lebens.

Abschnitt 5 (Z. 53–64)

a Es gibt eine ganze Reihe offener Stellen; viele Firmen suchen händeringend nach Bewerbern und Bewerberinnen.

b Wer heutzutage ins Berufsleben startet, den erwarten ideale Bedingungen.

Abschnitt 6 (Z. 65–75)

a Die Generation Z verstärkt einen Wandel in der Arbeitswelt, der bereits begonnen hat.

b Junge Leute, die um die Jahrtausendwende geboren sind, haben wenig Interesse daran, Karriere zu machen.

2

5 Punkte

Bedeutung von Fremdwörtern

Tragen Sie zu den folgenden Fremdwörtern jeweils den Kennbuchstaben des Wortes ein, das dessen Sinn **im vorgegebenen Textzusammenhang** (Text auf Seite 61 f.) am besten wiedergibt.

1 Tendenz (Z. 13)
- **A** Entwicklung
- **B** Neigung
- **C** Bestreben
- **D** Trend

2 rebellisch (Z. 25)
- **A** aufrührerisch
- **B** eigensinnig
- **C** aufsässig
- **D** trotzig

3 pragmatisch (Z. 35)
- **A** verständnisvoll
- **B** einsichtig
- **C** geschäftstüchtig
- **D** sachbezogen

4 Qualifikation (Z. 53)
- **A** Fähigkeit
- **B** Erfahrung
- **C** Veranlagung
- **D** Talent

5 flexibel (Z. 72)
- **A** biegsam
- **B** anpassungsfähig
- **C** tatkräftig
- **D** ansprechbar

3

6 Punkte

Die Generation Z auf dem Arbeitsmarkt

Neben den Themen 1 bis 6 sind jeweils Oberbegriffe für eine Gliederung dieser Themen notiert. Entscheiden Sie bei jedem Thema, ob es **richtig** gegliedert ist. Das trifft zu, wenn **Inhalt und Anzahl** der Oberbegriffe korrekt sind. Auch die **Reihenfolge** spielt eine Rolle.

Beispiel (Nr. 0) für eine richtige Gliederung:

Nr.	Thema	Oberbegriffe für die Gliederung
0	Angehörige der Generation Z wollen nach Dienstschluss ihren Feierabend genießen. Sie schalten ihr Handy nach Dienstschluss aus.	I. These II. Beispiel

Kreuzen Sie jeweils an, ob das Thema richtig oder falsch gegliedert ist.

Nr.	Thema	Oberbegriffe für die Gliederung
1	In der Arbeitswelt hat ein Wandel begonnen. Der Eintritt der Generation Z ins Berufsleben wird diesen Wandel verstärken.	I. Meinung II. Begründung
2	Junge Menschen, die um die Jahrtausendwende herum geboren wurden, haben kaum Krisen erlebt. Die Terroranschläge auf das World Trade Center und die Finanzkrise kennen sie nur aus dem Fernsehen.	I. These II. Beispiel
3	Ihr Verhältnis zu den Eltern ist gut. Mädchen tauschen sich mit ihren Müttern über Schminktipps aus.	I. These II. Begründung
4	Angehörige früherer Generationen rebellierten manchmal gegenüber ihren Eltern. Sie lehnten sich gegen ihre strenge Erziehung auf.	I. These II. Erklärung

5	Junge Menschen zogen damals oft schon früh aus ihrem Elternhaus aus. Sie wollten sich nicht ständig bevormunden lassen.	I. Maßnahme II. Begründung
6	Heutige Schulabgänger*innen fühlen sich von ihren Eltern gut versorgt. Sie bleiben lange zuhause wohnen, weil sie nichts dazu drängt, auszuziehen.	I. These II. Folge

4

11 Punkte

Ausdrucksschwächen beseitigen

Lesen Sie den folgenden Text. Darin sind einige Ausdrucksschwächen markiert. Notieren Sie im Lösungsbogen neben dem Kennbuchstaben jeweils **einen** Verbesserungsvorschlag.

Die Beziehung zwischen Jung und Alt

Zu allen Zeiten wurde die junge Generation von älteren Menschen für ihr Verhalten
A kritisiert. Man **kritisierte an ihnen,** dass sie sich nicht so verhielten, wie die Erwachsenen es von ihnen erwarteten. Einen Beleg dafür fand man schon auf einer
B 3 000 Jahre alten Tontafel der Sumerer. Die Inschrift, die darauf **geschrieben** war, zeigt, was den Älteren vor langer Zeit an ihren Nachkommen missfiel. Schon das
C Äußere der Jugendlichen billigten sie nicht. Ihrer Meinung nach waren **die Jugendlichen** ungepflegt, und die Art und Weise, wie sie sich kleideten, gefiel ihnen auch
D nicht. Vor allem aber **gefiel es ihnen nicht**, wie sie sich im Alltag verhielten. In ihren Augen waren die jungen Menschen bequem und faul, und sie fanden, dass sie
E sich nicht genügend anstrengen würden. Auch **fanden** sie, dass sie den Erwachsenen nicht genügend Respekt entgegenbrachten. Es gibt noch weitere Zeugnisse, die
F zeigen, dass die ältere Generation mit der Entwicklung der **jüngeren Generation** nicht einverstanden war.

Neue Wege in der Erziehung ging der englische Schulleiter A. S. Neill. In seinem Internat „Summerhill" gab er seinen Schüler*innen weitgehende Freiheiten. Die Erfahrungen, die er damit machte, überzeugten ihn, und er beschrieb sie in einem Buch.
G, H Darin **sagte** er, dass Kinder frei aufwachsen sollten; es sei wichtig, dass sie sich **frei** entfalten könnten. In Deutschland erschien sein Buch unter dem Titel „Theorie und
I Praxis der antiautoritären Erziehung". Wahrscheinlich war **der Titel** etwas un-
K glücklich gewählt, denn dadurch **kriegten** Eltern und Erzieher*innen den Eindruck, ihre Kinder sollten sich gegen sie auflehnen. Das hatte Neill aber gar nicht gemeint.
L Ihm war nur wichtig, dass sich die **Kinder** nach ihren Bedürfnissen entwickeln konnten.

5 Fehler korrigieren

Im Lösungsbogen finden Sie zwei Texte, in denen jeweils Fehler enthalten sind. Korrigieren Sie diese direkt im Lösungsbogen.

9 Punkte

a Tragen Sie die fehlenden **Kommas** ein, die notwendig sind.

10 Punkte

b Korrigieren Sie im folgenden Text die **Rechtschreib- und Grammatikfehler**. Streichen Sie die fehlerhaften Wörter durch und schreiben Sie die richtige Form jeweils darüber.

Sie müssen zehn Fehler korrigieren.

6 Kontakt zwischen den Generationen

5 Punkte

Kreuzen Sie an, welche Aussagen zu der Karikatur passen (**richtig**), welche **falsch** sind und welche sich nicht daraus ableiten lassen (**nicht zu entnehmen**).

Thomas Plaßmann

Aussagen:

1 Die Karikatur stellt eine Szene in einem Klassenzimmer dar.

2 Die Schüler*innen unterhalten sich über ihre Zukunft.

3 Sie sind Angehörige der Generation Z.

4 Der Lehrer hält seine Schüler*innen für unhöflich.

5 Die Schüler*innen machen ihrem Lehrer Vorwürfe.

7 Lücken füllen

6 Punkte

Ergänzen Sie in dem Text auf dem Lösungsbogen die fehlenden Wörter. Tragen Sie die in Klammern angegebenen **Wörter in der grammatisch richtigen Form** in die Lücken ein. Achten Sie auf den richtigen Kasus und ergänzen Sie, wenn nötig, den Artikel (bestimmt oder unbestimmt) oder ein passendes Pronomen.

8 Aussagen in indirekter Rede wiedergeben

17 Punkte

In einem Online-Magazin wurde ein Interview mit Prof. Christian Scholz geführt. Dieser hat sich als Wirtschaftswissenschaftler mit der Frage befasst, wie sich die Generation Z von der Generation Y unterscheidet und inwiefern das Auswirkungen auf die Arbeitswelt von morgen haben könnte.
Geben Sie seine Aussagen in Form von **indirekter Rede** wieder. Verwenden Sie dabei die passende Form des **Konjunktivs**.

Verwenden Sie die Ersatzform des Konjunktivs (mit *würde*) nur dann, wenn es keine Konjunktivform gibt, die sich vom Indikativ unterscheidet.

A Herr Scholz, wie unterscheidet sich die Generation Z von der Generation Y?
Vertreter der Generation Y haben beim Einstieg in den Job davon geträumt, Karriere zu machen. Sie haben geglaubt, dass sich Leistung lohnt, dass sich Loyalität auszahlt. Kurz: diese Generation war optimistisch. Sie hat Chancen gesehen, war motiviert, diese zu ergreifen, und hat dafür in Kauf genommen, dass sich die Grenze zwischen Arbeits- und Privatleben aufgelöst hat.

B Nun kommt die Generation Z …
… ja, und diese hat sehr genau hingeschaut, was in den vergangenen Jahren passiert ist. Sie hat erkannt, dass die Karrierechancen gar nicht so groß sind, wie man geglaubt hat. Dass die Karriere zudem mit Phänomenen wie Stress oder Burn-out einhergehen kann. Und dass Unternehmen abseits ihrer Formulierungen auf den Homepages und in Hochglanzbroschüren weiterhin ganz andere Dinge im Kopf haben, als sich tatsächlich um das Wohl ihrer Mitarbeiter zu kümmern.

C Wie tritt denn die Generation Z im Vergleich zur Vorgängergeneration in den Unternehmen auf?
Emotional distanzierter. Auch für diese Generation ist der Arbeitsplatz im Unternehmen ein Teil des Lebens – allerdings ein klar abgegrenzter Teil. Es wird also wieder eindeutig zwischen Arbeitszeit und Privatleben getrennt.

https://www.karrierefuehrer.de/wirtschaftswissenschaften/generation-z-interview-christian-scholz.html

9

5 Punkte

Die Generationen Y und Z im Vergleich

Als Generation Z werden junge Menschen bezeichnet, die zwischen 1995 und 2010 geboren wurden, als Generation Y die zwischen 1980 und 1994 geborenen. Die größten Unterschiede basieren auf den unterschiedlichen gesellschaftlichen und technologischen Entwicklungen, unter denen sie aufgewachsen sind.

Ordnen Sie die unten genannten Aussagen der passenden Generation zu. Kreuzen Sie im Lösungsbogen an, welche der Aussage zur **Generation Y** und welche zur **Generation Z** passt.

	Generation Z	Generation Y
Normalität in der Jugend?	• WhatsApp • Smartphone • Spotify • Yoga • YouTube Tutorial • YouTube & Netflix	• E-Mail • Handy • CD & MP3 • Yogakurs • Fernsehprogramm
Erziehungsstil der Eltern	Antiautoritär, partnerschaftlich und zeitlich überfordert ⇒ Grenzen sind Fiktion, Kinder sind Teil der Selbstinszenierung online	Weniger autoritär und streng ⇒ Grenzen werden verhandelbar
Kommunikation	Kennt nur die Welt mit Smartphones: Organisationszentrale aller Lebensbereiche, Kommunikation immer und überall, Reaktionen sofort und direkt	Kennt noch eine Welt ohne Smartphones: mit Internet am Riesenrechner, SMS tippen und eine Woche auf einen Brief warten
Vertrauen	Durch Likes, Online-Empfehlungen, Bewertungen und Rankings	Durch persönlichen Bezug und Empfehlungen
Flirten	Per Dating-App und Social Media	Persönlich ansprechen und nach der Telefonnummer fragen
Bindung	Entscheidungen sind ein Zwischenstand, bis etwas Besseres kommt	Entscheidungen sind ernst zu nehmen

www.simon-schnetzer.com

Aussagen:

1 Vertrauen entsteht durch Begegnungen mit anderen Menschen.

2 Die Eltern haben ihren Kindern keine Grenzen aufgezeigt.

3 Ein Leben ohne Smartphone ist dieser Generation unbekannt.

4 Getroffene Entscheidungen werden als vorläufig angesehen.

5 Fernsehen gehörte zu den üblichen Freizeitbeschäftigungen.

10 6 Punkte

Die Generation Z: Werte und Wünsche

In dem folgenden Überblick sind die Merkmale zusammengestellt, die die Generation Z in besonderer Weise auszeichnen. Welche Informationen fehlen im Lückentext?
Notieren Sie die passenden Angaben jeweils neben dem entsprechenden **Kennbuchstaben** im Lösungsbogen.

Sie müssen manchmal Prozentzahlen und manchmal Wörter eintragen.

DIE LEBENSWELT DER
GENERATION Z

TOP 3
Vorbilder:
- Mama
- Papa
- Eltern

WERTE
70 % Gesundheit
69 % Freiheit
66 % Freundschaft
65 % Gerechtigkeit
63 % Familie

PRÄGEND
71 % Familiärer Zusammenhalt
68 % Smartphone-Nutzung
57 % Leistungsdruck
51 % Soziale Netzwerke
47 % Heimatverbundenheit

79 %
Für 79 % ist **WhatsApp** die wichtigste App

ZUFRIEDENHEIT
\+ **Am zufriedensten mit:** Dem Zusammenhalt in der Familie
– **Am unzufriedensten mit:** Der finanziellen Situation

TYPISCH GEN Z
» Daddeln, Party machen, cool sein «
» Dass wir zu viel Wert darauf legen, was andere von uns halten «

www.simon-schnetzer.com

Lückentext

Für Angehörige der Generation Z ist **[a]** der wichtigste Wert. Bei einer Studie gaben **[b]** % der Befragten außerdem an, dass der familiäre Zusammenhalt für sie besonders prägend sei. Als wichtigste Vorbilder nennen sie **[c]** . Das bedeutendste Utensil in ihrem Leben ist für **[d]** % das Smartphone, wobei für viele von ihnen – nämlich für **[e]** % – WhatsApp die wichtigste App ist. Die Werte, die sie haben, sind wenig materiell ausgerichtet. Mit ihrer **[f]** sind viele von ihnen aber nicht zufrieden.

11

5 Punkte

Deutsche Bevölkerung im Wandel

Die Altersstruktur der deutschen Bevölkerung ändert sich, wie das unten abgebildete Diagramm des Statistischen Bundesamts zeigt.

Welche Aussagen sind **richtig**, welche sind **falsch** und welche lassen sich nicht aus dem Schaubild ableiten (**nicht zu entnehmen**)? Kreuzen Sie entsprechend an.

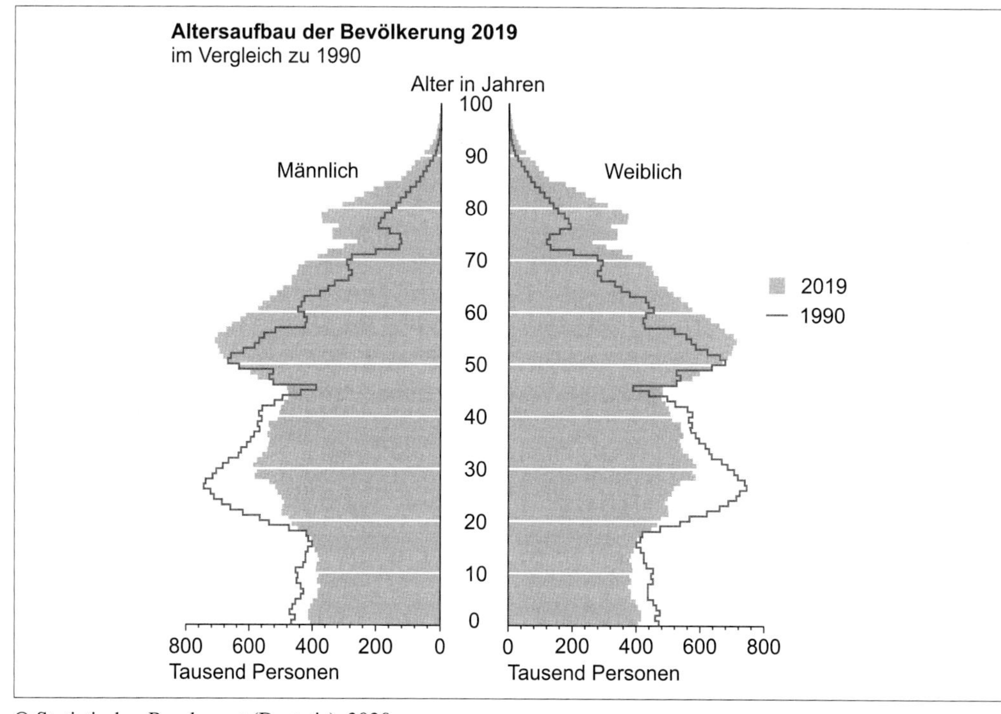

Aussagen:

A 1990 war der Anteil von Kindern und Jugendlichen in Deutschland größer als im Jahr 2019.

B Die Geburtenrate hat im Jahr 2019 wieder etwas zugenommen.

C Die deutsche Bevölkerung ist im Laufe der letzten 20 Jahre immer älter geworden.

D Im Jahr 1990 gab es in Deutschland noch keine Hundertjährigen.

E Im Jahr 2019 war die Bevölkerungsgruppe im Alter zwischen 50 und 60 Jahren am größten.

12 Zusammenhänge aufzeigen

6 Punkte

Im Folgenden lesen Sie einige Satzpaare, die jeweils aus zwei Hauptsätzen bestehen.

Wandeln Sie die Satzpaare in Satzgefüge um und tragen Sie Ihr Ergebnis in den Lösungsbogen ein. Der **unterstrichene Satz** soll dabei jeweils zum **Nebensatz** werden.

> Um Zusammenhänge aufzuzeigen, müssen Sie bei jedem Nebensatz eine Konjunktion voranstellen. Sie können aus diesen Konjunktionen wählen:
> ***als, bevor, da, dass, ehe, nachdem, obwohl, wenn, weil***

a Viele Schüler*innen haben gegen Ende ihrer Schulzeit noch keine Berufswahl getroffen. Sie haben anscheinend noch keine klaren Vorstellungen von ihrer Zukunft.

b Sie hätten sich schon um einen Ausbildungsplatz beworben müssen. Sie haben das noch nicht getan.

c Sie können sich damit aber auch Zeit lassen. Es gibt heutzutage mehr freie Stellen als Bewerber*innen.

d Sie wollen eines Tages beruflich Erfolg haben. Sie müssen ihre Stärken und Schwächen kennen.

e Der Berufsalltag begleitet jeden Menschen ein Leben lang. Jugendliche sollten sich darüber im Klaren sein.

f Man beendet in der Regel erst seine Berufsausbildung. Man heiratet und gründet eine Familie.

13 Sätze umstrukturieren

6 Punkte

Die folgenden Sätze beginnen alle mit dem Subjekt. Das klingt sehr monoton.

Formulieren Sie die Sätze im Lösungsbogen um. Stellen Sie jeweils das in Klammern angegebene **Satzglied** an den **Satzanfang**.

a Einige Jugendliche gönnen sich nach dem Ende ihrer Schulzeit gern eine Pause. (Temporaladverbiale)

b Sie können sich noch nicht für einen bestimmten Beruf entscheiden. (Präpositionalobjekt)

c Sie legen aus diesem Grund erst mal ein freiwilliges soziales Jahr ein. (Kausaladverbiale)

d Sie können ihren Dienst in einem Kindergarten oder in einem Seniorenheim ableisten. (Objekt)

e Sie erhalten in dieser Zeit eine Aufwandsentschädigung für ihre Mühe. (Präpositionalobjekt)

f Sie werden dann noch ein Jahr lang bei ihren Eltern wohnen bleiben. (Temporaladverbiale)

14 Erwartungen an den Beruf

6 Punkte

Überlegen Sie, welche Aussagen sich der folgenden Grafik entnehmen lassen **(richtig)**, welche **falsch** sind und welche daraus **nicht zu entnehmen** sind.
Kreuzen Sie entsprechend an.

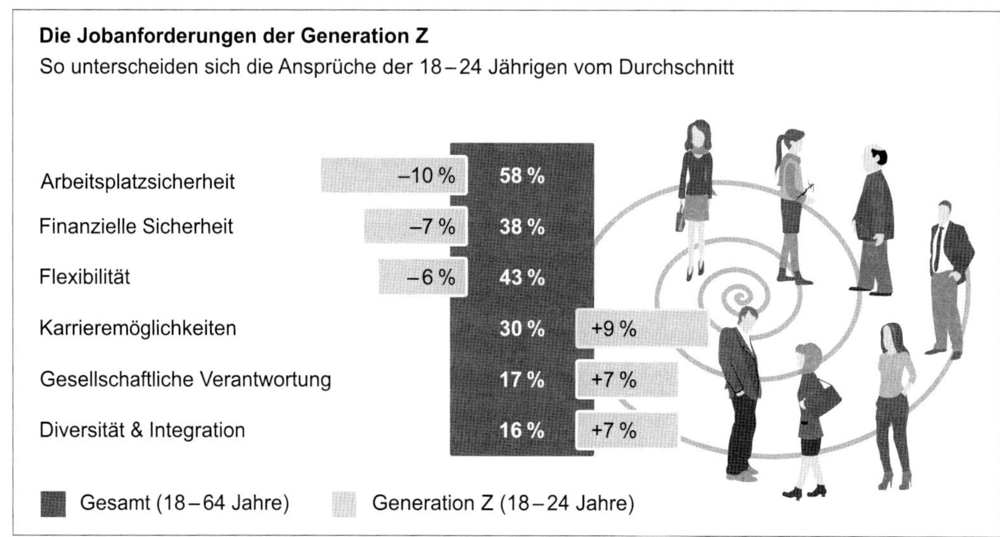

eigene Darstellung nach: Randstad Employer Brand Research 2019

Aussagen:

A Angehörige der Generation Z haben andere Anforderungen ans Berufsleben als der Durchschnitt der Berufstätigen.

B Angehörigen der Generation Z ist es weniger wichtig, viel Geld zu verdienen, als dem Durchschnitt der Berufstätigen.

C Dem Durchschnitt der 18- bis 64-Jährigen ist die Sicherheit des Arbeitsplatzes wichtiger als Angehörigen der Generation Z.

D Angehörige der Generation Z legen weniger Wert darauf, Karriere zu machen als der Durchschnitt der Berufstätigen.

E Jüngere Menschen sind eher bereit, sich bezüglich der Arbeitsanforderungen umzustellen, als der Durchschnitt der Berufstätigen.

F Gesellschaftliche Verantwortung zu übernehmen, ist Angehörigen der Generation Z wichtiger als dem Durchschnitt der Berufstätigen.

15

4 Punkte

Sinn wichtiger als Geld?

Sie fragen sich, ob der Sinn einer Arbeit wichtiger ist als das Einkommen, das man damit erzielen kann. Zu diesem Thema haben Sie bereits eine Stoffsammlung mit neun Stichpunkten angelegt und sechs mögliche Oberbegriffe notiert.

Wählen Sie **vier Oberbegriffe** aus und ordnen Sie diesen jeweils passende **Stichpunkte** aus der Stoffsammlung zu. Notieren Sie Ihr Ergebnis im Lösungsbogen.

> Sie sollen alle Stichpunkte verwenden, aber jeder Stichpunkt darf nur einmal zugeordnet werden.

Stichpunkte:

1 Sinn wichtig für die Motivation
2 Arbeit nimmt viel Lebenszeit ein
3 Konsumverhalten einschränken!
4 Nur sinnvolle Arbeit stellt zufrieden
5 Neue Herausforderungen meistern
6 Bedürfnis nach Anerkennung
7 Für andere da sein
8 Geld an sich wertlos
9 Flexibilität wichtig

Oberbegriffe:

A Materielle Werte zweitrangig
B An die Zukunft denken
C Bedeutung für die Gesellschaft
D Gewinnstreben an sich wenig sinnvoll
E Welt in ständigem Wandel
F Klimawandel erfordert Verhaltensänderung

16

12 Punkte

Soziales Jahr für alle?

> Um ausreichende Deutschkenntnisse zu beweisen, müssen Sie ein **Argument** ausformulieren. Einleitung und Schluss sind nicht gefordert. Sie sollen eine **Behauptung** aufstellen, diese **begründen** und mit einem **Beispiel** veranschaulichen. Bitte achten Sie auf eine ansprechende äußere Form. Nehmen Sie sich insgesamt ca. 15 bis 20 Minuten Zeit.

Thema:
Wäre es richtig, wenn die Regierung alle Schulabgänger*innen verpflichten würde, vor Aufnahme einer Berufsausbildung ein soziales Jahr zu absolvieren?

Formulieren Sie für Ihren Standpunkt ein überzeugendes Argument aus. Stellen Sie eine aussagekräftige **Behauptung** auf, **begründen** Sie diese ausführlich und veranschaulichen Sie Ihre Argumentation anhand eines überzeugenden **Beispiels**.

17 Buchstabenfolgen

5 Punkte

1 Kreuzen Sie im Lösungsbogen an, welche der folgenden Wörter vorwärts und rückwärts gelesen gleich sind **(Palindrome)**, welche rückwärts gelesen ein anderes Wort ergeben als vorwärts gelesen **(Anagramme)** und welche rückwärts gar **keinen Sinn** ergeben **(0)**.

A LEBEN
B RETTER
C EIFER
D KAJAK
E NEFFEN
F REGAL
G RENTNER
H TAUBE
I EBER
K EGAL

5 Punkte

2 Suchen Sie in jedem der folgenden Wörter jeweils nach einem weiteren Wort, das darin **versteckt** ist. Das Wort sollte aus genau **fünf** Buchstaben bestehen. Notieren Sie die Wörter im Lösungsbogen.

Die Reihenfolge der Buchstaben soll **nicht** verändert werden.

A SCHREIBEN
B SCHEITERN
C SCHALTER
D STRAMPELN
E SCHRECKEN
F PFLANZE
G PFEILER
H PFLICHT
I PFLÜCKEN
K PFLEGEN

5 Punkte

3 Welche Wörter lassen sich aus den Buchstaben des Wortes GESCHICHTE bilden und welche nicht? Kreuzen Sie im Lösungsbogen bei jedem Wort **richtig** oder **falsch** an. Die Wörter sollen jeweils aus **fünf** Buchstaben bestehen.

Die Reihenfolge der Buchstaben kann verändert werden.

1 GEIST
2 STICH
3 TISCH
4 ECHT
5 GESICHT
6 HECHT
7 STEIG
8 SICHT
9 TEICH
10 SIEG

18 Tage, Eigenschaften und Preise

6 Punkte

Notieren Sie jeweils die richtige Lösung.

a Vorgestern war Mittwoch. Was für ein Tag ist übermorgen?

b Max ist ziemlich klug, David ist aber etwas klüger als Max. Florian ist weniger klug als David, aber klüger als Max. Welcher Junge ist am klügsten?

c Die Firma Notnagel verlangt für den Bau eines Zauns etwas mehr als die Firma Niedrigpreis. Die Firma Liebrecht verlangt den gleichen Preis wie die Firma Senkrecht. Die Firma Senkrecht verlangt etwas mehr als die Firma Niedrigpreis. Welche Firma ist am billigsten?

19 Logische Reihen

6 Punkte

1 Die folgenden Zahlenreihen sind nach einem bestimmten Schema aufgebaut.

Ergänzen Sie die **beiden Zahlen**, die folgen müssen.

a 7 – 9 – 6 – 8 – 5 – ___ – ___

b 2 – 8 – 4 – 16 – 8 – 32 – ___ – ___

c 99 – 97 – 94 – 90 – 85 – 79 – ___ – ___

2 Punkte

2 Welches der folgenden Dreiecke ist gleichschenklig, nicht rechtwinklig und hat einen Flächeninhalt von 8 Kästchen.

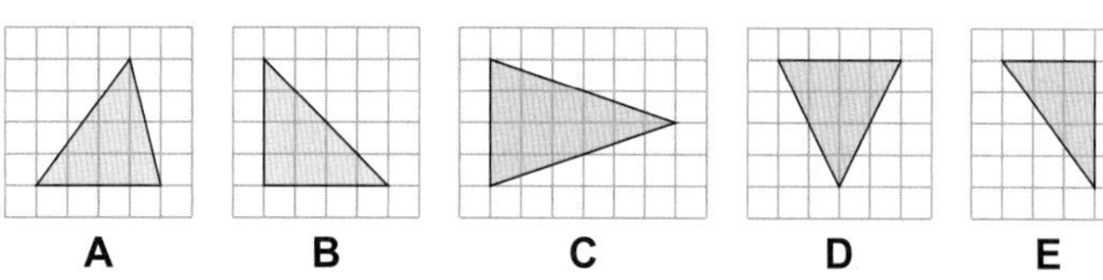

A **B** **C** **D** **E**

2 Punkte

3 Die Wetter-App auf Jennys Handy zeigt die zu erwartenden Höchsttemperaturen der der nächsten fünf Tage an. Wie sieht der dazugehörige Graph aus?

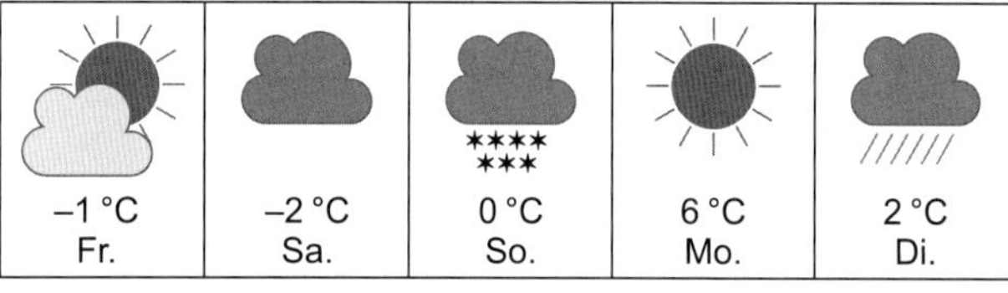

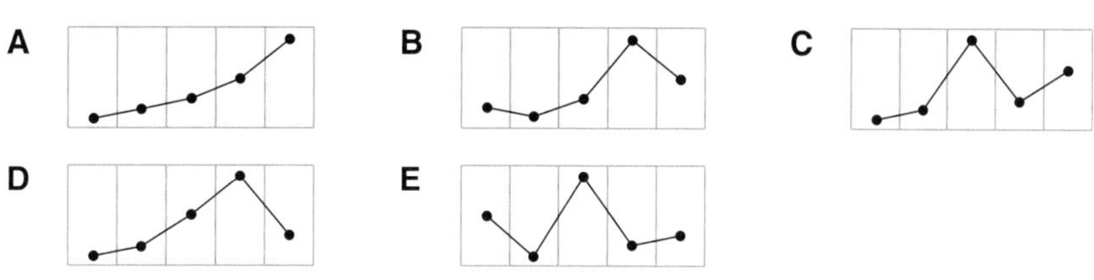

20 Der Sinn von Wörtern

6 Punkte

a Notieren Sie im Lösungsbogen jeweils ein Wort mit **gegenteiliger** Bedeutung.

A	Sommer	**E**	rechts	**I**	werfen
B	Zwerg	**F**	heiß	**K**	geben
C	Greis	**G**	oben	**L**	loben
D	Ruhe	**H**	leicht	**M**	fragen

5 Punkte

b Kreuzen Sie im Lösungsbogen das Wort an, das **nicht** in die Reihe passt.

A	☐ Sessel	☐ Sofa	☐ Stuhl	☐ Tisch
B	☐ Protest	☐ Ausruf	☐ Kritik	☐ Einwand
C	☐ Gefahr	☐ Ärger	☐ Freude	☐ Angst
D	☐ Fachmann	☐ Experte	☐ Ingenieur	☐ Kenner
E	☐ Biologie	☐ Chemie	☐ Sport	☐ Physik

21

6 Punkte

Vermischung von Beruf und Privatleben

Sehen Sie sich das unten abgebildete Diagramm genau an.
Kreuzen Sie auf dem Lösungsbogen an, welche Aussagen zum Schaubild passen **(richtig)**, welche **falsch** sind und welche sich **nicht** daraus **entnehmen** lassen.

Das Schaubild bezieht sich nur auf „vernetzte" Arbeitnehmer*innen, also auf solche, die übers Internet mit Kolleg*innen Kontakt haben.

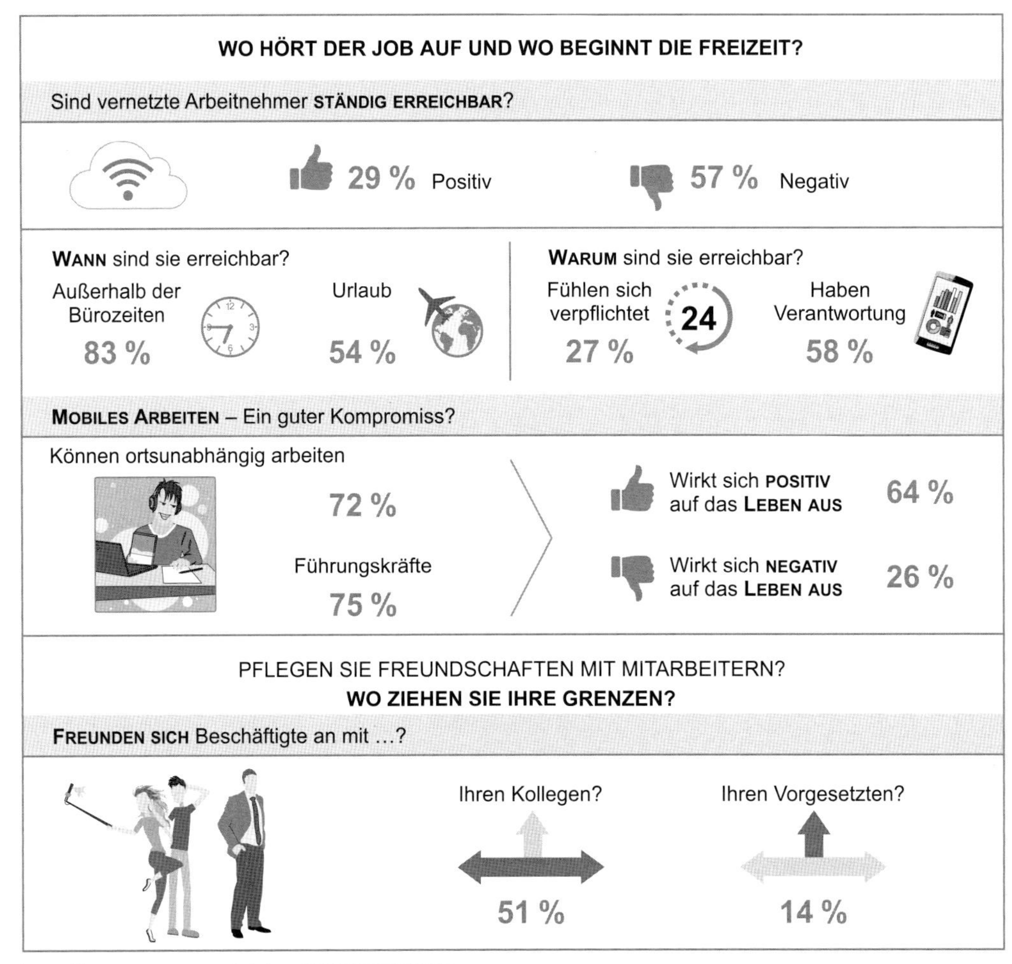

https://www.presseportal.de/pm/132428/4089612

Aussagen:

A Fast 30 % aller Arbeitnehmer*innen sind auch außerhalb der Bürozeiten ständig erreichbar.

B 57 % der Arbeitnehmer*innen finden es schlecht, ständig erreichbar sein zu müssen.

C Sogar im Urlaub ist mehr als die Hälfte der Arbeitnehmer*innen beruflich erreichbar.

D 75 % aller Arbeitnehmer*innen können ihre beruflichen Pflichten auch außerhalb des Büros erledigen.

E Wer nach Feierabend beruflich erreichbar ist, hält das für notwendig.

F Fast jeder zweite Arbeitnehmer hat auch privat Kontakt zu Kolleginnen und Kollegen.

22
6 Punkte

Alltägliche Belastungen und Schlafstörungen

Eine Krankenkasse hat untersucht, ob berufliche und schulische Belastungen dazu geführt haben, dass immer mehr Versicherte unter Schlafstörungen leiden. Die Ergebnisse sind im Diagramm unten abgebildet.

Sehen Sie sich das Diagramm genau an. Welche Aussagen lassen sich daraus ableiten (**richtig**), welche sind **falsch** und welche lassen sich nicht daraus ableiten (**nicht zu entnehmen**)? Kreuzen Sie entsprechend an.

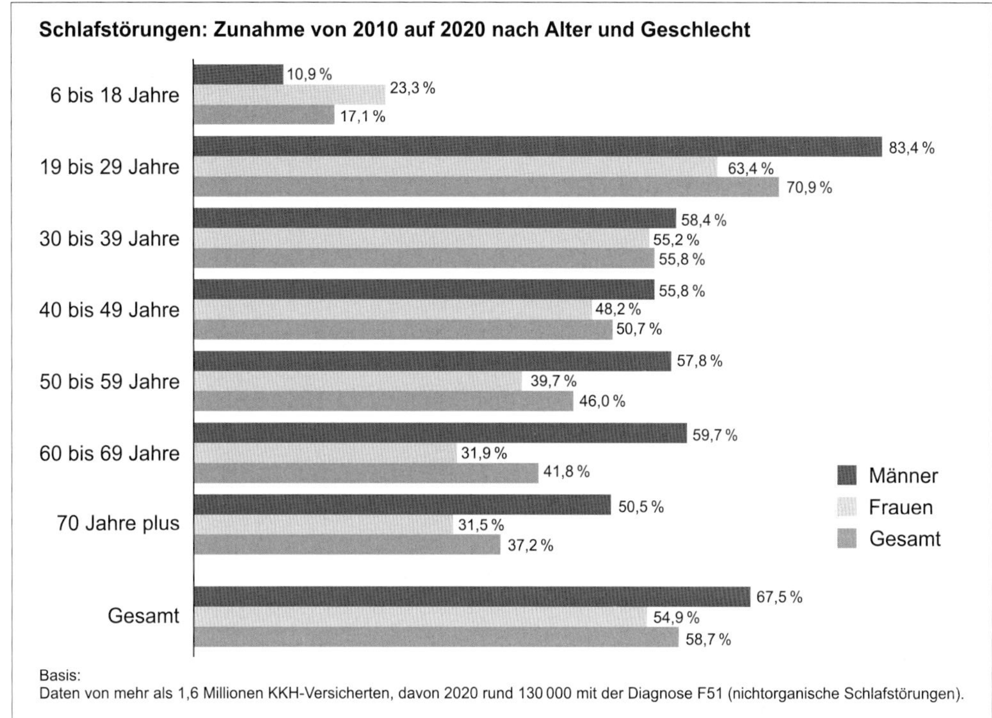

KKH Kaufmännische Krankenkasse

Aussagen:

A In den letzten Jahren haben die Schlafstörungen deutlich zugenommen.

B Ob die Schlafstörungen auf organische Störungen zurückzuführen sind, wurde noch nicht untersucht.

C Männer leiden mehr an Schlafstörungen als Frauen.

D Unter den 6- bis 18-Jährigen sind es vor allem die Mädchen, die unter Schlafstörungen leiden.

E Nach dem Renteneintritt verringern sich die Schlafstörungen etwas.

F Je älter die Menschen sind, desto weniger leiden sie an Schlafstörungen.

23 Wahlrecht ab 16 in Deutschland

5 Punkte

Es gibt in Deutschland verschiedene Arten von Wahlen: Europawahlen, Bundestagswahlen, Landtagswahlen und Kommunalwahlen. Bei einer Europawahl und bei einer Bundestagswahl hat man erst ab einem Alter von 18 Jahren das Recht, seine Stimme abzugeben. Bei den Landtags- und Kommunalwahlen ist das in einigen Bundesländern anders: Es gibt Bundesländer, in denen auch 16-Jährige schon zur Wahl gehen dürfen.

Der Karte unten kann man entnehmen, in welchen Bundesländern **16-Jährige** noch bei **keiner** Wahl wählen dürfen.
Tragen Sie im Lösungsbogen die Kennbuchstaben dieser **Bundesländer** ein und ergänzen Sie die Kennnummer der jeweiligen **Hauptstadt**.

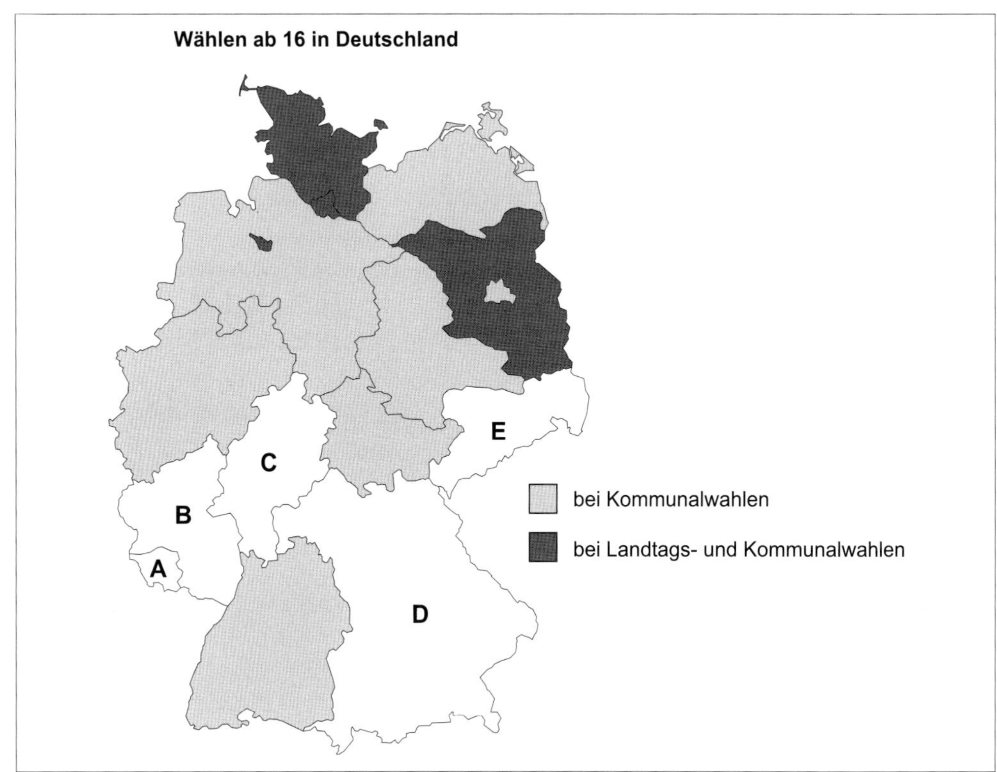

Wahlen ab 16 in Deutschland, https://www.machs-ab-16.de/wahlen-ab-16-in-deutschland/

Bundesländer:		**Hauptstädte:**	
a	Bayern	**1**	Dresden
b	Hessen	**2**	Mainz
c	Rheinland-Pfalz	**3**	München
d	Saarland	**4**	Saarbrücken
e	Sachsen	**5**	Wiesbaden

24
4 Punkte

Wahlrecht ab 16 in Europa

Es gibt in Europa einige Länder, in denen junge Menschen schon im Alter von 16 Jahren wählen dürfen.
Ordnen Sie die passenden Informationen den Lücken im Text zu. Notieren Sie im Lösungsbogen bei jedem Kennbuchstaben die jeweils richtige **Kennzahl**.

Informationen über das Wahlalter können Sie dort, wo es erforderlich ist, **mehrmals** eintragen.

Lückentext:

Wahlen ab 16 in Europa

In Europa sind die positiven Beispiele für demokratische Beteiligung von Jugendlichen überschaubar. **Österreich** hat **[a]** als erstes Land in Europa das Wahlrecht **[b]** eingeführt. Jugendliche dürfen dort an Europa-, Bundes-, Landes- und Kommunalwahlen teilnehmen. Das **[c]** Wahlrecht, also die eigene Wählbarkeit für ein politisches Amt, besteht in Österreich ab 18 Jahren.

In Malta dürfen Jugendliche **[d]** an landesweiten Wahlen teilnehmen. Bei Kommunalwahlen dürfen Jugendliche **[e]** in **Estland** und **Schottland** wählen gehen und in **Bosnien und Herzegowina**, **Slowenien** und **Kroatien** darf man **[f]** seine Stimme abgeben, wenn man einen Arbeitsplatz hat. Im Schweizer Kanton Glarus wurde das Stimmrecht für lokale und kantonale Wahlen ebenfalls **[g]** abgesenkt. In den anderen europäischen Ländern gilt das aktive und das passive Wahlrecht **[h]** .

Wahlen ab 16 in Europa, https://www.machs-ab-16.de/wahlen-ab-16-in-europa/

1 ab 16 Jahren/ab 16
2 auf 16 Jahre
3 erst ab 18 Jahren
4 passive
5 im Juni 2007

25
9 Punkte

Frauen und Männer: Bezahlte und unbezahlte Arbeit

Für Frauen sieht die Work-Life-Balance nach wie vor schlechter aus als für Männer. Das zeigt das folgende Diagramm.
Kreuzen Sie im Lösungsbogen bei den einzelnen Aussagen an, welche **richtig** sind, welche **falsch** sind und welche sich nicht daraus ableiten lassen **(nicht zu entnehmen)**.

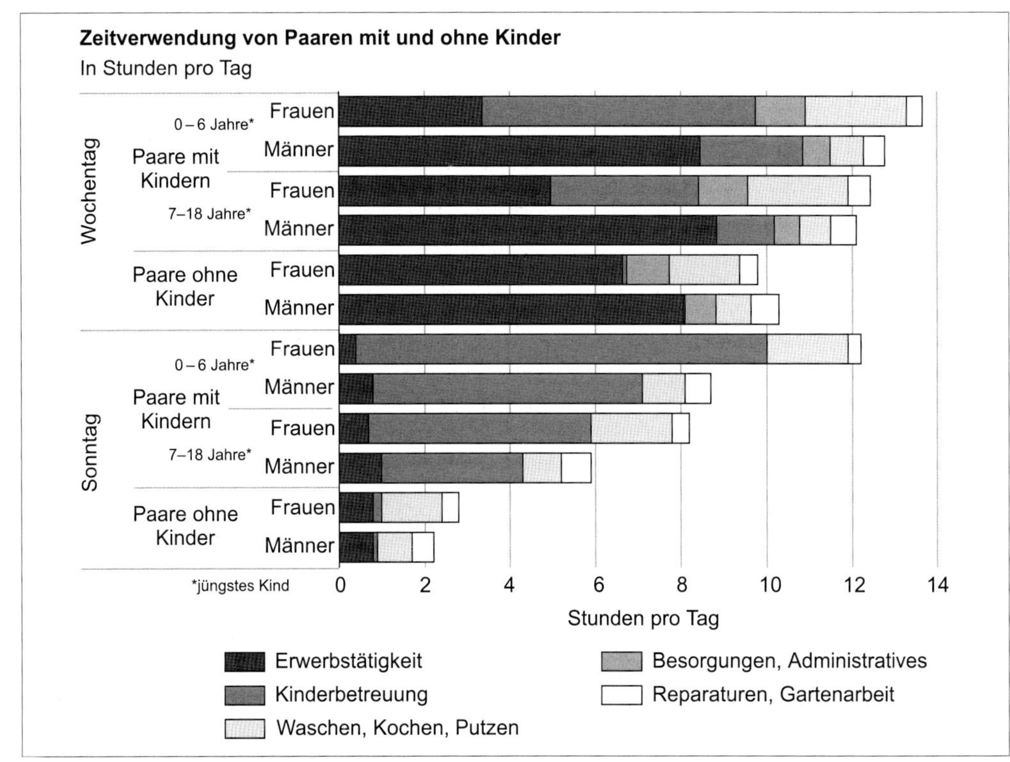

Samtleben, Claire: Auch an erwerbsfreien Tagen erledigen Frauen einen Großteil der Hausarbeit und Kinderbetreuung, In: DIW Wochenbericht 86 (2019), 10, S. 144, Quelle: SOEP (Sozio-oekonomisches Panel) 2015

Aussagen:

A Männer leisten mehr Erwerbsarbeit als ihre Partnerinnen.

B Sonntags leisten die meisten Erwachsenen nur wenig bezahlte Arbeit außer Haus.

C Männer unterstützen ihre Frauen selten bei der Hausarbeit oder mit der Kinderbetreuung.

D Männer fühlen sich vor allem für Reparaturen und Gartenarbeit verantwortlich.

E Frauen erledigen seltener Besorgungen außer Haus als Männer.

F Männer kümmern sich weniger um ihre Kinder als Frauen.

G Paare ohne Kinder teilen sich die Hausarbeit fast gleichmäßig auf.

H Sonntags verbringen Frauen mehr Zeit mit ihren Kindern als an Wochentagen.

I Die Pflege von Angehörigen wird fast nur von Frauen erledigt.

26

7 Punkte

Vor etwa 100 Jahren: Einführung des Frauenwahlrechts in Europa

Das Recht zu wählen, wurde Frauen in den verschiedenen Ländern Europas erst nach und nach gewährt, wie die folgende Übersicht zeigt.
Entnehmen Sie der Tabelle die **Informationen**, die in die Lücken im Text passen.
Notieren Sie im Lösungsbogen bei jedem Kennbuchstaben die jeweils richtigen Angaben.

Jahr	Land
1906	Finnland
1913	Norwegen
1915	Dänemark und Island
1918	Deutschland, Österreich, Polen, Russland
1919	Belgien, Ungarn, Luxemburg, Niederlande
1921	Schweden
1928	Vereinigtes Königreich und Irland
1930	Türkei
1933	Spanien
1944	Bulgarien
1945	Frankreich, Jugoslawien
1946	Italien
1948	Belgien
1949	Griechenland
1960	Zypern
1962	Monaco
1971	Schweiz (auf Bundesebene)
1984	Liechtenstein

Quelle: https://www.lpb-bw.de/12-november#c28051 | Internetredaktion der Landeszentrale für politische Bildung Baden-Württemberg (LpB), Oktober 2021

Lückentext:

Was die Einführung des Wahlrechts für Frauen betrifft, scheinen skandinavische Länder besonders fortschrittlich gewesen zu sein. Das erste Land, in dem Frauen an Wahlen teilnehmen durften, war **[a]** : Dort erhielten Frauen schon im Jahr **[b]** das Wahlrecht. In Schweden dürfen Frauen allerdings erst seit **[c]** wählen. Anscheinend hat das Ende des Ersten Weltkriegs gleich in mehreren europäischen Ländern die Einführung des Wahlrechts für Frauen beschleunigt: In insgesamt **[d]** Ländern, auch in Deutschland und Österreich, erhielten Frauen kurz nach Kriegsende das Wahlrecht. Erstaunlich spät wurde in der Schweiz das Wahlrecht für Frauen eingeführt, nämlich erst im Jahr **[e]** . Schlusslicht ist **[f]** : Dort dürfen Frauen erst seit dem Jahr **[g]** an Wahlen teilnehmen.

27

6 Punkte

Vor etwa 100 Jahren: Weimarer Republik (1918–1933)

Ordnen Sie die fehlenden Angaben an den passenden Stellen in den Lückentext ein. Notieren Sie im Lösungsbogen jeweils die Kennzahlen neben dem entsprechenden Buchstaben.

Lückentext:

Nach dem Ende des Ersten Weltkriegs **[a]** führte die Novemberrevolution in Deutschland abrupt zum Ende der Monarchie. Allerdings hatte die Demokratie, die danach folgte, von Anfang an keinen guten Start. Das lag zum einen an den harten Forderungen, denen die deutsche Regierung durch Unterzeichnung des Versailler Vertrags zustimmen musste. Dieser trat **[b]** in Kraft. Zum anderen sorgten verschiedene Gruppierungen, die mit der politischen Entwicklung nicht einverstanden waren, durch Gewaltakte in der Gesellschaft für Unruhe. Linksradikale orientierten sich an **[c]** und strebten eine kommunistische Revolution an. Rechtsradikale wiederum sahen im Versailler Vertrag ein „Schanddiktat" und wollten ihn wieder rückgängig machen. So kam es mehrmals zu Putschversuchen gegen die Regierung. Unter anderem infolge der hohen Reparationszahlungen an die Siegermächte entwickelte sich in Deutschland außerdem **[d]** . Nach einer Währungsreform beruhigte sich die Lage aber wieder. Legendär sind die sogenannten „Goldenen 20er-Jahre". In dieser Zeit ging es vielen Menschen relativ gut. Doch ein Börsencrash in den USA löste **[e]** eine Weltwirtschaftskrise aus, die in Deutschland zur Massenarbeitslosigkeit führte. Damit begann der Aufstieg der NSDAP – und das Ende der Demokratie. Die Machtergreifung Hitlers erfolgte **[f]** .

Auswahlliste:

1 am 10. Januar 1920
2 am 30. Januar 1933
3 eine Hyperinflation
4 im Jahr 1918
5 im Oktober 1929
6 Russland

28

4 Punkte

Bundespräsidenten

Wer waren die Vorgänger des Bundespräsidenten Frank-Walter Steinmeier?

Bringen Sie diese in die **richtige zeitliche Reihenfolge**. Ordnen Sie im Lösungsbogen die jeweiligen Kennzahlen den Amtszeiten passend zu.

Amtszeit

A	2012–2017	**E**	1994–1999
B	2010–2012	**F**	1984–1994
C	2004–2010	**G**	1979–1984
D	1999–2004	**H**	1974–1979

Auswahlliste:

1	Gerhard Schröder	**6**	Roman Herzog
2	Joachim Gauck	**7**	Richard von Weizsäcker
3	Peter Altmaier	**8**	Karl Carstens
4	Johannes Rau	**9**	Christian Wulff
5	Walter Scheel	**10**	Horst Köhler

29

7 Punkte

Junge Menschen und Politik

„Eine Generation meldet sich zu Wort“ – unter diesem Titel erschien die 18. Shell Jugendstudie. Befragt wurden 2 572 Jugendliche im Alter von 12 bis 25 Jahren. Die Teilnehmer*innen wurden zwischen Januar und März 2019 befragt, und zwar zu ihrer Lebenssituation, ihren Einstellungen und Orientierungen.

Sehen Sie sich die drei Schaubilder genau an und überlegen Sie dann, welche der folgenden Aussagen dazu passen **(richtig)**, welche **falsch** sind oder sich nicht daraus ableiten lassen **(falsch)**. Kreuzen Sie entsprechend an.

Hier wird nur zwischen richtig und falsch unterschieden.

Diagramm 1

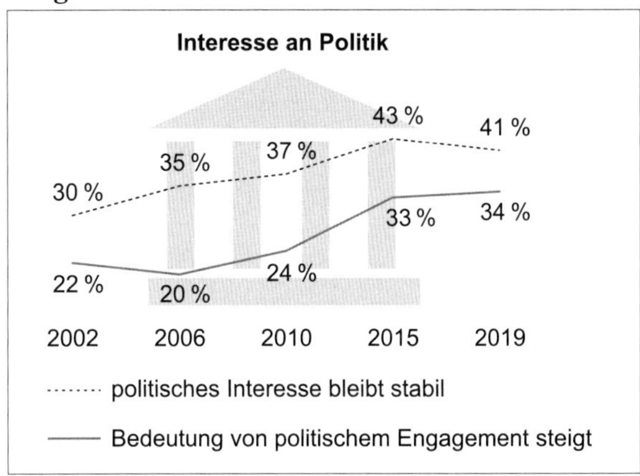

Diagramm 2

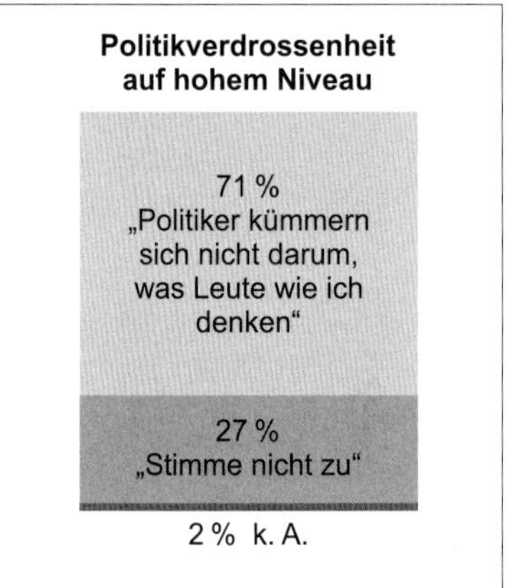

Diagramm 3

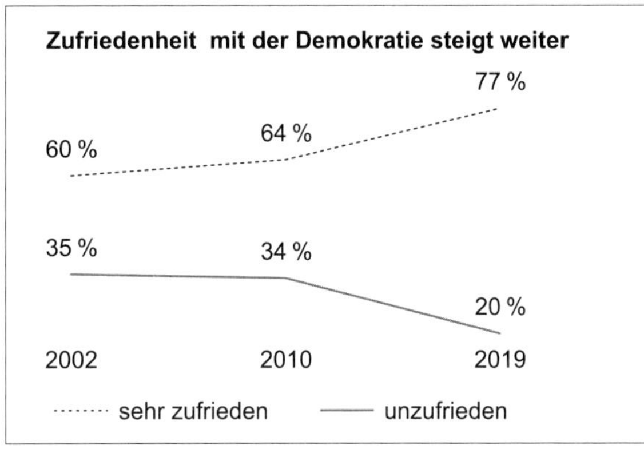

Shell Jugendstudie 2019

Aussagen:

A Junge Menschen sind zunehmend unzufrieden mit der Politik.

B Kurz nach der Jahrtausendwende war das Interesse für Politik am geringsten.

C Es gab in den letzten Jahren viele Themen, die Jugendliche bedrängten.

D Die Teilnehmer*innen möchten von den Politikern und Politikerinnen ernst genommen werden.

E Das Interesse an Politik war im Jahr 2019 etwas niedriger als im Jahr 2015.

F Jugendliche zeigen seit einigen Jahren eine größere Bereitschaft, sich politisch zu engagieren.

G Sie haben verstanden, dass es viele Probleme gibt.

30

6 Punkte

Wahlalter ab 16?

Sehen Sie sich die Karikatur an und bewerten Sie die Aussagen dazu. Sind diese **richtig** oder **falsch** – oder lassen sie sich **nicht** daraus **entnehmen**?
Kreuzen Sie entsprechend an.

Gerhard Mester

Aussagen:

A Das Mädchen ist 16 Jahre alt.

B Sie will im Wahllokal ihre Stimme abgeben.

C Sie glaubt, es gebe für junge Menschen keine Zukunft mehr.

D Sie kommt gerade von einer Demonstration.

E Sie will sich für mehr Umweltschutz einsetzen.

F Der Wahlvorstand glaubt, das Mädchen sei noch zu jung zum Wählen.

31

6 Punkte

Wählende und Gewählte

Das Wahlsystem in Deutschland ist eine Mischform zwischen **Verhältniswahl** und **Mehrheitswahl**. Bei einer Verhältniswahl kommt es auf die Anzahl der Stimmen an, die eine Partei im Verhältnis zu anderen Parteien erhalten hat: Sie entscheidet darüber, wie viele Abgeordnete diese Partei ins Parlament schicken kann. Bei einer Mehrheitswahl geht es darum, welcher Kandidat bzw. welche Kandidatin in einem Wahlkreis die Mehrheit der Stimmen auf sich vereinen konnte. Er oder sie zieht mit einem Direktmandat ins Parlament ein.

Und so läuft eine **Bundestagswahl** ab:

- **Erststimme:** Mit der Erststimme wählt man eine der Personen, die von den Parteien als Direktbewerber*innen für einen Wahlkreis bestimmt wurden. Gewählt ist, wer die meisten Stimmen erhalten hat, also die relative Mehrheit erringt.
- **Zweitstimme:** Mit der Zweitstimme entscheidet sich der Wähler oder die Wählerin für eine bestimmte Partei. Unter jedem Parteinamen sind die ersten fünf Bewerber*innen der Landesliste aufgeführt. Die Anzahl der abgegebenen Zweitstimmen entscheidet darüber, wie viele Sitze eine Partei im Parlament erhält.
- **Direktmandat:** Wer als Direktbewerber*in einen Wahlkreis gewonnen hat, erhält ein Direktmandat (*siehe Erststimme*).
- **Landesliste:** Auf der Landesliste stehen die Namen der Kandidat*innen, mit denen eine Partei in einem Bundesland bei einer Wahl antritt. Je höher der Listenplatz eines Kandidaten oder einer Kandidatin ist, desto größer ist seine bzw. ihre Chance, nach der Wahl ins Parlament einzuziehen.
- **Fünf-Prozent-Hürde:** Eine Partei, die bei den Zweitstimmen weniger als fünf Prozent erreicht, zieht nicht in den Bundestag ein, es sei denn, sie hat mindestens drei Direktmandate erzielt.

Welche Aussagen zum Wahlsystem in Deutschland treffen zu **(richtig)** und welche sind **falsch**? Kreuzen Sie entsprechend an.

Aussagen:

A In Deutschland hat jeder Wähler/jede Wählerin zwei Stimmen.

B Mit der ersten Stimme wählt man die Partei seiner Wahl, mit der zweiten Stimme einen Kandidaten oder eine Kandidatin.

C Der Kandidat oder die Kandidatin, den oder die man wählt, muss nicht der Partei angehören, die man wählen will.

D Wer nicht auf der Landesliste seiner Partei eingetragen ist, kann nicht ins Parlament einziehen.

E Je höher ein Kandidat/eine Kandidatin auf dem Listenplatz ihrer Partei eingetragen ist, desto größer sind seine/ihre Chancen, ins Parlament einzuziehen.

F Wer eine kleine Partei wählt, läuft Gefahr, dass seine Stimme bei der Zusammensetzung des Parlaments nicht berücksichtigt wird.

32

10 Punkte

Landtagswahlen in Bayern

Sehen Sie sich das Schaubild über die **bayerische Landtagswahl** an. Fügen Sie dann die fehlenden Angaben in den Lückentext ein.

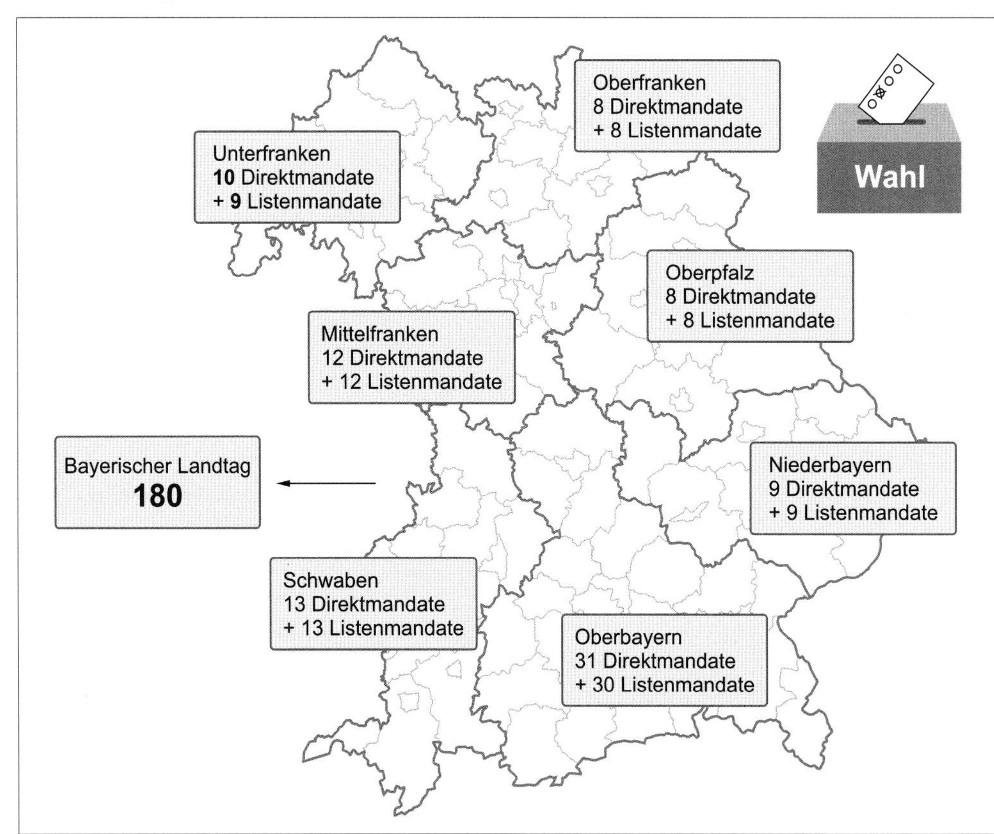

eigene Darstellung nach: www.bayern.landtag.de/abgeordnete/landtagswahl-2018-1/

Lückentext

Im bayerischen Landtag sind **[a]** Sitze zu besetzen. In **[b]** von den **[c]** Wahlkreisen ist die Anzahl von Direktmandaten und Listenmandaten gleich. Nur in **[d]** Wahlkreisen ist die Anzahl unterschiedlich, und zwar in Oberbayern und in **[e]** . Die meisten Mandate gibt es in **[f]** , nämlich insgesamt **[g]** , die wenigsten in **[h]** und in der **[i]** , nämlich je **[k]** .

Lösungsbogen

1 **Inhalt des Textes**

Tragen Sie die jeweils richtige Antwort ein:

R = im Sinne des Textes eindeutig richtig
F = im Hinblick auf die Aussagen des Textes falsch
NE = dem Text nicht zu entnehmen

1 a	1 b	2 a	2 b	2 c	3 a	3 b	4 a	4 b	5 a	5 b	6 a	6 b

2 **Bedeutung von Fremdwörtern**

Tragen Sie zu den folgenden Fremdwörtern jeweils den Kennbuchstaben des Wortes ein, das dessen Sinn **im vorgegebenen Textzusammenhang** (Text auf Seite 61 f.) am besten wiedergibt.

1	2	3	4	5

3 **Die Generation Z auf dem Arbeitsmarkt**

Kreuzen Sie an, ob das Thema **richtig** oder **falsch** gegliedert ist.

0	1	2	3	4	5	6	
☒	☐	☐	☐	☐	☐	☐	richtig
☐	☐	☐	☐	☐	☐	☐	falsch

4 **Ausdrucksschwächen beseitigen**

Notieren Sie neben dem Kennbuchstaben jeweils einen Verbesserungsvorschlag für die im Text markierte Ausdrucksschwäche.

A ____________________

B ____________________

C ____________________

D ____________________

E ____________________

F ____________________

G ____________________

H ____________________

I ____________________

K ____________________

L ____________________

5 Fehler korrigieren

a Tragen Sie die fehlenden **Kommas** ein, die notwendig sind.

Die Gesellschaftswissenschaftler haben eine andere Vorstellung von den Merkmalen entwickelt die eine Generation auszeichnen. Für sie ist das Besondere an Angehörigen einer Generation dass sie gemeinsam in einem bestimmten Umfeld aufgewachsen sind und deshalb ähnliche Erfahrungen gemacht haben. Dabei spielt auch die technische Entwicklung eine Rolle denn die entscheidet darüber welche Errungenschaften den Alltag der Menschen prägen. Beispielsweise macht es einen Unterschied ob man mit der Postkutsche auf Reisen geht oder mit der Eisenbahn dem Auto oder dem Flugzeug. Einen besonderen Wandel hat es durch die Erfindung der neuen elektronischen Medien gegeben. Wer über die entsprechenden Geräte verfügt kann problemlos mit anderen in Kontakt treten unabhängig davon wo sie leben. Die Kontaktaufnahme ist stets in wenigen Sekunden möglich.

b Korrigieren Sie im folgenden Text die **Rechtschreib- und Grammatikfehler**. Streichen Sie die fehlerhaften Wörter durch und schreiben Sie die richtige Form jeweils darüber.

Was die Erfahrung mit den Internet betrift, unterscheidet man heute zwei Gruppen: Die Generation Y und die Generation Z. Beide Generationen nutzen das Internet schon lange. Das sie damit umgehen können, ist für beide Generationen selbstverstendlich. Angehörige der Generation Y musten das allerdings erst lernen, weil sie wurden vor der Erfindung des Internets geboren. Sie waren also schon Erwachsen, als die Elektronischen Medien Teil ihres Alltags wurden. Angehörige der Generation Z haben nie ein Leben ohne Internet kennengelernt. Sie wurden in eine Welt hineingeboren, in der Computer und Handy bei den meißten Menschen schon zur Grundausstattung gehörte. Deshalb nennt man Angehörige dieser Generation auch „Digital Natives".

6 Kontakt zwischen den Generationen

Kreuzen Sie an, welche Aussagen zu der Karikatur passen (richtig), welche falsch sind und welche sich nicht daraus ableiten lassen (nicht zu entnehmen).

1	2	3	4	5	
☐	☐	☐	☐	☐	richtig
☐	☐	☐	☐	☐	falsch
☐	☐	☐	☐	☐	nicht zu entnehmen

7 Lücken füllen

Tragen Sie die rechts in Klammern angegebenen Wörter **in der grammatisch richtigen Form** in die Lücken ein.
Achten Sie auf den richtigen Kasus und ergänzen Sie, wenn nötig, den Artikel (bestimmt oder unbestimmt) oder ein passendes Pronomen.

1	Die jungen Leute von heute legen Wert auf ____________ ____________ von Beruf und Freizeit.	(klare Trennung)
2	Deshalb schalten sie zu Beginn ____________ sofort ihr Smartphone aus.	(Feierabend)
3	In ____________ sehen sie keine Vorbilder.	(Eltern)
4	Die haben stets zu viel Wert auf ____________ gelegt.	(Arbeit)
5	____________ ist der Sinn ihrer Arbeit wichtiger als das Einkommen.	(heutige Berufsanfänger)
6	Folglich streben sie auch nicht an, irgendwann ________ ____________ zu machen.	(Karriere)

8 Aussagen in indirekter Rede wiedergeben

Geben Sie die Aussagen von Prof. Scholz in Form von **indirekter Rede** wieder. Verwenden Sie dabei die passende Form des **Konjunktivs**.

A ____________

B ____________

C ____________

9 Die Generationen Y und Z im Vergleich

Kreuzen Sie an, welche Aussage zur Generation **Y** und welche zur Generation **Z** passt.

1	2	3	4	5	
☐	☐	☐	☐	☐	Generation Y
☐	☐	☐	☐	☐	Generation Z

10 Die Generation Z: Werte und Wünsche

Notieren Sie die passenden Aussagen neben den Kennbuchstaben.

a ______

b ______

c ______

d ______

e ______

f ______

11 Deutsche Bevölkerung im Wandel

Kreuzen Sie an:

A	B	C	D	E	
☐	☐	☐	☐	☐	richtig
☐	☐	☐	☐	☐	falsch
☐	☐	☐	☐	☐	nicht zu entnehmen

12 Zusammenhänge aufzeigen

Wandeln Sie die Satzpaare in Satzgefüge um. Der **unterstrichene Satz** soll zum **Nebensatz** werden.

a ______

______

b ______

______

c ______

______

d ______

______

e

f

13 **Sätze umstrukturieren**

Formulieren Sie die folgenden Sätze um. Stellen Sie jeweils das in Klammern angegebene **Satzglied** an den **Satzanfang**.

a

b

c

d

e

f

14 **Erwartungen an den Beruf**

Kreuzen Sie an, welche Aussagen **richtig** bzw. **falsch** sind und welche sich aus der Grafik **nicht entnehmen** lassen.

A	B	C	D	E	F	
☐	☐	☐	☐	☐	☐	richtig
☐	☐	☐	☐	☐	☐	falsch
☐	☐	☐	☐	☐	☐	nicht zu entnehmen

15 Sinn wichtiger als Geld?

Notieren Sie **vier** Oberbegriffe in der rechten Spalte. Ordnen Sie jeweils passende Stichpunkte aus der Stoffsammlung zu.

Stichpunkte	Oberbegriffe

16 Soziales Jahr für alle?

Wäre es richtig, wenn die Regierung alle Schulabgänger*innen verpflichten würde, vor Aufnahme einer Berufsausbildung ein soziales Jahr zu absolvieren?

Formulieren Sie für Ihren Standpunkt ein überzeugendes Argument aus. Stellen Sie **eine** aussagekräftige **Behauptung** auf, **begründen** Sie diese ausführlich und veranschaulichen Sie Ihre Argumentation anhand eines überzeugenden **Beispiels**.

17

Buchstabenfolgen

1 Kreuzen Sie an, welche der folgenden Wörter vorwärts und rückwärts gelesen gleich sind **(Palindrome)**, welche rückwärts gelesen ein anderes Wort ergeben als vorwärts gelesen **(Anagramme)** und welche rückwärts gar **keinen Sinn** ergeben **(0)**.

A	B	C	D	E	F	G	H	I	K	
☐	☐	☐	☐	☐	☐	☐	☐	☐	☐	Palindrome
☐	☐	☐	☐	☐	☐	☐	☐	☐	☐	Anagramme
☐	☐	☐	☐	☐	☐	☐	☐	☐	☐	0

2 Notieren Sie jeweils passende Wörter.

A ____________ F ____________

B ____________ G ____________

C ____________ H ____________

D ____________ I ____________

E ____________ K ____________

3 Kreuzen Sie **richtig** oder **falsch** an.

1	2	3	4	5	6	7	8	9	10	
☐	☐	☐	☐	☐	☐	☐	☐	☐	☐	richtig
☐	☐	☐	☐	☐	☐	☐	☐	☐	☐	falsch

18

Tage, Eigenschaften und Preise

Notieren Sie die jeweils richtige Lösung.

a ____________

b ____________

c ____________

19

Logische Reihen

1 Ergänzen Sie die **beiden** fehlenden **Zahlen** der Zahlenreihe.

a		b		c	

2 Kreuzen Sie die Lösung an.

A	B	C	D	E
☐	☐	☐	☐	☐

3 Kreuzen Sie die Lösung an.

A	B	C	D	E
☐	☐	☐	☐	☐

20

Der Sinn von Wörtern

a) Notieren Sie jeweils ein Wort mit **gegenteiliger** Bedeutung.

A	______	**G**	______
B	______	**H**	______
C	______	**I**	______
D	______	**K**	______
E	______	**L**	______
F	______	**M**	______

b) Kreuzen Sie das Wort an, das **nicht** in die Reihe passt.

A	☐ Sessel	☐ Sofa	☐ Stuhl	☐ Tisch
B	☐ Protest	☐ Ausruf	☐ Kritik	☐ Einwand
C	☐ Gefahr	☐ Ärger	☐ Freude	☐ Angst
D	☐ Fachmann	☐ Experte	☐ Ingenieur	☐ Kenner
E	☐ Biologie	☐ Chemie	☐ Sport	☐ Physik

21

Vermischung von Beruf und Privatleben

Kreuzen Sie an.

A	B	C	D	E	F	
☐	☐	☐	☐	☐	☐	richtig
☐	☐	☐	☐	☐	☐	falsch
☐	☐	☐	☐	☐	☐	nicht zu entnehmen

22

Alltägliche Belastungen und Schlafstörungen

Kreuzen Sie an.

A	B	C	D	E	F	
☐	☐	☐	☐	☐	☐	richtig
☐	☐	☐	☐	☐	☐	falsch
☐	☐	☐	☐	☐	☐	nicht zu entnehmen

23 **Wahlalter ab 16 in Deutschland**

Tragen Sie die Kennbuchstaben für die Bundesländer und die Kennzahlen für die jeweiligen Hauptstädte ein.

A	B	C	D	E	
					Bundesland
					Hauptstadt

24 **Wahlrecht ab 16 in Europa**

Notieren Sie die passenden Kennzahlen.

a	b	c	d	e	f	g	h

25 **Frauen und Männer: Bezahlte und unbezahlte Arbeit**

Kreuzen Sie an.

A	B	C	D	E	F	G	H	I	
☐	☐	☐	☐	☐	☐	☐	☐	☐	richtig
☐	☐	☐	☐	☐	☐	☐	☐	☐	falsch
☐	☐	☐	☐	☐	☐	☐	☐	☐	nicht zu entnehmen

26 **Vor etwa 100 Jahren: Einführung des Frauenwahlrechts in Europa**

Tragen Sie die passenden Begriffe bzw. Zahlen ein.

Ergänzen Sie die passenden Angaben:

a ____________________

b ____________________

c ____________________

d ____________________

e ____________________

f ____________________

g ____________________

27 **Vor etwa 100 Jahren: Weimarer Republik (1918–1933)**

Notieren Sie die Kennnummern.

a	b	c	d	e	f

28 Bundespräsidenten

Notieren Sie die passenden Kennzahlen.

A	B	C	D	E	F	G	H

29 Junge Menschen und Politik

Kreuzen Sie an.

A	B	C	D	E	F	G	
☐	☐	☐	☐	☐	☐	☐	richtig
☐	☐	☐	☐	☐	☐	☐	falsch

30 Wahlalter ab 16?

Kreuzen Sie an.

A	B	C	D	E	F	
☐	☐	☐	☐	☐	☐	richtig
☐	☐	☐	☐	☐	☐	falsch
☐	☐	☐	☐	☐	☐	nicht zu entnehmen

31 Wählende und Gewählte

Kreuzen Sie an.

A	B	C	D	E	F	
☐	☐	☐	☐	☐	☐	richtig
☐	☐	☐	☐	☐	☐	falsch

32 Landtagswahlen in Bayern

Ergänzen Sie die passenden Angaben:

a ______________________ **f** ______________________

b ______________________ **g** ______________________

c ______________________ **h** ______________________

d ______________________ **i** ______________________

e ______________________ **k** ______________________

Lösungen

Allgemeine Tipps zur Auswahlprüfung

Teilen Sie sich die Zeit ein. Starten Sie mit den Aufgabentypen, die Ihnen liegen. Wenn Sie z. B. ein großes Allgemeinwissen haben, sich aber beim Umgang mit Texten schwertun, beginnen Sie bei den Wissensaufgaben. Andernfalls gehen Sie umgekehrt vor. Sollten Sie bei einer Aufgabe gar nicht weiterkommen, machen Sie bei der nächsten weiter. Besser eine Aufgabe weniger gelöst, als keine Zeit mehr für Aufgaben zu haben, die Sie lösen könnten! Ihr Ziel muss es sein, in den gegebenen 180 Minuten möglichst viele der insgesamt 250 Punkte einzusammeln. Bei den meisten Aufgaben erhalten Sie für jede richtige Antwort einen Punkt, bei Logikaufgaben häufig zwei Punkte.

1 ____ von 13 P.

Inhalt des Textes

TIPP *Bedenken Sie, dass eine richtige Aussage nicht Wort für Wort genauso im Text stehen muss, wie sie in der Aufgabe formuliert ist. Eine falsche Aussage passt vom Sinn her überhaupt nicht zu den Textinformationen (manchmal steht sie sogar im Gegensatz dazu). Und bei einer Aussage, die dem Text nicht zu entnehmen ist, handelt es sich manchmal um Vorstellungen, die einzelne Leser*innen vom Gesagten haben. Danach ist aber nicht gefragt. Es geht nur um Aussagen, die genauso – oder etwas anders formuliert – im Text stehen.*

1 a	1 b	2 a	2 b	2 c	3 a	3 b	4 a	4 b	5 a	5 b	6 a	6 b
R	F	F	F	R	NE	R	NE	R	R	NE	R	R

Abschnitt 1:

a vgl. Z. 1 f.

b Es heißt im Text, solche Beschreibungen seien immer nur „Tendenzen“ (vgl. Z. 12 f.).

Abschnitt 2:

a Angehörige der Generation Z stammen aus allen Schichten; es sind also nicht alle im Wohlstand aufgewachsen. Im Text ist außerdem die Rede von einer „Zeit relativ großen Wohlstands“ (vgl. Z. 17). Der Wohlstand ist also nicht grundsätzlich vorhanden, sondern „relativ“, das heißt im Vergleich z. B. mit der Situation in den Nachkriegsjahren oder in anderen Ländern.

b Auch wenn die Angehörigen der Generation Z bei manchen globalen Krisen, wie z. B. der Wirtschaftskrise 2008/09, noch Kinder waren, so kann man nicht behaupten, dass sie noch nie eine Krise erlebt haben. Sie haben nur erst „wenige globale Krisen *bewusst* erlebt“ (vgl. Z. 20).

c vgl. Z. 21 ff.

Abschnitt 3:

a Eine Aussage darüber, wie Angehörige der Generation Z bisher gelebt haben, ist im Text nirgendwo enthalten. Das lässt sich auch nicht so allgemein sagen.

b vgl. Z. 33 f.

Abschnitt 4:

a Angehörige der Generation Z sind bereits in jungen Jahren mehr gereist und haben andere Kenntnisse erworben als Angehörige früherer Generationen (vgl. Z. 38 ff.). Auf den ersten Blick müssten sie den Vorgängergenerationen überlegen sein, u. a. weil sie schon viel von der Welt gesehen haben. Ob das tatsächlich der Fall ist, steht aber nicht im Text.

b vgl. Z. 45 ff.

Abschnitt 5:

a vgl. Z. 53 ff.

b Es heißt zwar, dass die Betriebe Nachwuchskräfte suchen. Das sagt aber nichts über die Arbeitsbedingungen aus.

Abschnitt 6:

a vgl. Z. 65 f.

b vgl. Z. 72 f.

2 Bedeutung von Fremdwörtern

___ von 5 P.

TIPP *Es geht hier darum, welches der vorgeschlagenen Wörter anstelle des genannten Fremdwortes im Text am besten passt.*

1	2	3	4	5
D	C	D	A	B

1 Das Wort *Tendenz* drückt aus, dass etwas einen ungefähren Verlauf nimmt. Das entspricht vom Sinn her am ehesten dem Wort *Trend*. Das Wort *Entwicklung* ist zu allgemein, und die Wörter *Neigung* und *Bestreben* beziehen sich eher auf die Wünsche, die jemand hat.

2 Wer *rebellisch* ist, der begehrt gegen etwas auf (z. B. gegen Erwartungen oder Forderungen, die an ihn gerichtet sind). Die Aussage ist als Verneinung formuliert; es heißt, Angehörige der Generation Z seien *nicht rebellisch* (Z. 25). Folglich sind sie nicht *aufsässig*. B und D passen gar nicht, weil sie eher (negative) Persönlichkeitsmerkmale eines Einzelnen zum Ausdruck bringen. Und A ist vom Sinn her zu stark.

3 Wer *pragmatisch* ist, der orientiert sich an der Realität, also an den Verhältnissen, wie sie sind.

4 Es geht um die Fähigkeiten, die frühere Bewerber*innen mitgebracht haben, also um das, was sie gelernt haben.

5 Wer *flexibel* ist, der passt sich an, wenn sich eine Situation ändert.

3 Die Generation Z auf dem Arbeitsmarkt

___ von 6 P.

TIPP *Grundsätzlich gilt:*

- *Eine **These** ist eine **Behauptung** über einen Sachverhalt.*
- *Mit einer **Begründung** gibt man einen Grund dafür an, warum eine Aussage, z. B. eine These, richtig ist. Begründungen sind immer **allgemein** formuliert.*
- *Ein **Beispiel** ist ein **Einzelfall**, auf den man verweist – und von dem man annimmt, dass er dem Leser/der Leserin bekannt ist. Durch das Anführen von Beispielen wirkt eine Begründung anschaulich.*
- *Eine **Folge** ist etwas, das (notwendigerweise) folgt, nachdem etwas anderes vorher geschehen ist.*
- *Mit einer **Erklärung** zeigt man Zusammenhänge auf, die deutlich machen, dass eine bestimmte Aussage stimmt. So stellt man sicher, dass die Aussage verstanden wird (klar wird).*

0	1	2	3	4	5	6	
☒	☐	☒	☐	☒	☒	☐	richtig
☐	☒	☐	☒	☐	☐	☒	falsch

4

___ von 11 P.

Ausdrucksschwächen beseitigen

TIPP *Es kann sein, dass Sie in dem einen oder anderen Fall eine andere Lösung gefunden haben. Entscheidend ist, dass sie ungeschickte Wortwiederholungen durch andere Formulierungen ersetzen. Anstelle von unpassenden Wörtern sollten Sie treffendere verwenden.*

A warf ihnen vor
B eingeritzt
C sie
D störten sie sich daran
E meinten
F ihres Nachwuchses
G machte er sich dafür stark,
H unbeschwert
I die Überschrift
K gewannen
L Mädchen und Jungen

A Ein Vorwurf ist vom Sinn her das Gleiche wie eine Kritik. Deshalb kann man das Verb *kritisieren* (jemanden für etwas kritisieren) durch das Verb *vorwerfen* ersetzen (jemandem etwas vorwerfen).

B Auf Tontafeln konnte man nicht schreiben.

C Man kann die Wiederholung eines Nomens (hier: „die Jugendlichen") durch Verwenden des passenden Personalpronomens (hier: „sie") ersetzen.

D Wenn jemandem *etwas nicht gefällt*, dann kann man auch sagen, dass man „sich an etwas stört".

E Anstatt zu sagen, wie man etwas *findet*, kann man auch sagen, was man darüber *meint*. Genauso könnte man die Verben *denken* oder *glauben* verwenden.

F Um nicht zweimal von der *jüngeren Generation* zu sprechen, kann man beim zweiten Mal das Wort *Nachwuchs* verwenden.

G Ausdrucksstärker ist hier ein anderes Wort als „sagen". Es empfiehlt sich immer, ein treffendes Verb zu verwenden.

H Wer sich frei entfalten kann, der wächst *unbeschwert* auf (ohne Grenzen, Verbote oder Vorgaben).

I Das Wort *Überschrift* ist ein Synonym für das Wort *Titel*.

K *Kriegten* ist umgangssprachlich und auch ungenau; man sollte es deshalb durch ein passenderes Verb ersetzen.

L Um die Wiederholung des Wortes *Kinder* zu vermeiden, kann man auch von *Mädchen und Jungen* sprechen.

5 Fehler korrigieren

___ von 9 P.

a) **TIPP** *Sie sollten immer darauf achten, wo ein neues Subjekt und ein neues Prädikat folgen. Dort beginnt stets ein neuer Satz, der mit einem Komma vom vorherigen Satz abzutrennen ist (falls man nicht einen Punkt setzen will; das ist aber nur am Ende eines Hauptsatzes möglich). Außerdem trennt man die einzelnen Glieder einer Aufzählung durch Komma voneinander. Nachträgliche Ergänzungen trennt man ebenfalls durch Komma von der vorangehenden Aussage ab.*

Die Gesellschaftswissenschaftler haben eine andere Vorstellung von den Merkmalen entwickelt, die eine Generation auszeichnen. Für sie ist das Besondere an Angehörigen einer Generation, dass sie gemeinsam in einem bestimmten Umfeld aufgewachsen sind und deshalb ähnliche Erfahrungen gemacht haben. Dabei spielt auch die technische Entwicklung eine Rolle, denn die entscheidet darüber, welche Errungenschaften den Alltag der Menschen prägen. Beispielsweise macht es einen Unterschied, ob man mit der Postkutsche auf Reisen geht oder mit der Eisenbahn, dem Auto oder dem Flugzeug. Einen besonderen Wandel hat es durch die Erfindung der neuen elektronischen Medien gegeben. Wer über die entsprechenden Geräte verfügt, kann problemlos mit anderen in Kontakt treten, unabhängig davon, wo sie leben. Die Kontaktaufnahme ist stets in wenigen Sekunden möglich.

___ von 10 P.

b) **TIPP** *Es sind zwei Grammatikfehler enthalten: Die Konjunktion „weil" leitet einen Nebensatz ein; deshalb steht das Verb hier am Ende des Satzes. Und die Verbform „gehörte" muss die Pluralendung bekommen, weil sie sich auf zwei Dinge bezieht.*

Was die Erfahrung mit den Internet ~~betrift~~ betrifft, unterscheidet man heute zwei Gruppen:
~~Die~~ die Generation Y und die Generation Z. Beide Generationen nutzen das Internet
schon lange. ~~Das~~ Dass sie damit umgehen können, ist für beide Generationen ~~selbstvers~~ selbstver-
~~tendlich~~ ständlich. Angehörige der Generation Y ~~musten~~ mussten das allerdings erst lernen, weil sie
~~wurden~~ vor der Erfindung des Internets geboren wurden. Sie waren also schon ~~Erwachsen~~ erwachsen,
als die ~~Elektronischen~~ elektronischen Medien Teil ihres Alltags wurden. Angehörige der Generation Z haben nie ein Leben ohne Internet kennengelernt. Sie wurden in eine
Welt hineingeboren, in der Computer und Handy bei den ~~meißten~~ meisten Menschen schon
zur Grundausstattung ~~gehörte~~ gehörten. Deshalb nennt man Angehörige dieser Generation
auch „Digital Natives".

6
___ von 5 P.

Kontakt zwischen den Generationen

TIPP *Sehen Sie sich die Karikatur genau an. Um die im Bild dargestellte Situation zu verstehen, müssen Sie auf Besonderheiten achten, z. B. auf die Tafel im Hintergrund (typisch für ein Klassenzimmer) und darauf, wie die Personen dargestellt sind. Die vier Personen auf der rechten Seite sind Schüler*innen. Das erkennt man daran, dass es sich um Jugendliche handelt, die eine Gruppe bilden. Der Mann auf der linken Seite ist ihr Lehrer, denn er ist deutlich älter und sitzt auf dem Lehrerpult. Als er die Bezeichnungen der einzelnen Generationen aufzählt („So, gibt's die Generation Z […]"). Als er die älteren Generationen erwähnt („Aber auch die älteren Generationen haben einen Namen."), finden die Schüler*innen für Menschen dieses Alters spontan die Bezeichnung „Zukunftsverfrühstücker". Damit üben sie Kritik an ihrem Lehrer und allen Menschen, die früheren Generationen angehören. Sie sind der Meinung, dass die Älteren den Kindern und Jugendlichen die Zukunft zerstört („verfrühstückt") haben.*

1	2	3	4	5	
☒	☐	☒	☐	☒	richtig
☐	☐	☐	☒	☐	falsch
☐	☒	☐	☐	☐	nicht zu entnehmen

1 Das erkennt man schon an der Tafel im Hintergrund.

2 Sie unterhalten sich über verschiedene Generationen. Dass sie sich miteinander über ihre Zukunft unterhalten, ist der Karikatur nicht zu entnehmen.

3 Der Lehrer sagt: „So gibt's die Generation ‚Z'". Offenbar spricht er mit seinen Schüler*innen darüber, dass sie der Generation Z angehören.

4 Ob der Lehrer seine Schüler*innen für unhöflich hält, ist der Karikatur nicht zu entnehmen. Er sieht nicht so aus, als wäre er empört oder beleidigt.

5 Als der Lehrer von ihnen wissen will, wie frühere Generationen genannt werden, sagen sie „Zukunftsverfrühstücker". Das zeigt, dass sie ihm Vorwürfe machen, weil er – wie andere Menschen älterer Generationen – durch seine Lebensweise zum Klimawandel beigetragen hat.

7
___ von 6 P.

Lücken füllen

TIPP *Entscheidend ist bei allen Sätzen der richtige Kasus. Bei einigen Sätzen ist sowohl das Voranstellen eines Artikels als auch das Voranstellen eines Pronomens möglich.*

1 Die jungen Leute von heute legen Wert auf <u>eine/die klare Trennung</u> von Beruf und Freizeit.

2 Deshalb schalten sie zu Beginn <u>des/ihres Feierabends</u> sofort ihr Smartphone aus.

3 In <u>ihren/den Eltern</u> sehen sie keine Vorbilder.

4 Die haben stets zu viel Wert auf <u>ihre/die Arbeit</u> gelegt.

5 <u>Heutigen Berufsanfängern/Für heutige Berufsanfänger</u> ist der Sinn ihrer Arbeit wichtiger als das Einkommen.

6 Folglich streben sie auch nicht an, irgendwann (eine) <u>Karriere</u> zu machen.

8 Aussagen in indirekter Rede wiedergeben

TIPP *Der Nebensatz am Ende von Abschnitt A. („[...],dass sich die Grenze zwischen Arbeits- und Privatleben aufgelöst hat") muss nicht in den Konjunktiv gesetzt werden, weil der Sprecher hier eine Tatsache wiedergibt und keine Meinung äußert. Es wird immer nur die finite Form des Verbs in den Konjunktiv gesetzt.*
Dass einige Sätze des Sprechers unvollständig sind (z. B. am Anfang von Absatz B und am Anfang von Abschnitt C), ist darauf zurückzuführen, dass er sich in dem Interview mündlich äußert und spontan auf die Fragen des Interviewers reagiert.

___ von 8 P.

A Vertreter der Generation Y *hätten* beim Einstieg in den Job davon *geträumt*, Karriere zu machen. Sie *hätten geglaubt*, dass sich Leistung *lohne*, dass sich Loyalität *auszahle*. Kurz: diese Generation *sei* optimistisch *gewesen*. Sie *habe* Chancen *gesehen*, *sei* motiviert *gewesen*, diese zu ergreifen, und *habe* dafür in Kauf *genommen*, dass sich die Grenze zwischen Arbeits- und Privatleben aufgelöst hat.

___ von 7 P.

B ... ja, und diese *habe* sehr genau *hingeschaut*, was in den vergangenen Jahren *passiert sei*. Sie *habe erkannt*, dass die Karrierechancen gar nicht so groß *seien*, wie man *geglaubt habe*. Dass die Karriere zudem mit Phänomenen wie Stress oder Burn-out *einhergehen könne*. Und dass Unternehmen abseits ihrer Formulierungen auf den Homepages und in Hochglanzbroschüren weiterhin ganz andere Dinge im Kopf *hätten*, als sich tatsächlich um das Wohl ihrer Mitarbeiter zu kümmern.

___ von 2 P.

C Emotional distanzierter. Auch für diese Generation *sei* der Arbeitsplatz im Unternehmen ein Teil des Lebens – allerdings ein klar abgegrenzter Teil. Es *werde* also wieder eindeutig zwischen Arbeitszeit und Privatleben *getrennt*.

9 Die Generationen Y und Z im Vergleich

___ von 5 P.

TIPP *Um die einzelnen Aussagen richtig zuordnen zu können, müssen Sie in der Tabelle nach Stichworten suchen, die entweder zur Generation Y oder zur Generation Z passen. Achten Sie darauf, dass Sie die beiden Generationen nicht verwechseln.*

1	2	3	4	5	
☒	☐	☐	☐	☒	Generation Y
☐	☒	☒	☒	☐	Generation Z

10 Die Generation Z: Werte und Wünsche

___ von 6 P.

TIPP *In dem Lückentext gibt es Wörter, die zu den Überschriften im Diagramm passen (z. B. „Werte", „prägend", „TOP 3" usw.). Unter diesen Überschriften finden Sie jeweils die Wörter oder Zahlenangaben, die Sie brauchen, um die Lücken zu füllen.*

a Gesundheit
b 71 %
c ihre Eltern
d 68 %
e 79 %
f finanziellen Situation

11
___ von 5 P.

Deutsche Bevölkerung im Wandel

TIPP *Achten Sie in dem Schaubild auf den Verlauf der grauen Fläche und der schwarzen Linie: Die graue Fläche zeigt, wie die Altersklassen in Deutschland im Jahr 2019 verteilt waren, und die schwarze Linie bildet die Verteilung der Altersklassen im Jahr 1990 ab. Daraus wird deutlich, dass der Anteil der älteren Menschen seit 1990 zugenommen hat, während der Anteil der jüngeren Menschen abgenommen hat.*

A	B	C	D	E	
☒	☐	☒	☐	☒	richtig
☐	☒	☐	☒	☐	falsch
☐	☐	☐	☐	☐	nicht zu entnehmen

A Das zeigt der Verlauf der Linie für 1990.

B Bei genauem Hinsehen erkennt man, dass die Zahl der Säuglinge im Jahr 2019 wieder leicht rückläufig war.

C Das ist aus dem Diagramm eindeutig zu erkennen. Im oberen Teil wird die graue Fläche immer breiter.

D Die schwarze Linie zeigt, dass es 1990 auch schon Hundertjährige gab (allerdings nur wenige.)

E Am Verlauf der Alterspyramide ist das deutlich zu erkennen.

12
___ von 6 P.

Zusammenhänge aufzeigen

TIPP *Um die richtige Konjunktion wählen zu können, müssen Sie überlegen, was für ein Zusammenhang zwischen den beiden Sätzen besteht: Begründung („da", „weil"), Einschränkung/Gegensatz („obwohl"), Bedingung („wenn"), zeitliche Reihenfolge („als", „bevor", „ehe") – oder Inhalt („dass")? Denken Sie daran, dass das finite Verb im Nebensatz in der Regel ans Satzende rückt (bzw. die Position mit dem Subjekt vertauscht).*

a Da viele Schüler*innen gegen Ende ihrer Schulzeit noch keine Berufswahl getroffen haben, haben sie anscheinend noch keine klaren Vorstellungen von ihrer Zukunft.

b Obwohl sie sich schon um einen Ausbildungsplatz hätten bewerben müssen, haben sie das noch nicht getan.

c Sie können sich damit aber auch Zeit lassen, weil/da es heute mehr freie Ausbildungsplätze als Bewerber*innen gibt.

d Wenn sie eines Tages beruflich Erfolg haben wollen, müssen sie ihre Stärken und Schwächen kennen.

e Dass der Berufsalltag jeden Menschen ein Leben lang begleitet, darüber sollten sich Jugendliche im Klaren sein.

f Man beendet in der Regel erst seine Berufsausbildung, ehe/bevor man heiratet und eine Familie gründet.

13
___ von 6 P.

Sätze umstrukturieren

TIPP *Sie müssen das angegebene Satzglied jeweils mit dem Subjekt vertauschen. Das finite Verb bleibt stets auf der zweiten Satzgliedposition.*

a Nach dem Ende ihrer Schulzeit gönnen sich einige Jugendliche gern eine Pause.
b Für einen bestimmten Beruf können sie sich noch nicht entscheiden.
c Aus diesem Grund legen sie erst mal ein freiwilliges soziales Jahr ein.
d Ihren Dienst können sie in einem Kindergarten oder in einem Seniorenheim ableisten.
e Für ihre Mühe erhalten sie in dieser Zeit eine Aufwandsentschädigung.
f Dann werden sie noch ein Jahr lang bei ihren Eltern wohnen bleiben.

14
___ von 6 P.

Erwartungen an den Beruf

TIPP *In der Mitte des Schaubilds werden die Werte angezeigt, die auf den Durchschnitt der Berufstätigen zutreffen. Inwiefern sich die Einstellung von Angehörigen der Generation Z davon unterscheidet, erkennt man an den waagerechten Balken, die links und rechts davon ausgehen. Die Zahlen bei den linken Balken sind mit Minuszeichen versehen; Interesse und Bereitschaft von Angehörigen der Generation Z sind hier also geringer ausgeprägt als beim Durchschnitt der Berufstätigen. Umgekehrt ist es bei den rechten Balken: Diese sind mit Pluszeichen versehen. Hier unterscheiden sich Angehörige der Generation Z also im positiven Sinn vom Durchschnitt der Berufstätigen: Ihr Interesse und ihre Bereitschaft sind in diesen Bereichen größer.*

A	B	C	D	E	F	
☒	☐	☒	☐	☐	☒	richtig
☐	☐	☐	☒	☒	☐	falsch
☐	☒	☐	☐	☐	☐	nicht zu entnehmen

A Das Diagramm zeigt in jeder Reihe, dass es zwischen der Generation Z und dem Durchschnitt der berufstätigen Bevölkerung zwischen 18 und 64 Jahren Unterschiede gibt.

B Die finanzielle Sicherheit ist jungen Menschen um 7 % weniger wichtig als dem Durchschnitt. Ob es ihnen grundsätzlich weniger wichtig ist, viel Geld zu verdienen, lässt sich dem Diagramm aber nicht entnehmen.

C Die Sicherheit des Arbeitsplatzes ist den Jungen um 10 % weniger wichtig als dem Durchschnitt.

D Ihr Interesse an einer Karriere ist bei Angehörigen der Generation Z um 9 % größer als beim Durchschnitt der Berufstätigen.

E Die Bereitschaft zur Flexibilität ist bei jungen Menschen um 6 % geringer als beim Durchschnitt.

F Die Bereitschaft, für die Gesellschaft Verantwortung zu tragen, ist bei den Jüngeren um 7 % ausgeprägter als bei den Älteren.

15
___ von 4 P.

Sinn wichtiger als Geld?

TIPP *Sie sollen aus der Liste vier **Oberbegriffe** auswählen. Diesen vier Oberbegriffen sollen Sie Stichpunkte zuordnen. Dabei müssen Sie **alle** Stichpunkte verwenden, aber jeder Stichpunkt darf **nur einmal** zugeordnet werden. Es gibt allerdings Stichpunkte, die sich mehr als einem Oberbegriff zuordnen lassen. Da Sie jeden Stichpunkt nur einmal verwenden sollen, müssen Sie sich im Zweifel entscheiden. Je Zeile erhalten Sie zwei Punkte, insgesamt somit acht Punkte.*

Stichpunkte:	Oberbegriffe:
1, 2, 4, 8	A
5	B
6, 7	C
3, 9	F

Im Lösungsvorschlag wurden die Oberbegriffe A, B, C und F gewählt. Diesen wurden die unten aufgeführten Stichpunkte zugeordnet. Sie können auch andere Oberbegriffe wählen. Dann müssen Sie die Zuordnung der Stichpunkte entsprechend anpassen.

Oberbegriff A: Materielle Werte zweitrangig

1 Der Sinn der Arbeit ist wichtiger für die Motivation als das Einkommen.

2 Man will seine Zeit nicht mit etwas verschwenden, von dessen Sinn man nicht überzeugt ist.

4 Man wird im Beruf nur zufrieden sein, wenn man etwas tut, das man für sinnvoll hält.

8 Es kommt darauf an, wofür man sein Geld verwendet. (Wichtig ist natürlich, dass man genug verdient, um seinen Lebensunterhalt bestreiten zu können.)

Oberbegriff B: An die Zukunft denken

5 Es wird in der Welt von Morgen immer neue Herausforderungen geben, weshalb man sich fragen muss, welche Tätigkeiten in Zukunft nötig und wichtig sein werden.

Oberbegriff C: Bedeutung für die Gesellschaft

6 Man hat ein Bedürfnis nach Anerkennung.

7 Anerkennung bekommt man, wenn man nicht nur an sich denkt, sondern zeigt, dass man auch für andere da ist.

Oberbegriff F: Klimawandel erfordert Verhaltensänderung

3 Man sollte sein Konsumverhalten ändern, also weniger konsumieren. Folglich braucht man nicht unbedingt ein hohes Einkommen.

9 Man muss flexibel sein und auch bereit sein, neue Wege zu beschreiten.

16

____ von 12 P.

Soziales Jahr für alle?

TIPP *Die Behauptung und die entsprechende Begründung sind immer allgemein gehalten. Damit drückt man aus, was immer der Fall ist. Dagegen sind Beispiele immer Einzelfälle.*

Die Bewertung: *Sie erhalten insgesamt 12 Punkte; für den Inhalt gibt es 8 Punkte (2 Punkte für die Behauptung, 3 Punkte für die Begründung und 3 Punkte für das Beispiel) und für eine fehlerfreie Sprache weitere 4 Punkte.*

Wichtig: *Bei einer Themaverfehlung, z. B. einer Behauptung, die nicht zur Aufgabenstellung passt, bekommen Sie keinen Punkt, d. h. Sie erhalten auch dann keinen Punkt, wenn Ihr Text in korrekter Rechtschreibung geschrieben und gut formuliert ist.*

Der folgende Text ist eine Beispiellösung.

Es wäre sicher nicht verkehrt, wenn alle Schulabgänger*innen nach Ende ihrer Schulzeit als Erstes ein soziales Jahr durchlaufen würden. Ein Blick auf die sozialen Einrichtungen genügt: In Krankenhäusern, Seniorenheimen und Kindertagesstätten fehlt jede helfende Hand. Trotzdem bin ich dagegen, ein soziales Jahr für alle verpflichtend zu machen. Behauptung

Jeder Mensch hat schließlich besondere Interessen, Eigenschaften und Fähigkeiten. Die einen interessieren sich mehr für Technik oder Natur- Begründung

wissenschaften, andere wiederum arbeiten gern mit Menschen zusammen, seien es Patienten, Alte oder Kinder, und es gibt auch welche, die lieber handwerklich tätig sind. Wenn alle ein soziales Jahr ableisten müssten, dann wäre jeder dazu verpflichtet, zwölf Monate lang einer sozialen Tätigkeit nachzugehen. Wem das nicht liegt, der würde den Menschen, denen er helfen soll, nicht wirklich dienen. Sie würden es merken, dass er oder sie eigentlich nur eine Pflicht erledigt.
Wer z. B. kein Interesse daran hat, in einer Kindertagesstätte tätig zu sein, der würde die Aufgaben, die dort Tag für Tag zu erledigen sind, nur ungern erfüllen. Damit würde er oder sie weder den Kindern einen Gefallen tun noch den Erzieherinnen und Erziehern, die in ihrem Dienst entlastet werden sollen. Und der oder die Betroffene würde von einer solchen Pflicht auch nicht profitieren. Er oder sie wäre nur froh, wenn das Jahr endlich zu Ende ist. Beispiel

Sie können auch einen anderen Standpunkt vertreten. Dann müssen Sie das Argument mit einer positiven Behauptung beginnen, dafür entsprechende Begründungen nennen und ein passendes Beispiel anführen.

17 Buchstabenfolgen

____ von 5 P.

1 TIPP *Lesen Sie jedes Wort einfach rückwärts, dann erkennen Sie sofort, wo sie es zuordnen müssen. Für jede richtige Lösung erhalten Sie 0,5 Punkte, d. h. insgesamt 5 Punkte.*

A	B	C	D	E	F	G	H	I	K	
☐	☒	☐	☒	☒	☐	☒	☐	☐	☐	Palindrome
☒	☐	☐	☐	☐	☒	☐	☐	☒	☒	Anagramme
☐	☐	☒	☐	☐	☐	☐	☒	☐	☐	0

____ von 5 P.

2 TIPP *Es gibt bei einigen Wörtern mehrere Möglichkeiten. Achten Sie darauf, dass die Wörter exakt 5 Buchstaben enthalten: Bei E wäre beispielsweise Ecke möglich, dieses Wort hat aber nur 4 Buchstaben.*

A Reibe
B Eiter
C Alter/Schal
D Ampel/Rampe
E Recke
F Lanze
G Feile/Pfeil
H Licht
I Lücke
K legen/Pflege

____ von 5 P.

3 TIPP *Gesucht sind Wörter, die aus **fünf** Buchstaben bestehen. Sie können von vornherein alle Wörter mit der falschen Anzahl von Buchstaben ausschließen und als falsch ankreuzen. Bei den verbliebenen Wörtern müssen Sie nur noch prüfen, ob diese tatsächlich nur aus den Buchstaben des Wortes „Geschichte“ bestehen. Andere Buchstaben dürfen nicht darin enthalten sein.*

1	2	3	4	5	6	7	8	9	10	
☒	☒	☒	☐	☐	☒	☒	☒	☒	☐	richtig
☐	☐	☐	☒	☒	☐	☐	☐	☐	☒	falsch

18
___ von 6 P.

Tage, Eigenschaften und Preise

TIPP *Notieren Sie zu jedem Satz, den Sie lesen, mit wenigen Worten die entscheidende Information und ziehen Sie daraus Schlussfolgerungen.*

a Sonntag
b David
c Firma Niedrigpreis

a Welcher Tag ist übermorgen? Vorgestern war Mittwoch. Heute ist also Freitag. Übermorgen ist zwei Tage nach Freitag. Daraus folgt: Übermorgen ist Sonntag.

b Wer ist der klügste Junge? Max ist klug. Florian ist klüger als Max. Max kommt nicht infrage. Florian ist weniger klug als David. Florian kommt auch nicht infrage. Übrig bleibt David; er ist der Klügste.

c Welche Firma ist am billigsten? Firma Notnagel ist teurer als Firma Niedrigpreis. Firma Notnagel scheidet aus. Firma Liebrecht ist genauso teuer wie Firma Senkrecht. Beide sind gleich teuer. Firma Senkrecht ist teurer als Firma Niedrigpreis. Firma Senkrecht und Firma Liebrecht scheiden aus. Übrig bleibt Firma Niedrigpreis.

19
___ von 6 P.

Logische Reihen

1 **TIPP** *Zahlenreihen folgen einem logischen Schema. Bei einfachen Zahlenreihen kommen Sie häufig mit den Rechenzeichen „Plus“ und „Minus“ weiter. Manchmal müssen Sie zwei Zahlen zwischendurch auch multiplizieren oder dividieren. Letzteres ist bei Aufgabe 1 b der Fall.*

a		b		c	
7	4	16	64	72	64

a Das Schema lautet: $+ 2 - 3 + 2 - 3 \ldots$
b Das Schema lautet: $\cdot 4 : 2 \cdot 4 : 2 \ldots$
c Das Schema lautet: $- 2 - 3 - 4 - 5 \ldots$

___ von 2 P.

2 **TIPP** *Am besten gehen Sie nach dem Ausschluss-Verfahren vor: Prüfen Sie zunächst, welche Dreiecke nicht infrage kommen, weil sie entweder nicht gleichschenklig sind oder keinen rechten Winkel haben. Bei den verbliebenen Dreiecken überlegen Sie, bei welchem davon der vorgegebene Flächeninhalt stimmt: 8 Kästchen.*

A	B	C	D	E
☐	☐	☐	☒	☐

A Kommt nicht infrage, da das Dreieck nicht gleichschenklig ist.
B Kommt nicht infrage, da das Dreieck rechtwinklig ist.
C Der vorgegebene Flächeninhalt passt nicht.
D Nur hier passt auch der Flächeninhalt (8 Kästchen).
E Kommt nicht infrage, da das Dreieck rechtwinklig ist.

___ von 2 P.

3 **TIPP** *Orientieren Sie sich am Verlauf der Kurve (aufwärts oder abwärts?) und an den Spitzenwerten.*

A	B	C	D	E
☐	☒	☐	☐	☐

A Die Kurve, die nur aufwärts verläuft, kommt nicht infrage, weil die Temperatur von Freitag auf Samstag sinkt.

B Diese Kurve bildet den Temperaturverlauf richtig ab.

C Von Montag auf Dienstag sinkt die Temperatur. Deshalb sind auch Kurven unpassend, die am Schluss wieder nach oben zeigen. Außerdem ist der Temperaturanstieg von Samstag auf Sonntag zu hoch.

D siehe Kurve A

E siehe Kurve C

20 Der Sinn von Wörtern

___ von 6 P.

a) TIPP *Sie müssen jeweils das Wort notieren, das genau die gegenteilige Bedeutung hat. Bei C und K sind zwei Lösungen möglich.*

A	Winter	**G**	unten
B	Riese	**H**	schwer
C	Baby/Säugling	**I**	fangen
D	Lärm	**K**	nehmen
E	links	**L**	kritisieren/rügen/tadeln
F	kalt	**M**	antworten

___ von 5 P.

b) TIPP *Drei von vier Wörtern haben eine Gemeinsamkeit. Sie müssen jeweils das Wort ankreuzen, das nicht dazu passt.*

A	☐ Sessel	☐ Sofa	☐ Stuhl	☒ Tisch
B	☐ Protest	☒ Ausruf	☐ Kritik	☐ Einwand
C	☒ Gefahr	☐ Ärger	☐ Freude	☐ Angst
D	☐ Fachmann	☐ Experte	☒ Ingenieur	☐ Kenner
E	☐ Biologie	☐ Chemie	☒ Sport	☐ Physik

A Ein Tisch ist kein Sitzmöbel.

B Mit dem Wort „Ausruf" bezeichnet man die Lautstärke, nicht den Sinn einer Äußerung.

C Eine Gefahr ist kein Gefühl.

D Ingenieur ist eine Berufsbezeichnung, alle anderen Bezeichnungen sind allgemein gehalten. (Man erfährt nicht, in welchem Sachgebiet jemand Bescheid weiß).

E Sport ist keine Naturwissenschaft.

21

___ von 6 P.

Vermischung von Beruf und Privatleben

TIPP *Überlegen Sie bei den einzelnen Angaben, auf wen sie sich beziehen. Einige Prozentzahlen beziehen sich auf Führungskräfte, andere dagegen auf alle Arbeitnehmer*innen.*

A	B	C	D	E	F	
☒	☐	☒	☐	☐	☐	richtig
☐	☒	☐	☒	☐	☒	falsch
☐	☐	☐	☐	☒	☐	nicht zu entnehmen

A Es sind genau 29 %.

B Das Wort „negativ" bezieht sich nicht auf die Frage, was Arbeitnehmer*innen davon halten, beruflich außerhalb der Bürozeiten erreichbar zu sein. 57 % haben gesagt, sie seien nach Feierabend nicht mehr beruflich erreichbar.

C 54 % der Arbeitnehmer*innen sind auch im Urlaub beruflich zu erreichen.

D Es sind 72 %; 75 % sind es unter den Führungskräften.

E Er fühlt sich dazu verpflichtet. Ob er das auch für notwendig hält, geht aus dem Schaubild nicht hervor.

F Etwas mehr als jeder oder jede zweite Beschäftigte (51 %) hat auch privat Kontakt mit Kolleginnen und Kollegen.

22

___ von 6 P.

Berufliche Belastungen und Schlafstörungen

TIPP *Achten Sie auf die Länge der Balken. Berücksichtigen Sie auch die Informationen zur Durchführung der Untersuchung.*

A	B	C	D	E	F	
☒	☐	☒	☒	☐	☐	richtig
☐	☒	☐	☐	☐	☒	falsch
☐	☐	☐	☐	☒	☐	nicht zu entnehmen

A Dass Schlafstörungen deutlich zugenommen haben, zeigen die Balken ganz unten.

B Laut Information der Krankenkasse wurden organische Störungen als Ursache für die Schlafstörungen ausgeschlossen.

C Die Balken für das männliche Geschlecht sind durchweg länger als die Balken für das weibliche Geschlecht – mit Ausnahme der jüngsten Altersgruppe.

D Der Balken, der für diese Altersgruppe den Anteil der Mädchen zeigt, ist mehr als doppelt so lang wie der Balken für den Anteil der Jungen.

E Das Diagramm zeigt nur, wie sehr die verschiedenen Altersgruppen an Schlafstörungen leiden. Der berufliche Status (Schüler*innen, Berufstätige, Rentner*innen) wird nicht erwähnt.

F Ein solcher Trend ist zwar ansatzweise zu erkennen. Die Balken, die den Anteil der einzelnen Altersgruppen zeigen, werden aber nicht kontinuierlich kürzer. Zwischendurch werden sie auch wieder ein wenig länger.

23
___ von 5 P.

Wahlrecht ab 16 in Deutschland

TIPP *Tragen Sie als Erstes diejenigen Kennbuchstaben und Kennnummern ein, bei denen Sie ganz sicher sind, dass sie stimmen.*

A	B	C	D	E	
d	c	b	a	e	Bundesland
4	2	5	3	1	Hauptstadt

24
___ von 4 P.

Wahlrecht ab 16 in Europa

TIPP *Achten Sie auf den Textzusammenhang. Bedenken Sie, dass Sie bestimmte Informationen mehrmals eintragen müssen. Das zeigt schon die Zahl von acht Lücken im Vergleich zur Zahl von fünf vorgegebenen Informationen.*

a	b	c	d	e	f	g	h
5	1	4	1	1	1	2	3

25
___ von 9 P.

Frauen und Männer: Bezahlte und unbezahlte Arbeit

TIPP *Schauen Sie sich die genaue Länge der Balken an und vergleichen Sie die einzelnen Abschnitte miteinander. Achten Sie auch auf die Farbgebung der einzelnen Abschnitte und auf die Informationen am linken Rand.*

A	B	C	D	E	F	G	H	I	
☒	☒	☐	☐	☐	☒	☐	☒	☐	richtig
☐	☐	☐	☐	☒	☐	☒	☐	☐	falsch
☐	☐	☒	☒	☐	☐	☐	☐	☒	nicht zu entnehmen

A Der Balken für Erwerbstätigkeit ist bei den Männern stets länger als bei den Frauen. Ausnahme: Bei Paaren ohne Kinder gilt das am Sonntag nicht.

B An Sonntagen ist der Balken für Erwerbstätigkeit bei beiden Geschlechtern am kürzesten. (Man darf natürlich nicht vergessen, dass es sich um Durchschnittswerte handelt. In einigen Berufen ist auch der Sonntag ein voller Arbeitstag.)

C So allgemein lässt sich das aus dem Diagramm nicht ableiten. Frauen verbringen aber deutlich mehr Zeit mit Kinderbetreuung, Waschen, Kochen und Putzen.

D Wofür Männer sich verantwortlich fühlen, zeigt das Diagramm nicht.

E Es sind vor allem Frauen, die Besorgungen außer Haus erledigen.

F Der entsprechende Anteil des Balkens ist bei Männern immer kürzer als bei Frauen.

G Auch Frauen ohne Kinder erledigen mehr Hausarbeit als ihre Partner.

H Der Balken, der den Anteil zeigt, den Frauen mit ihren Kindern verbringen, ist sonntags länger als an Wochentagen.

I Die Pflege von Angehörigen wird im Diagramm nicht thematisiert.

26
___ von 7 P.

Einführung des Frauenwahlrechts in Europa

TIPP *Achten Sie darauf, wann Sie die Namen von Ländern eintragen müssen und wann es darum geht, Zahlen einzufügen (insbesondere Jahreszahlen).*

a	b	c	d	e	f	g
Finnland	1906	1921	vier	1971	Liechtenstein	1984

27
___ von 6 P.

Vor ca. 100 Jahren: Weimarer Republik (1918–1933)

TIPP *Bei vier der einzutragenden Angaben werden mehrere Jahreszahlen genannt. Es empfiehlt sich, diese Informationen zuerst einzutragen. Ihre Kenntnisse über die Geschichte der Weimarer Republik dürften Ihnen dabei helfen, den Ablauf der politischen Entwicklung richtig zu rekonstruieren. Die restlichen Angaben können Sie dann sicher leicht zuordnen.*

a	b	c	d	e	f
4	1	6	3	5	2

a Der Erste Weltkrieg dauerte vom 28. Juli 1914 bis zum 11. November 1918.

b Der Versailler Vertrag trat am 10. Januar 1920 in Kraft, nachdem er – wenn auch widerwillig – von den Deutschen im Schloss Versailles unterzeichnet worden war.

c In Russland kamen 1917 durch die kommunistische Oktoberrevolution die Bolschewiken an die Macht.

d Unter anderem um die hohen Reparationszahlungen leisten zu können, warf die Regierung in Deutschland immer wieder die Notenpresse an, sodass ständig neues Geld gedruckt wurde. Das führte zur Hyperinflation.

e Der Börsencrash ereignete sich am 24. Oktober 1929 in New York. Das war der Auslöser für die nachfolgende Wirtschaftskrise, die daraufhin die ganze Welt erschütterte.

f Am 30. Januar 1933 wurde Hitler vom Reichspräsidenten Hindenburg zum Reichskanzler ernannt.

28
___ von 4 P.

Bundespräsidenten

TIPP *Nicht alle Politiker, die in der Liste angegeben sind, waren Bundespräsidenten! Streichen Sie diese als Erstes durch. Danach bringen Sie die übrigen in die richtige Reihenfolge.*

A	B	C	D	E	F	G	H
2	9	10	4	6	7	8	5

29
___ von 7 P.

Junge Menschen und Politik

TIPP *Hier wird nur zwischen richtig und falsch unterschieden.*

A	B	C	D	E	F	G	
☐	☒	☐	☒	☒	☒	☐	richtig
☒	☐	☒	☐	☐	☐	☒	falsch

A Diese Aussage ist ungenau. Die Zufriedenheit mit der Demokratie hat zugenommen (Diagramm 3), aber es stört die jungen Menschen, dass sie von den Politikern zu wenig berücksichtigt werden (Diagramm 2).

B Im Jahr 2002 lag der Wert mit 30 % am niedrigsten (Diagramm 1).

C Von solchen Themen ist in keinem der Diagramme die Rede.

D Das zeigt Diagramm 2.

E Es lag 2019 bei 41 % und 2015 bei 43 %.

F 2010 lag diese Bereitschaft nur bei 24 %, bis zum Jahr 2019 stieg sie auf 34 %.

G Das ist keinem der Diagramme zu entnehmen, auch wenn man vermuten könnte, dass die Bereitschaft, sich politisch zu engagieren, in letzter Zeit gestiegen ist (Diagramm 1).

30 Wahlalter ab 16?

___ von 6 P.

TIPP *Sehen Sie sich die Karikatur genau an. Achten Sie nicht nur auf die Worte der Personen, sondern auch auf deren Gesichtsausdruck und auf deren Kleidung.*

	A	B	C	D	E	F
richtig	☐	☒	☐	☐	☒	☒
falsch	☐	☐	☒	☐	☐	☐
nicht zu entnehmen	☒	☐	☐	☒	☐	☐

A Sie trägt einen Pullover, der die Zahl 16 zeigt. Das bedeutet aber nicht unbedingt, dass das Mädchen 16 Jahre alt ist. Einen solchen Pullover kann sich jeder anziehen.

B Dass sie ihre Stimme abgeben will, kann man aus der Örtlichkeit (Wahllokal) und den Beschriftungen sowie Kommentaren des Wahlvorstands schließen.

C Sie hat sich offenbar der Initiative „Fridays for Future" angeschlossen (vgl. Plakat). Sie will sich also für den Klimaschutz einsetzen, damit es für junge Menschen noch eine Zukunft gibt.

D Ob sie von einer Demonstration kommt, lässt sich aus der Karikatur nicht ersehen.

E vgl. Anmerkung zu Aussage C.

F Dass sie das Mädchen für zu jung halten, kann man aus ihren Kommentaren schließen.

31 Wählende und Gewählte

___ von 6 P.

TIPP *Achten Sie im Text auf Schlüsselbegriffe wie „Erststimme", „Zweitstimme", „Landesliste", „Direktmandat" und „Fünf-Prozent-Hürde".*

	A	B	C	D	E	F
richtig	☒	☐	☒	☐	☒	☒
falsch	☐	☒	☐	☒	☐	☐

A Jeder Wähler/jede Wählerin hat eine Erststimme und eine Zweitstimme.

B Es ist genau umgekehrt! Mit der Erststimme wählt man einen Kandidaten/eine Kandidatin, mit der Zweitstimme eine Partei.

C Es genügt, dass er/sie in einem Wahlkreis als Kandidat*in aufgestellt worden ist. Man kann eine Partei wählen und einen Kandidaten oder eine Kandidatin, der/die einer anderen Partei angehört.

D Es gibt auch Direktmandate. Diese erhält ein Kandidat oder eine Kandidatin, der/die in einem Wahlkreis die meisten Erststimmen erhalten hat.

E Die Sitze werden nach der Rangfolge auf der Landesliste vergeben.

F Eine Partei, die weniger als 5 % der Stimmen bekommen hat, zieht nicht ins Parlament ein, es sei denn, sie erzielt mindestens drei Direktmandate. Wähler*innen von Parteien, die an der Fünf-Prozent-Hürde scheitern, beeinflussen mit ihrer Stimme also in der Regel nicht die Zusammensetzung des Parlaments.

32 Landtagswahlen in Bayern

___ von 10 P.

TIPP *Hier müssen Sie die passenden Angaben aus der Karte entnehmen und neben dem richtigen Kennbuchstaben eintragen.*

a	b	c	d	e	f	g	h	i	k
180	5	7	2	Unterfranken	Oberbayern	61	Oberfranken	Oberpfalz	16

Duales Studium
im öffentlichen Dienst

Testsimulationen

Testsimulation III

Für die Bearbeitung der Aufgaben haben Sie vier Stunden Zeit. Die letzte Aufgabe verlangt von Ihnen, dass Sie einen Aufsatz verfassen. Hierfür sollten Sie eine gute Stunde einplanen. Für die anderen Aufgaben bleiben Ihnen somit knapp drei Stunden.

Aufgabe	**Punkte**	**Zeit (Minuten)**
1–32	240	ca. 165
33 (Aufsatz)	60	ca. 75
1–33	**300**	**240**

Insgesamt werden 300 Punkte vergeben: 240 Punkte für die Aufgaben 1 bis 32 und 60 Punkte für den Aufsatz. Die erreichbare Punktzahl ist bei den einzelnen Aufgaben jeweils angegeben.

Textanalyse

Die Aufgaben 1–6 beziehen sich auf den folgenden Text „Supermarktpreise: Ausgepresst“. Lesen Sie den Text aufmerksam durch, bevor Sie die Aufgaben bearbeiten.

Marcus Rohwetter: Supermarktpreise – Ausgepresst

Abschnitt 1

Was ist ein angemessener Preis? Das ist eine gute Frage, auf die es leider keine gute Antwort gibt. Sie hängt nämlich davon ab, welche Interessen man verfolgt und welchen Maßstab man anlegt. Deswegen lässt sich über angemessene Preise ebenso intensiv wie ergebnislos debattieren. Wie man gerade wieder am Beispiel Lebensmittel sieht. Niemand kennt den angemessenen Preis dafür. Doch jeder glaubt zu wissen, dass Marktpreise unangemessen sind. Konkret: Supermarktpreise.

Abschnitt 2

Einigen sind sie zu niedrig. Das gilt beispielsweise für den Fruchtsafthersteller Granini, der bei der Supermarktkette Edeka höhere Preise durchsetzen will. Rewe berichtet, Nudel- und Kaffeeproduzenten hätten das ebenfalls gefordert – so wie viele andere. Stets mit dem Hinweis, ihre Rohstoffkosten seien gestiegen. Der Präsident des Bauernverbands ist überzeugt, auch seine Klientel habe höhere Preise „verdient“.

Abschnitt 3

Wer die Verbraucher im Blick hat, argumentiert anders – und schon mal mit „Ernährungsarmut“. Die den Grünen nahestehende Heinrich-Böll-Stiftung stellt fest: „Wer schlecht isst, ist nicht selbst schuld.“ 1,7 Millionen Menschen strömen regelmäßig zu den Tafeln, weil sie Lebensmittel nicht mal beim Discounter bezahlen können. Der Hartz-IV-Regelsatz sieht für einen Erwachsenen gut fünf Euro pro Tag für Essen und Trinken vor.

Abschnitt 4

Ein objektiv angemessener Preis für ein Lebensmittel läge also dann vor, wenn ihn alle bezahlen könnten und trotzdem jeder genug daran verdiente. Darauf können sich alle einigen. Ihn aber in Euro und Cent zu beziffern, das klappt nie. Deswegen landen Preisdebatten – so wie diese hier – früher oder später beim Begriff der „Wertschätzung“. Die lag ja auch Landwirtschaftsminister Cem Özdemir (Grüne) am Herzen, der Minister will schließlich keine Preise diktieren, er forderte unlängst nur etwas schwammig mehr Wertschätzung ein. Wogegen auch niemand etwas einwenden wird, weil Wertschätzung nichts kostet. Man kann gutes Essen wertschätzen, ohne auch nur einen Cent mehr dafür zu bezahlen.

Abschnitt 5 Höhere oder niedrigere Preise tun der einen oder der anderen Gruppe weh. Um diese simple Wahrheit nicht aussprechen zu müssen, flüchtet man sich hierzulande seit Jahren in die Suche nach Schuldigen für das vermeintlich Unangemessene. Man findet sie, wiederum je nach Maßstab und Interessenlage, in den Bauern, den Händlern, der Politik oder den Verbrauchern selbst.

Abschnitt 6 Bauern und Hersteller sagen, die Händler seien schuld, weil sie ihre Marktmacht nutzten, um die Preise zu drücken. Die Händler machen die Verbraucher verantwortlich, weil die nur das kauften, was billig sei. Die Verbraucher schimpfen auf die Politik, weil die nichts gegen die steigenden Kosten bei Energie und Mieten unternehme und man daher gezwungen sei, beim Einkauf auf den Preis zu achten. Und die Politik? Fordert mehr Wertschätzung. Zudem teilt sie den Zorn von Bauern und Herstellern gegen die Händler, so darf man Özdemirs Äußerung gegenüber den Zeitungen des RedaktionsNetzwerks Deutschland lesen: „Die großen Player dürfen nicht mehr länger die Preise diktieren und Margen optimieren."

Abschnitt 7 Unternehmen davon abzubringen, ihre Margen zu optimieren, ist in einer Marktwirtschaft ein waghalsiger Vorschlag, den die frühere Landwirtschaftsministerin Julia Klöckner (CDU) auch schon gemacht hat. Ihr schwebte ein Verhaltenskodex vor, wonach sich Supermarktketten künftig bei Preisverhandlungen mit ihren Lieferanten hätten abstimmen sollen. Beim Bundeskartellamt haben sie vermutlich nicht gewusst, ob sie angesichts dieser Idee lachen oder weinen sollen.

Abschnitt 8 Zugegeben, der deutsche Lebensmittelmarkt ist konzentriert. Aldi, Lidl, Rewe, Edeka dominieren ihn. Trotzdem liegen die Lebensmittelpreise in Deutschland ziemlich genau im Durchschnitt der EU-Länder, wie die europäische Statistikbehörde Eurostat festgestellt hat. Dänemark und Österreich sind teuer, Ungarn und Tschechien sind billig, Deutschland liegt im Mittelfeld. Vielleicht ist der deutsche Supermarktpreis also gar nicht so unangemessen, wie er scheint.

Abschnitt 9 Man will trotzdem etwas tun? Bitte! Versetzen wir die Wartenden an den Tafeln erst einmal in die Lage, ihrer Wertschätzung auch finanziell Ausdruck zu verleihen, bevor wir sie dafür kritisieren, dass sie es nicht tun. Geld genug scheint ja vorhanden zu sein, die Sparquote ist auf Rekordniveau. Auch der jüngste Vorschlag von Greenpeace ist diskussionswürdig: Warum nicht die Mehrwertsteuer für Fleisch und Milch anheben und sie im Gegenzug für Obst und Gemüse komplett streichen? Beides setzte Anreize, ohne einzelne Preise zu diktieren. Die richten sich ohnehin am besten nach Angebot und Nachfrage.

Marcus Rohwetter: Ausgepresst, DIE ZEIT 2/2022 (05. 01. 2022), https://www.zeit.de/2022/02/supermarktpreise-bauern-firmen-lebensmittel (für Prüfungszwecke leicht verändert)

Anmerkung: Ab 2023 ersetzt das Bürgergeld das Arbeitslosengeld II.

Wichtig: In der Prüfung müssen Sie Ihre Antworten in einen separaten Lösungsbogen eintragen. Nutzen Sie auch für das Proben des Ernstfalls mit der Testsimulation den heraustrennbaren **Lösungsbogen** auf S. 143: Kreuzen Sie dort die jeweils richtigen Antworten an bzw. schreiben Sie die Lösungen in die dafür vorgesehenen Felder.

1 Inhalt des Textes

10 Punkte

Geht es im Text „**Supermarktpreise: Ausgepresst**" um die folgenden Themen **hauptsächlich, eher beiläufig/punktuell** oder **überhaupt nicht**?

1 Glauben und Wissen
2 Wertschätzung von Lebensmitteln
3 Qualität der angebotenen Lebensmittel
4 Angemessenheit von Lebensmittelpreisen
5 Sorgen von Hartz-IV-Empfängern
6 Ungarn und Tschechien als billiges Urlaubsland
7 Uneinigkeit in der Gestaltung der Lebensmittelpreise
8 Probleme der „Tafelbesucher"
9 Greenpeace als NGO
10 Marktmacht der Händler

2 Textaufbau

8 Punkte

Tragen Sie in den Lösungsbogen die Nummern der **passenden Textabschnitte** (1–9) ein. Bei Fragen ohne Textbezug notieren Sie die Ziffer 0.

In welchem Abschnitt ...

A wird ein Vorschlag von Greenpeace wiedergegeben?
B wird die Erhöhung des Hartz-IV-Regelsatzes gefordert?
C wird erstmals die Institution der „Tafel" erwähnt?
D spricht der Autor den Leser/die Leserin das erste Mal direkt an?
E ist die Wertschätzung von Lebensmitteln Hauptthema?
F werden steigende Rohstoffpreise angesprochen?
G geben die Händler den Verbrauchern die Schuld für unangemessene Preise?
H werden die deutschen Supermarktpreise als nicht unangemessen beurteilt?

3 Meinung des Autors

8 Punkte

Welche der folgenden Aussagen **entsprechen** der im Text zutage tretenden Meinung des Autors, welche **entsprechen** ihr **nicht** und welche sind dem Text **nicht zu entnehmen**?

1 Preise sind immer unangemessen.
2 Verbraucher können Preise nicht beurteilen.
3 Die Tafel ist eine der nützlichsten Einrichtungen in Deutschland.
4 Viele Menschen halten Wertschätzung für überflüssig.
5 Angemessene Lebensmittelpreise zu bestimmen, ist schwierig.
6 Einen objektiven Lebensmittelpreis gibt es nicht.
7 Faire Preise sind eine Frage der Perspektive.
8 Wer zur Tafel geht, um zu essen, muss finanziell unterstützt werden.

4 Eigenschaften und Merkmale des Textes

8 Punkte

Welche Eigenschaften und Merkmale kennzeichnen den Text „**Supermarktpreise: Ausgepresst**“?
Kreuzen Sie im Lösungsbogen an, welche der folgenden Aussagen **vollständig richtig**, nur **teilweise richtig** oder **vollständig falsch** sind.

Der Text von Marcus Rohwetter ist …

1 autobiografisch geprägt.
2 an Beispielen aus der Realität orientiert.
3 teils objektiv, teils ironisch, teils poetisch.
4 von einer Boulevardzeitung veröffentlicht worden und einem Onlineangebot entnommen.
5 insgesamt kritisch hinterfragend.
6 meinungsbildend und subjektiv.
7 auffallend parteiisch.
8 lexikalisch und syntaktisch äußerst anspruchsvoll.

5 Synonyme und Antonyme

8 Punkte

Ordnen Sie im Lösungsbogen den nachfolgenden **Wörtern mit den Kennnummern 1–4** jeweils den Kennbuchstaben des Wortes aus der Auswahlliste mit **gleicher** Bedeutung und den **Wörtern mit den Kennnummern 5–8** mit **entgegengesetzter** Bedeutung zu.

1 Wertschätzung (Z. 34)
2 diktieren (Z. 37)
3 intensiv (Z. 3)
4 Hersteller (Z. 30)
5 regelmäßig (Z. 14)
6 schwammig (Z. 22)
7 Nachfrage (Z. 56)
8 vermeintlich (Z. 27)

Auswahlliste:

A Umfrage
B sicher
C oft
D vorlesen
E gelegentlich
F präzise
G diskutieren
H Bewertung
I öfters
K eingehend
L schimmelig
M Frage
N Missgunst
O Angebot
P meistens
Q vermutlich
R täglich
S Würdigung
T weich
U vorgeben
V Konsumenten
W meinungsbildend
X geregelt
Y Produzenten

6

6 Punkte

Nebensätze

Überprüfen Sie, ob die **Sätze 1 bis 6 im Lösungsbogen** einen Nebensatz enthalten. Unterstreichen Sie ggf. den Nebensatz eindeutig und vollständig.
Bestimmen Sie zusätzlich dessen Art, indem Sie jeweils den passenden Kennbuchstaben des zugehörigen Fachbegriffs aus der nachfolgenden Auswahlliste ergänzen.

Bei Sätzen ohne Nebensatz tragen Sie als passenden Kennbuchstaben „M“ ein.

Auswahlliste:

A	Temporalsatz	**E**	Kausalsatz	**I**	Konzessivsatz
B	Lokalsatz	**F**	Finalsatz	**K**	Subjektsatz
C	Relativsatz	**G**	Konditionalsatz	**L**	Objektsatz
D	Modalsatz	**H**	Konsekutivsatz	**M**	kein Nebensatz

7

8 Punkte

Sehenswürdigkeiten

Nennen Sie den Namen der nachfolgend abgebildeten **Sehenswürdigkeiten** und die **Stadt**, in der sich diese befindet.
Tragen Sie Ihre Antwort in die Tabelle im Lösungsbogen ein.

Auswahlliste:

1

2

3

4

8 Statistische Kennziffern

5 Punkte

Die nachfolgende Tabelle zeigt statistische Kennziffern europäischer Länder, die die dort herrschenden Lebensverhältnisse deutlich machen.
Notieren Sie im Lösungsbogen für die **Zeilen 1–5** jeweils den Kennbuchstaben des betreffenden Landes aus der Auswahlliste.

Ein Land passt nicht zur Statistik!

	Einwohnerzahl (2021)	BIP in € (2020)	HDI (Index der menschlichen Entwicklung) (2019)	Durchschnittlicher Bruttomonatsverdienst in € (2018)	Arbeitslosenquote in Prozent (Oktober 2021)
1	67.440.000	30.040	0,901	2.946	7,6
2	10.700.000	20.120	0,900	1.232	2,6
3	6.250.000	53.600	0,940	5.005	5,1
4	8.930.000	42.300	0,922	3.254	5,8
5	83.160.000	40.120	0,947	3.715	3,3

Eurostat, UNDP

Auswahlliste:

A Dänemark
B Tschechien
C Frankreich
D Italien
E Deutschland
F Österreich

9 Buchstabensalat

5 Punkte

Welche Wörter aus der Auswahlliste sind im Buchstabensalat **enthalten** oder **nicht enthalten** (waagrecht, senkrecht, diagonal, in alle Richtungen)?
Notieren Sie Ihr Ergebnis im Lösungsbogen.

F	X	A	R	T	U	J	V	G	F	S	K
N	I	V	H	J	L	Ä	S	X	W	W	A
U	X	S	E	Q	U	X	C	D	U	G	P
I	K	L	C	E	H	L	H	N	Ü	E	A
F	H	W	E	H	T	A	O	F	Q	M	Y
R	A	O	P	N	P	K	K	L	O	Ü	M
D	W	T	S	B	O	A	O	W	O	S	M
M	T	U	C	J	X	E	L	A	A	E	I
V	Z	O	B	P	T	P	A	N	Ü	P	L
J	H	J	U	Z	I	E	D	Z	I	P	Ü
Q	D	F	G	E	T	R	E	I	D	E	R
J	K	A	D	E	R	T	C	T	Q	R	A

Auswahlliste:

A Obst
B Milchprodukte
C Getreide
D Schokolade
E Getränke
F Fisch
G Lebensmittel
H Fleisch
I Gemüse
K Meeresfrüchte
L Geflügel

10

11 Punkte

Preisniveau in Europa

Überprüfen Sie die unten stehenden Aussagen zur folgenden Karte: Welche Aussagen sind **vollständig richtig, teilweise richtig, vollständig falsch** oder **nicht zu entnehmen**? Setzen Sie auch hier Kreuze im Lösungsbogen.

Vergleichende Preisniveaus von Nahrungsmitteln und alkoholfreien Getränken im Jahr 2018

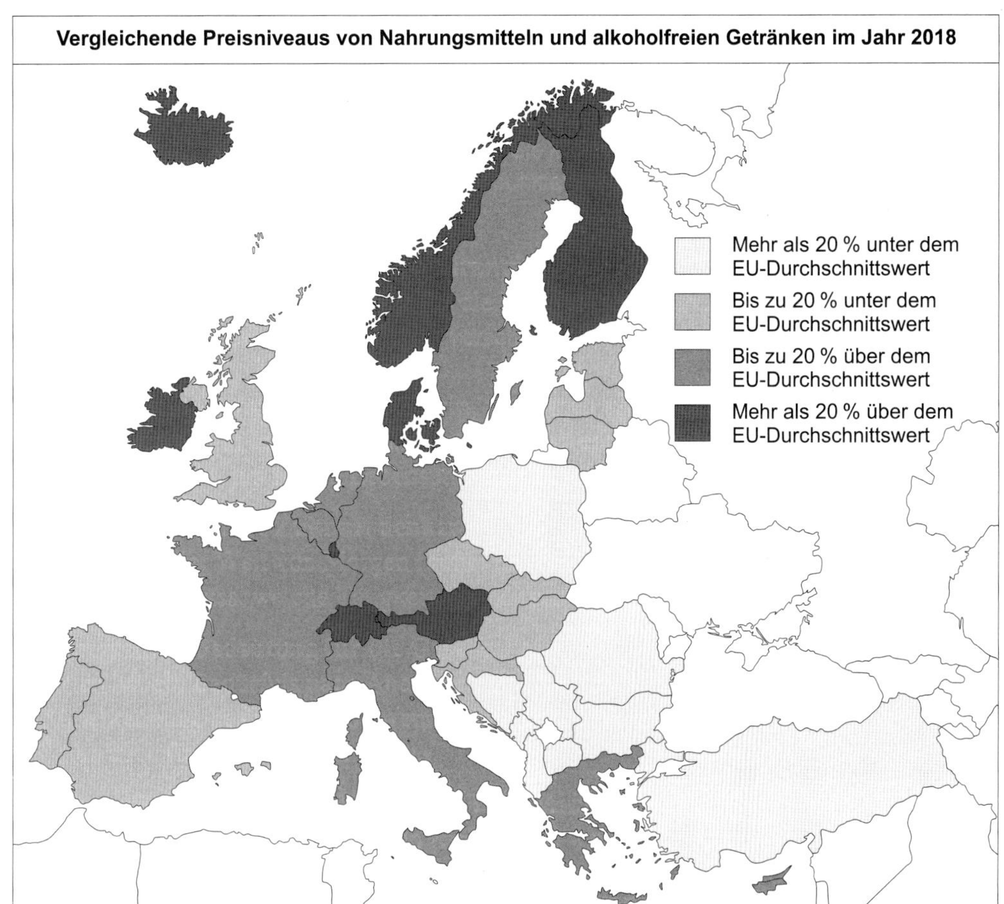

eigene Darstellung nach: Eurostat 2019

Aussagen:

1 Die skandinavischen Länder liegen mehr als 20 % über dem EU-Durchschnitt.

2 Luxemburg, die Schweiz und Finnland haben ein vergleichbar hohes Preisniveau.

3 Unter den Staaten des ehemaligen Jugoslawien hat der Kosovo das niedrigste Preisniveau.

4 Unter den Benelux-Staaten hat Luxemburg das höchste Preisniveau.

5 Alkoholische Getränke sind in Schweden teurer als in Deutschland.

6 In den europäischen Mittelmeeranrainern ist das Preisniveau annähernd gleich hoch.

7 Die baltischen Staaten haben ein höheres Preisniveau als Bulgarien.

8 Die eine Hälfte von Zypern gehört zu Griechenland, die andere zur Türkei.

9 Das Preisniveau in der Türkei liegt deutlich unter dem EU-Durchschnitt.

10 Die Staaten der ehemaligen Tschechoslowakei haben ein vergleichbar hohes Preisniveau.

11 Moldawien und Rumänien haben ein sehr unterschiedlich hohes Preisniveau.

11
7 Punkte

Lebensmittelverschwendung

Welche der unten stehenden Aussagen sind **vollständig richtig, teilweise richtig, vollständig falsch** oder **nicht zu entnehmen**? Kreuzen Sie im Lösungsbogen die richtigen Antworten an.

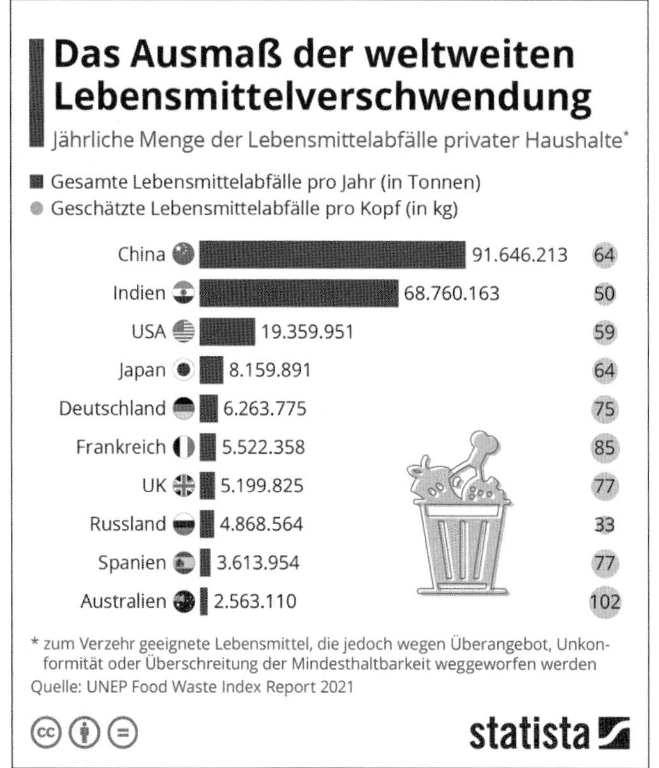

René Bocksch: Das Ausmaß der weltweiten Lebensmittelverschwendung, Statista vom 09. 03. 2021, CC BY-ND 4.0, https:/de.statista.com/infografik/24365/jaehrliche-menge-der-lebensmittelabfaelle-privater-haushalte/; IFCO

Aussagen:

1 Weltweit werden mehr Gemüse- und Obsterzeugnisse als Getreideerzeugnisse vergeudet.

2 In Japan ist der Anteil an weggeworfenen Fischen und Meeresfrüchten höher als in Deutschland.

3 Die Menge der Lebensmittelabfälle in Deutschland beträgt nur rund ein Elftel der Menge in Indien.

4 In Frankreich wirft man mehr zum Verzehr geeignete Lebensmittel weg als in Großbritannien, aber weniger pro Kopf.

5 Es kann davon ausgegangen werden, dass die in den USA weggeworfenen Lebensmittel zum Verzehr geeignet gewesen wären.

6 Im Durchschnitt werden weltweit 38,4 Prozent aller Lebensmittel vergeudet.

7 Die Bevölkerungszahl in China ist im Jahr 2021 höher als die in Indien.

12

8 Punkte

Lebensmittel richtig lagern

In Deutschland wirft jeder pro Jahr 81,6 Kilo Essen weg – auch weil Lebensmittel im Kühlschrank falsch gelagert werden. Richtige Lagerung trägt dazu bei, dass sich Lebensmittel länger halten und länger genießbar sind. Lebensmittelabfälle lassen sich so vermeiden. Die Grafik gibt Tipps für die Lagerung verschiedener Lebensmittel im Kühlschrank.

Überprüfen Sie die unten stehenden Aussagen zu den nachstehenden Grafiken. Kreuzen Sie im Lösungsbogen an, welche Aussagen **richtig**, **falsch** oder **nicht zu entnehmen** sind.

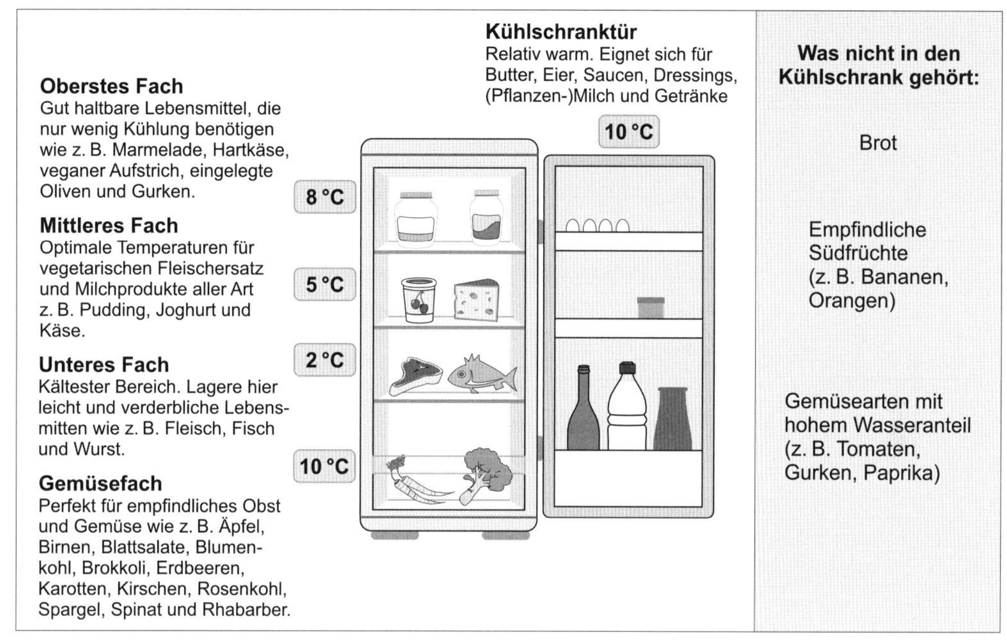

© Welthungerhilfe

Aussagen:

1 Gemüsearten mit hohem Wasseranteil sollten im untersten Fach aufbewahrt werden.

2 Die Lagerung von Lebensmitteln im Kühlschrank orientiert sich an den unterschiedlichen Temperaturen im Kühlschrank.

3 Fleischwaren sollte man aus Hygienegründen nicht zusammen mit Milchprodukten lagern.

4 Im mittleren Fach der Kühlschranktür ist die Temperatur höher als im mittleren Fach des Kühlschranks.

5 Vom obersten zum untersten Fach fallen die Temperaturen.

6 Vegetarischer Fleischersatz wird in einem anderen Fach als Fleisch und Wurst gelagert.

7 Bananen bekommen im Kühlschrank schneller braune Flecken.

8 In manchen Kühlschränken gibt es ein Gefrierfach.

13

6 Punkte

Containern

Kreuzen Sie im Lösungsbogen an: Welche der unten stehenden Aussagen zu dem folgenden Text und der Grafik sind **richtig**, **falsch** oder **nicht zu entnehmen**?

Was bedeutet Containern?

[...] Das Substantiv Containern dient der Beschreibung einer Tätigkeit. Sie besteht darin, nach Ladenschluss aus den unter Verwahrung stehenden Müllcontainern diejenigen Lebensmittel zu gewinnen, welche noch ohne gesundheitliche Risiken für die menschliche Ernährung brauchbar sind. Derartige Nahrungsmittelquellen finden sich auf dem Gelände jedes größeren Supermarktes.
Um an sie heranzukommen, ist meist das Überwinden von Hindernissen, z. B. von Zäunen, erforderlich. Containern betrifft nur solche Lebensmittel, die trotz des abgelaufenen Verfallsdatums noch frisch sind oder luftdicht eingeschweißt, original verpackt sind.

Containern – soziale Dimension

Containern dient jedoch nicht nur dem Beschaffen von Nahrung als notwendige Lebensgrundlage, zum Auffangen der Armut, sondern hat auch eine soziale Dimension.

Erstens sind es zumeist Wohngemeinschaften oder Hausbesetzer, die das Containern pflegen. Da keiner der Angehörigen einer solchen Gruppe allein auf Suche geht, fördert Containern den Zusammenhalt, den Gemeinschaftsgeist. Seine Aufwertung erfolgt auch dadurch, dass alle Waren, die durch Containern gewonnen sind, unter den Gruppenmitgliedern aufgeteilt werden. Ist die Warenmenge so groß, dass sie in der Gruppe nicht verwertbar ist, durchbricht die Solidarität die Grenze des Gruppenbereichs. Bisweilen werden dann „Volksküchen" eingerichtet, in denen man die „erbeutete Biomasse" in riesigen Töpfen zu vegetarischen Mahlzeiten verarbeitet und gratis oder gegen Spende ausgibt.

Zweitens verstehen sich junge Menschen, die das Containern ausüben, als Avantgarde gegen die Wegwerfgesellschaft. Es gibt keine Angaben darüber, wie viele der produzierten Lebensmittel weggeworfen werden. Menschen mit Erfahrung im Containern schätzen, dass die knappe Hälfte der Nahrungsgüter nicht den Verbraucher auf normalem Weg erreicht. Sie wollen deshalb retten, was zu retten ist. Sie sehen im Containern ein subversives Mittel im Kampf gegen den Imperialismus, gegen Egoismus und Konkurrenzdenken.

Drittens verbinden die jungen Menschen mit dem Containern Unabhängigkeit, Freiheit, Lebensfreude und Spaß.

Viertens verbindet sich Containern mit der Auffassung, dass solches Eigentum, das nicht genutzt wird wie z. B. das Wertvolle im Müll der Discounter, der Allgemeinheit gehört. Allerdings ist Containern strafrechtlich relevant; es zählt als Diebstahl.

Probleme mit dem Gesetz

Nicht nur unter rechtlichem Aspekt sehen die Lebensmittelkonzerne das Containern als Konkurrenz und gehen dagegen vor. Sie entziehen die verfallenen Lebensmittel der weiteren Verwertung, indem die Packungen aufgerissen werden; der Müll wird sorgsam durchmischt und hinter Zäunen und Schlössern gesichert.

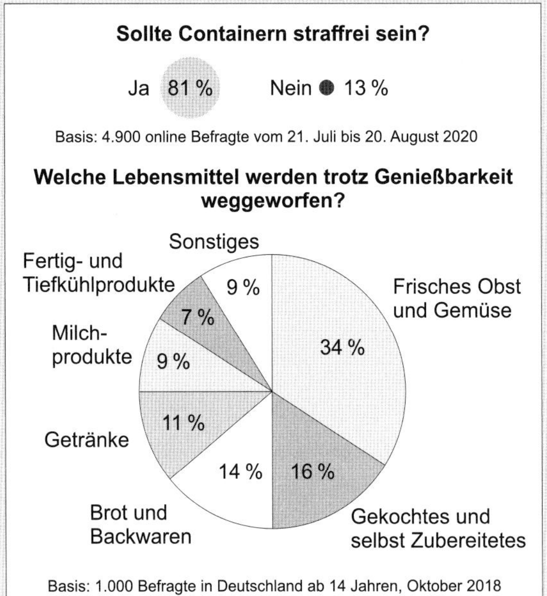

Dieser Aufwand rechtfertigt sich aus ihrer Sicht, denn alle Lebensmittel, die in den Container wandern, kosten nichts und sind dem Verkauf entzogen. Durch Containern schmälert sich demnach der Gewinn der Nahrungsmittelkonzerne. Humaner denken diejenigen Discounter, welche ihre nicht mehr verkäuflichen Lebensmittel der örtlichen Tafel zur Verfügung stellen.

Aussagen:

1 Containern kann die Verschwendung von Lebensmitteln reduzieren.

2 Große Mengen Lebensmittel werden zerstört, damit sie nicht ohne dafür zu bezahlen verwendet werden können.

3 Selbst zubereitete Nahrungsmittel können durch Containern „gerettet" werden.

4 Die überwiegende Zahl derer, die containern gehen, sind junge Männer.

5 Containern ist Diebstahl.

6 Über acht von zehn Befragten sind der Meinung, dass Containern strafrechtlich verfolgt werden soll.

14 Denksport

2 Punkte

a Sortieren Sie die Buchstaben so, dass sie jeweils einen Begriff aus dem **Themenfeld „Ernährung"** ergeben.
Tragen Sie den gesuchten Begriff im Lösungsbogen ein.

1 FFESTNOÄHR

2 WDFTAILNSCHATR

3 LHÜKFIETETKUDOPR

4 TIEKRABTLAH

2 Punkte

b Welcher Dominostein aus der Auswahlliste ergänzt die untere Reihe logisch?
Kreuzen Sie die richtige Antwort im Lösungsbogen an.

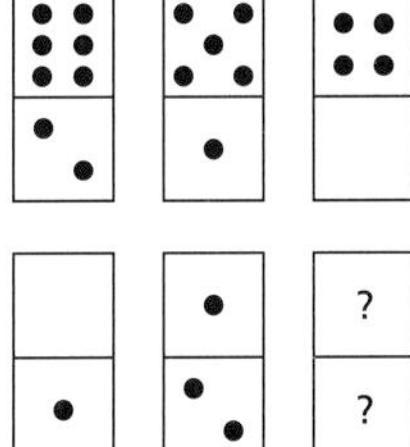

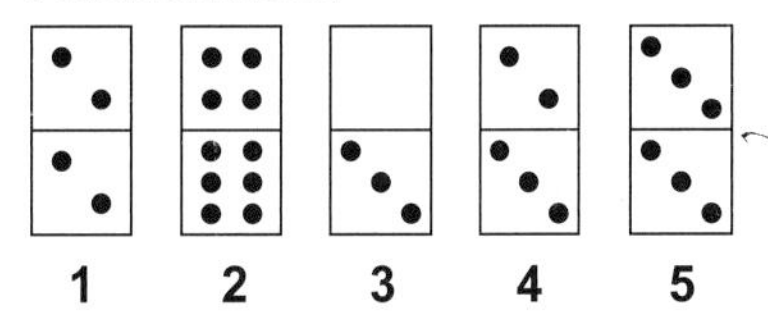

2 Punkte

c Welche Zahl passt in das Feld mit dem Fragezeichen?
Tragen Sie die gesuchte Zahl im Lösungsbogen ein.

55	58	53	63	66
53	56	51	61	64
57	60	55	65	68
50	53	48	58	61
48	51	46	56	?

15 Mindesthaltbarkeitsdatum und Verbrauchsdatum

8 Punkte

In letzter Zeit wurde immer wieder der Sinn des Mindesthaltbarkeitsdatums infrage gestellt, da es einen Grund dafür darstellt, dass Lebensmittel weggeworfen werden, obwohl sie noch genießbar sind.

Tragen Sie in den Lösungsbogen die Kennnummern der **fehlenden Begriffe** des folgenden Lückentextes ein.

Lückentext:

Entgegen der häufig [**a**] Meinung, das Mindesthaltbarkeitsdatum (MHD) sei ein Verfallsdatum, ist es in Wirklichkeit ein Marker. Es zeigt an, bis zu welchem [**b**] ein noch nicht geöffnetes Lebensmittel typische Eigenschaften wie Geschmack, Farbe oder Nährwerte [**c**] behalten sollte. Die Voraussetzung hierfür ist eine korrekte Lagerung.
Essen mit abgelaufenem [**d**] ist also nicht automatisch verdorben, sondern häufig noch genießbar. Grundsätzlich sollten Sie jedoch immer vor dem Verzehr eines Produktes darauf achten, ob es noch essbar ist. Verlassen Sie sich dabei auf Ihre [**e**] . Alles was untypisch riecht, schmeckt oder die Farbe verändert hat, sollte nicht mehr [**f**] werden.
Vorsicht jedoch beim sogenannten Verbrauchsdatum! Bei besonders leicht [**g**] Lebensmitteln wie Hackfleisch, ist auf der Verpackung der Hinweis „Zu verbrauchen bis …“ zu finden. Hat das Lebensmittel dieses Datum überschritten, sollte es entsorgt werden, um gesundheitliche [**h**] zu vermeiden.

Auswahlliste:

1 Sinne
2 wahrscheinlich
3 Nase
4 vergänglichen
5 Datum
6 verderblichen
7 Verfallsdatum
8 kursierenden
9 Nebenwirkungen
10 MHD
11 Risiken
12 Zeitraum
13 Begleiterscheinungen
14 garantiert
15 gesagten
16 verzehrt
17 Haltbarkeit
18 gekauft

16 Konzentration

2 Punkte

a) Zählen Sie die Buchstaben A, O und U, die sich zwischen zwei Ziffern befinden. Tragen Sie das Ergebnis in den Lösungsbogen ein.

A b C 7 8 d X J 8 W h 1 A 8 L M 9 A b 8 1 U 7 k N k L 4 O 9 9 8 l g 8 O 5 a A 9
S i G 9 h n z T R f S W 1 d k v v 5 U 5 v g g o U Z 2 x s ü P 6 b 9 u k n V 5 R
8 9 T g 4 k n Z 9 A 5 1 k k e 1 X p l O 2 O 4 9 Y 8 A 6 8 1 P O C s 4 U 8 A E 1
S u 8 A 9 m a E O 8 5 6 U 8 f t A 8 4 g 7 w 1 5 U 1 3 9 h U Z 1 L s 7 r A a 3 U

2 Punkte

b) Welches der untenstehenden Bilder unterscheidet sich von den anderen? Kreuzen Sie Ihr Ergebnis im Lösungsbogen an.

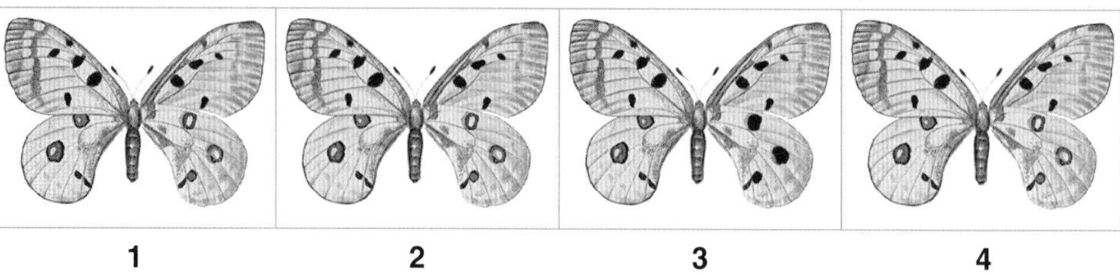

1 2 3 4

17
8 Punkte

Verordnung (EU) Nr. 1169/2011

In Staaten der Europäischen Union produzierte Lebensmittel werden heute auch EU-weit gehandelt. Um die Interessen der Verbraucher zu schützen, wurde daher eine für alle EU-Staaten verbindliche Verordnung zur Kennzeichnung von Lebensmitteln erlassen.
Welche der nachfolgenden Aussagen sind im Hinblick auf diese Verordnung **vollständig richtig, teilweise richtig** oder **vollständig falsch**?

Aussagen:

1 Unter bestimmten Voraussetzungen ist auch für Lebensmittel eine Gebrauchsanleitung anzugeben.

2 Mit Erlass der Verordnung (EU) Nr. 1169/2011 ging die Aufhebung der Richtlinie 87/250/EWG der Kommission, der Richtlinie 90/496/EWG des Rates, der Richtlinie 1998/10/EG der Kommission, der Richtlinie 2000/13/EG des Europäischen Parlaments und des Rates, der Richtlinien 2002/57/EG und 2008/5/EG der Kommission und der Verordnung (EG) Nr. 608/2004 der Kommission einher.

3 Bei leicht verderblichen Lebensmitteln muss zusätzlich zum Mindesthaltbarkeitsdatum das Verbrauchsdatum angegeben werden.

4 Das Zutatenverzeichnis besteht aus einer Aufzählung sämtlicher Zutaten des Lebensmittels in absteigender Reihenfolge ihres Gewichtsanteils zum Zeitpunkt ihrer Verwendung bei der Herstellung des Lebensmittels.

5 Verantwortlich für die Kennzeichnung von Lebensmitteln ist der Einzelhändler, der die Ware anbietet.

6 Art. 38 der Verordnung zeigt, dass EU-Recht über nationalem Recht steht.

7 Zur Angabe von Zutaten ist immer auch die Menge der jeweiligen Zutat anzugeben.

8 Ziel der Verordnung ist auch, dass Verbraucher mit besonderen Ernährungsbedürfnissen, z. B. Allergiker, eine begründete Kaufentscheidung treffen können.

VERORDNUNG (EU) Nr. 1169/2011
DES EUROPÄISCHEN PARLAMENTS UND DES RATES

vom 25. Oktober 2011

betreffend die Information der Verbraucher über Lebensmittel und zur Änderung der Verordnungen (EG) Nr. 1924/2006 und (EG) Nr. 1925/2006 des Europäischen Parlaments und des Rates und zur Aufhebung der Richtlinie 87/250/EWG der Kommission, der Richtlinie 90/496/EWG des Rates, der Richtlinie 1999/10/EG der Kommission, der Richtlinie 2000/13/EG des Europäischen Parlaments und des Rates, der Richtlinien 2002/67/EG und 2008/5/EG der Kommission und der Verordnung (EG) Nr. 608/2004 der Kommission

DAS EUROPÄISCHE PARLAMENT UND DER RAT DER EUROPÄISCHEN UNION — [...]
gestützt auf den Vertrag über die Arbeitsweise der Europäischen Union, insbesondere auf Artikel 114,
[...]
HABEN FOLGENDE VERORDNUNG ERLASSEN:
[...]

KAPITEL II

ALLGEMEINE GRUNDSÄTZE DER INFORMATION ÜBER LEBENSMITTEL

Artikel 3

Allgemeine Ziele

(1) Die Bereitstellung von Informationen über Lebensmittel dient einem umfassenden Schutz der Gesundheit und Interessen der Verbraucher, indem Endverbrauchern eine Grundlage für eine fundierte Wahl und die sichere Verwendung von Lebensmitteln unter besonderer Berücksichtigung von gesundheitlichen, wirtschaftlichen, umweltbezogenen, sozialen und ethischen Gesichtspunkten geboten wird. [...]

Artikel 4

Grundsätze für verpflichtende Informationen über Lebensmittel

(1) Schreibt das Lebensmittelinformationsrecht verpflichtende Informationen über Lebensmittel vor, so gilt dies insbesondere für Informationen, die unter eine der folgenden Kategorien fallen:

a) Informationen zu Identität und Zusammensetzung, Eigenschaften oder sonstigen Merkmalen des Lebensmittels;

b) Informationen zum Schutz der Gesundheit der Verbraucher und zur sicheren Verwendung eines Lebensmittels. Hierunter fallen insbesondere Informationen zu
   i) einer Zusammensetzung, die für die Gesundheit bestimmter Gruppen von Verbrauchern schädlich sein könnte;
   ii) Haltbarkeit, Lagerung und sicherer Verwendung;
   iii) den Auswirkungen auf die Gesundheit, insbesondere zu den Risiken und Folgen eines schädlichen und gefährlichen Konsums von Lebensmitteln;

c) Informationen zu ernährungsphysiologischen Eigenschaften, damit die Verbraucher – auch diejenigen mit besonderen Ernährungsbedürfnissen – eine fundierte Wahl treffen können.

[...]

KAPITEL III

ALLGEMEINE ANFORDERUNGEN AN DIE INFORMATION ÜBER LEBENSMITTEL UND PFLICHTEN DER LEBENSMITTELUNTERNEHMER

[...]

Artikel 8

Verantwortlichkeiten

(1) Verantwortlich für die Information über ein Lebensmittel ist der Lebensmittelunternehmer, unter dessen Namen oder Firma das Lebensmittel vermarktet wird, oder, wenn dieser Unternehmer nicht in der Union niedergelassen ist, der Importeur, der das Lebensmittel in die Union einführt.

[...]

KAPITEL IV

VERPFLICHTENDE INFORMATIONEN ÜBER LEBENSMITTEL

ABSCHNITT 1

Inhalt und Darstellungsform

Artikel 9

Verzeichnis der verpflichtenden Angaben

(1) Nach Maßgabe der Artikel 10 bis 35 und vorbehaltlich der in diesem Kapitel vorgesehenen Ausnahmen sind folgende Angaben verpflichtend:

a) die Bezeichnung des Lebensmittels;

b) das Verzeichnis der Zutaten;

c) alle in Anhang II aufgeführten Zutaten und Verarbeitungshilfsstoffe sowie Zutaten und Verarbeitungshilfsstoffe, die Derivate eines in Anhang II aufgeführten Stoffes oder Erzeugnisses sind, die bei der Herstellung oder Zubereitung eines Lebensmittels verwendet werden und — gegebenenfalls in veränderter Form — im Enderzeugnis vorhanden sind und die Allergien und Unverträglichkeiten auslösen;

d) die Menge bestimmter Zutaten oder Klassen von Zutaten;

e) die Nettofüllmenge des Lebensmittels;

f) das Mindesthaltbarkeitsdatum oder das Verbrauchsdatum;

g) gegebenenfalls besondere Anweisungen für Aufbewahrung und/oder Anweisungen für die Verwendung;

h) der Name oder die Firma und die Anschrift des Lebensmittelunternehmers nach Artikel 8 Absatz 1;

i) das Ursprungsland oder der Herkunftsort, wo dies nach Artikel 26 vorgesehen ist;

j) eine Gebrauchsanleitung, falls es schwierig wäre, das Lebensmittel ohne eine solche angemessen zu verwenden;

k) für Getränke mit einem Alkoholgehalt von mehr als 1,2 Volumenprozent die Angabe des vorhandenen Alkoholgehalts in Volumenprozent;

l) eine Nährwertdeklaration.

[...]

Artikel 13

Darstellungsform der verpflichtenden Angaben

(1) Unbeschadet der gemäß Artikel 44 Absatz 2 erlassenen einzelstaatlichen Vorschriften sind verpflichtende Informationen über Lebensmittel an einer gut sichtbaren Stelle deutlich, gut lesbar und gegebenenfalls dauerhaft anzubringen. Sie dürfen in keiner Weise durch andere Angaben oder Bildzeichen oder sonstiges eingefügtes Material verdeckt, undeutlich gemacht oder getrennt werden, und der Blick darf nicht davon abgelenkt werden.

[...]

ABSCHNITT 2

Detaillierte Bestimmungen für verpflichtende Angaben

Artikel 18

Zutatenverzeichnis

(1) Dem Zutatenverzeichnis ist eine Überschrift oder eine geeignete Bezeichnung voranzustellen, in der das Wort „Zutaten“ erscheint. Das Zutatenverzeichnis besteht aus einer Aufzählung sämtlicher Zutaten des Lebensmittels in absteigender Reihenfolge ihres Gewichtsanteils zum Zeitpunkt ihrer Verwendung bei der Herstellung des Lebensmittels.

[...]

Artikel 24

Mindesthaltbarkeits- und Verbrauchsdatum und Datum des Einfrierens

(1) Bei in mikrobiologischer Hinsicht sehr leicht verderblichen Lebensmitteln, die folglich nach kurzer Zeit eine unmittelbare Gefahr für die menschliche Gesundheit darstellen können, wird das Mindesthaltbarkeitsdatum durch das Verbrauchsdatum ersetzt. Nach Ablauf des Verbrauchsdatums gilt ein Lebensmittel als nicht sicher im Sinne von Artikel 14 Absätze 2 bis 5 der Verordnung (EG) Nr. 178/2002.

(2) Das jeweilige Datum ist gemäß Anhang X auszudrücken.

[...]

Artikel 25

Aufbewahrungs- oder Verwendungsbedingungen

(1) Erfordern Lebensmitteln besondere Aufbewahrungs- und/oder Verwendungsbedingungen, müssen diese angegeben werden.

(2) Um eine angemessene Aufbewahrung oder Verwendung der Lebensmittel nach dem Öffnen der Verpackung zu ermöglichen, müssen gegebenenfalls die Aufbewahrungsbedingungen und/oder der Verzehrzeitraum angegeben werden.

[...]

KAPITEL VI

EINZELSTAATLICHE VORSCHRIFTEN

Artikel 38

Einzelstaatliche Vorschriften

(1) Die Mitgliedstaaten dürfen in Bezug auf die speziell durch diese Verordnung harmonisierten Aspekte einzelstaatliche Vorschriften weder erlassen noch aufrechterhalten, es sei denn, dies ist nach dem Unionsrecht zulässig. Diese einzelstaatlichen Vorschriften dürfen nicht den freien Warenverkehr behindern, beispielsweise durch die Diskriminierung von Lebensmitteln aus anderen Mitgliedstaaten.

Amtsblatt der Europäischen Union, Verordnung (EU) Nr. 1169/2011 des europäischen Parlaments und des Rates vom 25. Oktober 2011

18 Flussdiagramm

6 Punkte

In einem Automaten für regionale Lebensmittel können Sie Nudeln, Käse und Butter kaufen.

Ordnen Sie den **Feldern 1–3** die Kennbuchstaben der richtigen Begriffe zu.
Tragen Sie die Kennbuchstaben in den Lösungsbogen ein.

A 500 g-Packung
B 6 Euro
C 3 Euro
D keine Ware
E 250 g-Packung
F 12 Euro

Angebotene Ware:

	250 g-Packung	500 g-Packung	1 000 g-Packung
Nudeln	keine Ware	4 Euro	6 Euro
Käse	6 Euro	12 Euro	keine Ware
Butter	3 Euro	keine Ware	keine Ware

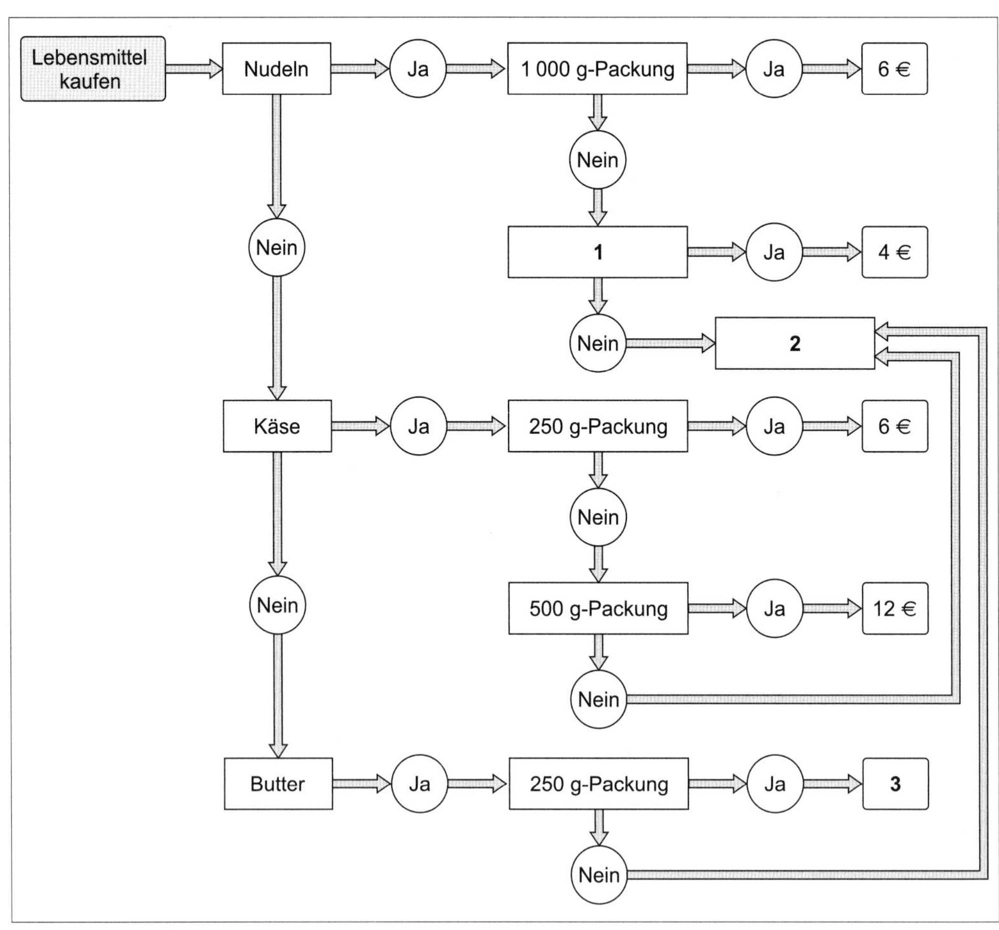

19

Sozialgesetzbuch (SGB) Zweites Buch (II) – Grundsicherung für Arbeitsuchende

7 Punkte

Hartz 4 ist ein Begriff, von dem wohl schon jeder in Deutschland gehört hat. Der Namensgeber ist Peter Hartz, der im Jahr 2002 von der Bundesregierung den Auftrag erhielt, ein neues Konzept zur finanziellen Absicherung von Erwerbslosen zu erarbeiten. Am 1. Januar 2005 wurde Hartz 4 unter seinem offiziellen Namen „Arbeitslosengeld II" eingeführt und regelte bis 2022 die Grundsicherung für erwerbsfähige Arbeitslose.
Überprüfen Sie, ob die Aussagen zu den Varianten der nachstehend beschriebenen Fälle **vollständig richtig, teilweise richtig** oder **vollständig falsch** sind, und notieren Sie Ihr Ergebnis im Lösungsbogen.

> Für die Falllösung sind ausschließlich die unten aufgeführten Vorschriften des Sozialgesetzbuches (SGB) Zweites Buch (II) – Grundsicherung für Arbeitsuchende zu berücksichtigen.

Fall 1:

H. ist Berufsmusiker, der bis zu seiner Arbeitslosigkeit in Folge der Covid-19-Pandemie in einem Streichorchester Bratsche gespielt hat. Nach seiner Meldung als Arbeitssuchender erhält er das Angebot, im Fuhrunternehmen eines Musikinstrumentenherstellers zu arbeiten. Der monatliche Verdienst liegt um 120 % über dem Arbeitslosengeld-II-Satz. Der Musiker lehnt das Angebot ab mit der Begründung, er könne es sich nicht leisten, bei der ungewohnten schweren Arbeit eine Verletzung zu riskieren, die ihm die Ausübung seines Berufs als Musiker unmöglich machen könnte.

Aussage 1.1:
H. ist verpflichtet, alle Möglichkeiten zur Beendigung oder Verringerung seiner Hilfebedürftigkeit auszuschöpfen. Deshalb ist die Ablehnung des Angebots nicht statthaft.

Aussage 1.2:
H. muss die Arbeit annehmen, da ihm gemäß § 8 in Verbindung mit § 10 Abs. 1 SGB II jede Arbeit zumutbar ist und die angebotene Arbeit im weitesten Sinne auch im Zusammenhang mit seinem Beruf steht.

Fall 2:

P. ist Bezieher von Arbeitslosengeld II und lebt in einer Zweizimmerwohnung. Als ihm von einem Bekannten angeboten wird, als Nachmieter dessen Dreieinhalbzimmerwohnung im Nachbarhaus, die die gleiche Kaltmiete kostet, zu übernehmen, nutzt er die Gelegenheit. Da die neue Wohnung aber fast doppelt so groß ist, erhöhen sich die Nebenkosten spürbar. Als er die nun höheren Ausgaben für Nebenkosten beim Arbeitslosengeld II geltend machen will, da er diese für angemessen hält, wird sein Antrag abgelehnt. Bezahlt werden lediglich die bisher für die Zweizimmerwohnung übernommenen Kosten.

Aussage 2.1:
P. kann sich nicht auf die Angemessenheit der höheren Nebenkosten berufen und muss die Differenz zu der bisher für seine Zweizimmerwohnung übernommenen Kosten selbst tragen.

Aussage 2.2:
Die Ablehnung ist rechtens, da der Umzug in die neue Wohnung nicht erforderlich war.

Aussage 2.3:
P. hat ohne Zustimmung des zuständigen Jobcenters den Wohnort gewechselt. Deshalb kann ihm nach § 31 a SGB II aufgrund der begangenen Pflichtverletzung das Arbeitslosengeld II um 30 % gekürzt werden.

Fall 3:

A., geboren am 1. Januar 1957, lässt sich am 20. Dezember 2022 im lokal zuständigen Jobcenter zum Antrag auf Arbeitslosengeld II beraten. Der Mitarbeiter des Jobcenters erklärt ihm nach kurzer Durchsicht der Unterlagen, dass ein Antrag nicht mehr sinnvoll ist, da die nötigen Voraussetzungen nicht mehr erfüllt sind.

Aussage 3:
Der Mitarbeiter des Jobcenters hat A. falsch beraten, da dieser noch einen Monat Anspruch auf Leistungen nach dem SGB II hat.

Fall 4:

Der 16-jährige T. ist nach seiner Flucht aus Syrien in Bayern angekommen. In der ersten Woche nach seiner Ankunft begibt er sich zum zuständigen Jobcenter, um eine Arbeit zu suchen. Als ihm erklärt wird, dass er keine Arbeit aufnehmen darf, möchte er einen Antrag auf Arbeitslosengeld II stellen. Der zuständige Mitarbeiter des Jobcenters erklärt ihm, dass dies nach § 7 SGB II nicht möglich ist.

Aussage 4:
Die Aussage des Mitarbeiters ist richtig, da T. die nötigen Voraussetzungen nicht erfüllt.

Vorschriften des SGB:

Kapitel 1
Fördern und Fordern

§ 1 Aufgabe und Ziel der Grundsicherung für Arbeitsuchende

(1) Die Grundsicherung für Arbeitsuchende soll es Leistungsberechtigten ermöglichen, ein Leben zu führen, das der Würde des Menschen entspricht.
(2) […] Die Gleichstellung von Männern und Frauen ist als durchgängiges Prinzip zu verfolgen. […]

§ 2 Grundsatz des Forderns

(1) Erwerbsfähige Leistungsberechtigte und die mit ihnen in einer Bedarfsgemeinschaft lebenden Personen müssen alle Möglichkeiten zur Beendigung oder Verringerung ihrer Hilfebedürftigkeit ausschöpfen. […] Wenn eine Erwerbstätigkeit auf dem allgemeinen Arbeitsmarkt in absehbarer Zeit nicht möglich ist, hat die erwerbsfähige leistungsberechtigte Person eine ihr angebotene zumutbare Arbeitsgelegenheit zu übernehmen. […]

§ 4 Leistungsformen

(1) Die Leistungen der Grundsicherung für Arbeitsuchende werden erbracht in Form von
   1. Dienstleistungen,
   2. Geldleistungen und
   3. Sachleistungen. […]

Kapitel 2
Anspruchsvoraussetzungen

§ 7 Leistungsberechtigte

(1) Leistungen nach diesem Buch erhalten Personen, die das 15. Lebensjahr vollendet und
   1. die Altersgrenze nach § 7a noch nicht erreicht haben,
   2. erwerbsfähig sind,
   3. hilfebedürftig sind und
   4. ihren gewöhnlichen Aufenthalt in der Bundesrepublik Deutschland haben (erwerbsfähige Leistungsberechtigte).

   Ausgenommen sind
   1. Ausländerinnen und Ausländer, die weder in der Bundesrepublik Deutschland Arbeitnehmerinnen, Arbeitnehmer oder Selbständige noch aufgrund des § 2 Absatz 3 des Freizügigkeitsgesetzes/EU freizügigkeitsberechtigt sind, und ihre Familienangehörigen für die ersten drei Monate ihres Aufenthalts, […]

§ 7a Altersgrenze

Personen, die vor dem 1. Januar 1947 geboren sind, erreichen die Altersgrenze mit Ablauf des Monats, in dem sie das 65. Lebensjahr vollenden. Für Personen, die nach dem 31. Dezember 1946 geboren sind, wird die Altersgrenze wie folgt angehoben:

für den Geburtsjahrgang	erfolgt eine Anhebung um Monate	auf den Ablauf des Monats, in dem ein Lebensalter vollendet wird von
1955	9	65 Jahren und 9 Monaten
1956	10	65 Jahren und 10 Monaten
1957	11	65 Jahren und 11 Monaten
[...]	[...]	[...]
1960	16	66 Jahren und 4 Monaten
1961	18	66 Jahren und 6 Monaten
1962	20	66 Jahren und 8 Monaten
1963	22	66 Jahren und 10 Monaten
ab 1964	24	67 Jahren.

§ 8 Erwerbsfähigkeit

(1) Erwerbsfähig ist, wer nicht wegen Krankheit oder Behinderung auf absehbare Zeit außerstande ist, unter den üblichen Bedingungen des allgemeinen Arbeitsmarktes mindestens drei Stunden täglich erwerbstätig zu sein. [...]

§ 10 Zumutbarkeit

(1) Einer erwerbsfähigen leistungsberechtigten Person ist jede Arbeit zumutbar, es sei denn, dass
1. sie zu der bestimmten Arbeit körperlich, geistig oder seelisch nicht in der Lage ist,
2. die Ausübung der Arbeit die künftige Ausübung der bisherigen überwiegenden Arbeit wesentlich erschweren würde, weil die bisherige Tätigkeit besondere körperliche Anforderungen stellt, [...]

§ 11 Zu berücksichtigendes Einkommen

(1) Als Einkommen zu berücksichtigen sind Einnahmen in Geld abzüglich der nach § 11 b abzusetzenden Beträge mit Ausnahme der in § 11 a genannten Einnahmen. Dies gilt auch für Einnahmen in Geldeswert, die im Rahmen einer Erwerbstätigkeit, des Bundesfreiwilligendienstes oder eines Jugendfreiwilligendienstes zufließen. [...]

§ 12 Zu berücksichtigendes Vermögen

(1) Als Vermögen sind alle verwertbaren Vermögensgegenstände zu berücksichtigen.

(2) Vom Vermögen sind abzusetzen
1. ein Grundfreibetrag in Höhe von 150 Euro je vollendetem Lebensjahr für jede in der Bedarfsgemeinschaft lebende volljährige Person und deren Partnerin oder Partner, mindestens aber jeweils 3 100 Euro; [...]

1 a. ein Grundfreibetrag in Höhe von 3 100 Euro für jedes leistungsberechtigte minderjährige Kind

Kapitel 3, Abschnitt 2, Unterabschnitt 2

Arbeitslosengeld II und Sozialgeld

§ 22 Bedarfe für Unterkunft und Heizung

(1) Bedarfe für Unterkunft und Heizung werden in Höhe der tatsächlichen Aufwendungen anerkannt, soweit diese angemessen sind. Erhöhen sich nach einem nicht erforderlichen Umzug die Aufwendungen für Unterkunft und Heizung, wird nur der bisherige Bedarf anerkannt. [...]

Kapitel 3, Abschnitt 2, Unterabschnitt 5

Sanktionen

§ 31 Pflichtverletzungen

(1) Erwerbsfähige Leistungsberechtigte verletzen ihre Pflichten, wenn sie trotz schriftlicher Belehrung über die Rechtsfolgen oder deren Kenntnis. [...]

2. sich weigern, eine zumutbare Arbeit, Ausbildung, Arbeitsgelegenheit nach § 16 d oder ein nach § 16 e gefördertes Arbeitsverhältnis aufzunehmen, fortzuführen oder deren Anbahnung durch ihr Verhalten verhindern, [...]

Dies gilt nicht, wenn erwerbsfähige Leistungsberechtigte einen wichtigen Grund für ihr Verhalten darlegen und nachweisen. [...]

§ 31 a Rechtsfolgen bei Pflichtverletzungen

(1) Bei einer Pflichtverletzung nach § 31 mindert sich das Arbeitslosengeld II in einer ersten Stufe um 30 Prozent des für die erwerbsfähige leistungsberechtigte Person nach § 20 maßgebenden Regelbedarfs. [...]

SGB

Anmerkung: Ab 2023 ersetzt das Bürgergeld das Arbeitslosengeld II.

20

7 Punkte

Karikatur

Der Anstieg der Preise ist immer wieder Thema in den Medien.

Kreuzen Sie im Lösungsbogen an, ob die folgenden Aussagen zu der Karikatur „Wie gewonnen so zerronnen" vollständig **richtig,** vollständig **falsch** oder **nicht zu entnehmen** sind.

RABE/toonpool.com

Aussagen:

1 Die Karikatur zeigt mithilfe von Ironie, dass Beschäftigte völlig blind einen falschen politischen Weg einschlagen.

2 Die Karikatur zeigt, dass die Kostensteigerung für Arbeitgeber keine Rolle spielt, da sie durch Tariferhöhungen aufgefangen wird.

3 Die Karikatur sieht die Verantwortung für die Preissteigerungen in den Unternehmen der Großindustrie.

4 Der dargestellte Beschäftigte realisiert in seiner Zufriedenheit über die Tariferhöhung nicht, wie ihm das frisch gewonnene Geld wieder genommen wird.

5 Der Karikaturist befürwortet die stärkere Regelung der Märkte.

6 Die Kostensteigerung wird in Gestalt des Teufels dargestellt, weil dieser als Inbegriff des Bösen gilt.

7 Bei der gezeigten Karikatur handelt es sich um ein deutliches Statement für die Existenz von Gewerkschaften.

21 Knobeleien

2 Punkte

Kreuzen Sie die jeweils richtige Antwort im Lösungsbogen an.

a) Vorgestern war vier Tage vor Samstag. Welcher Tag ist morgen?

Auswahlliste:

A Donnerstag
B Mittwoch
C Samstag
D Freitag

2 Punkte

b) Am Samstag treffen sich Tim und Lukas beim Fußball. Von Montag bis Freitag sieht Lukas in der Schule Sophie. Sophie ist Tims Schwester. Begegnete Lukas vor drei Tagen Sophie, wenn übermorgen Sonntag ist?

Auswahlliste:

A Ja
B Nein

2 Punkte

c) Emma isst gerne Fisch. Ihr Bruder isst nie Fisch. Bratwurst und Schnitzel schmecken allen gleich gut. Spaghetti wird lieber gegessen als Schnitzel, aber weniger gern als Pizza. Kartoffelsuppe ist unbeliebter als Bratwurst, aber viel beliebter als Pfannkuchen. Pfannkuchen ist das Lieblingsgericht von Sophies Bruder. Welches Gericht wird am liebsten gegessen?

Auswahlliste:

A Kartoffelsuppe
B Fisch
C Pfannkuchen
D Bratwurst
E Pizza
F Schnitzel
G Pommes
H Spaghetti
I keines der Gerichte

22 Räumliches Denken

Notieren Sie die jeweils richtige Antwort im Lösungsbogen.

2 Punkte

a) Welcher Würfel passt zur Faltvorlage?

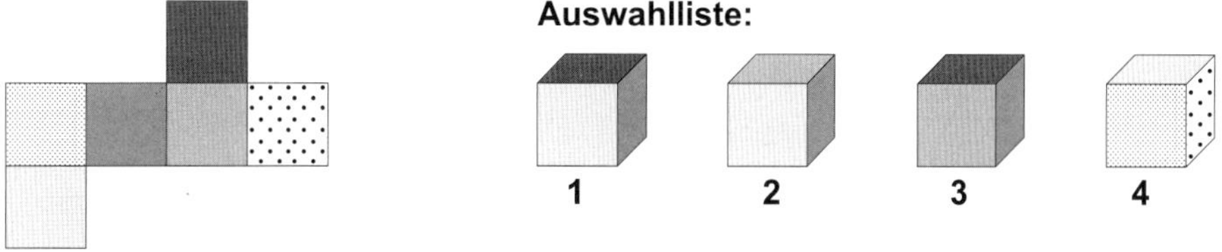

2 Punkte

b) Wie viele Flächen haben die beiden Figuren?

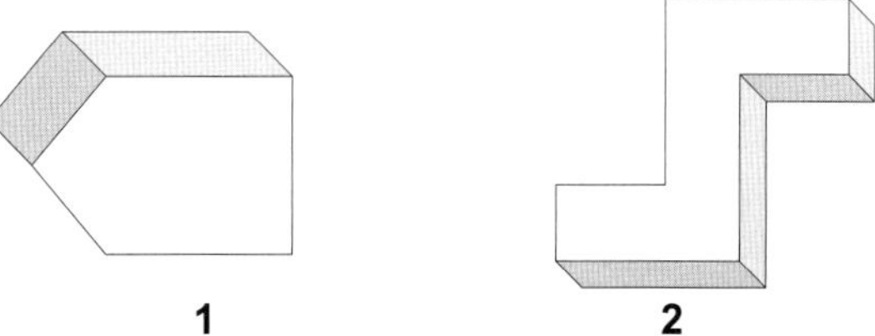

23
9 Punkte

Bundestagswahl 2021

Nach einem turbulenten Wahlkampf fand 2021 die Bundestagswahl statt.
Ergänzen Sie den nachfolgenden Lückentext. Tragen Sie im Lösungsbogen jeweils die **Kennzahlen** der passenden Ergänzung aus der Auswahlliste ein.

Auswahlliste:

1 Annegret Kramp-Karrenbauer
2 Große Koalition
3 dritten
4 CDU/CSU und SPD
5 20.
6 8. Dezember
7 18.
8 26. September
9 über 25 %
10 Olaf Scholz
11 Angela Merkel
12 absoluter Mehrheit
13 Ampelkoalition
14 21.
15 Robert Habeck
16 Armin Laschet
17 26. November
18 CDU/CSU, Bündnis 90/Die Grünen und SPD
19 vierten
20 rund einem Drittel

Lückentext:

Am [**a**] 2021 fand die Wahl zum [**b**] Bundestag statt. Die seit März 2018 amtierende Bundesregierung stellte eine [**c**] aus [**d**] . Bundeskanzlerin [**e**] hatte angekündigt, sich nach ihrer [**f**] Amtszeit aus der Politik zurückzuziehen. Stärkste Kraft wurde die SPD mit [**g**] der Zweitstimmen. Am [**h**] wählte der Bundestag [**i**] zum neuen Bundeskanzler.

24
12 Punkte

Jahrestage 2022

Jedes Jahr gibt es zahlreiche Jahrestage, an denen sich bestimmte Ereignisse jähren. Bestimmen Sie für jedes nachfolgend aufgeführte **Ereignis**, wie viele **Jahre** es zurückliegt.
Entnehmen Sie der nachfolgenden Auswahlliste jeweils den **Kennbuchstaben** des zutreffenden Jahres und tragen Sie diesen bei der jeweiligen Kennzahl des Ereignisses in den Lösungsbogen ein.

Beachten Sie, dass die Auswahlliste auch unzutreffende Zahlen enthält und einzelne Kennbuchstaben auch mehrfach zugeordnet werden können.

Ereignisse:

1 Rückgabe Hongkongs von Großbritannien an China
2 Unabhängigkeit Indiens
3 Schaf Dolly erstes geklontes Säugetier
4 Gründung von Salt Lake City durch die Mormonen
5 Geburt Friedrich I. Barbarossas
6 Unabhängigkeitserklärung Brasiliens
7 Havarie des Kreuzfahrtschiffs Costa Concordia
8 Geburt Heinrich Schliemanns
9 Schwabinger Krawalle
10 Einführung des Nansen-Passes für staatenlose Flüchtlinge und Emigranten
11 Mussolinis „Marsch auf Rom“
12 Pest verschwindet aus Europa

Auswahlliste:

A	B	C	D	E	F	G	H	I	K	L	M	N	O
10	25	30	60	75	80	100	120	175	200	250	300	500	900

25
3 Punkte

Wer hat was gesagt?

Ordnen Sie jedes der folgenden **Zitate** seiner Urheberin/seinem Urheber zu.
Tragen Sie im Lösungsbogen die Kennnummer der jeweiligen **Persönlichkeit** aus der Auswahlliste bei dem Kennbuchstaben des betreffenden Zitats ein.

Auswahlliste:

1	Margaret Thatcher	**4**	Klaus Wowereit	**7**	Markus Söder
2	Willy Brandt	**5**	John F. Kennedy	**8**	Hans-Dietrich Genscher
3	Angela Merkel	**6**	Michail S. Gorbatschow	**9**	Donald Trump

A „Es stört mich nicht, was meine Minister sagen, solange sie tun, was ich ihnen sage."
B „Ich bin ein Berliner."
C „Liebe Landsleute, wir sind zu Ihnen gekommen, um Ihnen mitzuteilen, dass heute Ihre Ausreise …" (unterbrochen durch tausendfachen Jubel)

26
11 Punkte

Vor 50 Jahren

Ergänzen Sie den nachfolgenden Lückentext zu Ereignissen im Jahr **1972**.
Tragen Sie im Lösungsbogen jeweils die **Kennzahlen** der passenden Ergänzung aus der Auswahlliste ein.

Auswahlliste:

1	Nobelpreis für Literatur	**17**	Willy Brandt
2	Bundesrat	**18**	Schwarzer September
3	Parteivorsitzende	**19**	Sommerspiele
4	libanesische	**20**	Sapporo
5	Freilassung	**21**	Berlin
6	Goethepreis der Stadt Frankfurt	**22**	Helmut Schmidt
7	Hamas	**23**	Hamburg
8	Günter Grass	**24**	Winterspiele
9	Kurt Georg Kiesinger	**25**	Heinrich Böll
10	Al-Qaida	**26**	Bundespräsident
11	Misstrauensvotum	**27**	Friedenspreis des deutschen Buchhandels
12	München	**28**	israelische
13	Bundeskanzler	**29**	Geiselnehmern
14	Vertrauensfrage	**30**	iranische
15	palästinensische	**31**	Parlament
16	Ermordung	**32**	Geiseln

Lückentext:

Bis heute im Gedächtnis geblieben sind die Olympischen [**a**] 1972 in [**b**] – den meisten aufgrund des Attentats vom 5. September 1972 auf die [**c**] Mannschaft durch die [**d**] Terrororganisation [**e**]. Es begann als Geiselnahme und endete mit der [**f**] von elf Geiseln sowie mit dem Tod von fünf Geiselnehmern und eines Polizisten.

Im Oktober 1972 wurde die literarische Arbeit des deutschen Schriftstellers [**g**] mit dem [**h**] gewürdigt. Bekannt ist der Schriftsteller auch für seinen Briefwechsel mit dem damaligen Bundeskanzler [**i**] , der 1972 die Mehrheit im [**k**] verlor und nach Neuwahlen am 19. 11. 1972 erneut zum [**l**] gewählt wurde.

27

7 Punkte

Landtagswahlen in Bayern

Im Jahr 2023 fanden Landtagswahlen in Bayern statt.
Überprüfen Sie die folgenden Aussagen zum Ablauf der Landtagswahlen in Bayern: Welche der Aussagen sind **vollständig richtig, teilweise richtig** oder **vollständig falsch**? Setzen Sie im Lösungsbogen Kreuze an der richtigen Stelle.

Aussagen:

1 Das Wahlsystem zum bayerischen Landtag entspricht einer personalisierten Verhältniswahl.

2 Regulär werden 180 Sitze im Parlament vergeben, die direkt aus den Stimmkreisen besetzt werden.

3 Das Wahlgebiet umfasst 8 Wahlkreise, die in jeweils 3 Stimmkreise unterteilt sind.

4 Die Landtagswahlen in Bayern finden – anders als die Bundestagswahl, die turnusmäßig alle 4 Jahre stattfindet – grundsätzlich alle fünf Jahre statt.

5 Wählbar sind bayerische Staatsangehörige. Bayerischer Staatsangehöriger oder bayerische Staatsangehörige wird man durch Geburt oder Heirat.

6 Jeder Wähler hat zwei Stimmen, die Erststimme für die Wahl des Direktkandidaten, die zweite für den Listenbewerber einer Partei.

7 Stimmberechtigt sind alle deutschen Staatsbürger.

28

6 Punkte

Reihen ergänzen I

Ergänzen Sie die Zahlenreihen und notieren Sie Ihre Ergebnisse im Lösungsbogen.

a)

50	2	48	2	46	4	42	4	38	6	32	6	?

b)

10	30	34	33	99	103	102	?	310	309	927	931	930

c)

5	3	8	11	19	30	49	79	128	207	335	542	?

Ordnen Sie die folgenden deutschen Städte nach Größe, links beginnend mit der größten. Tragen Sie Ihr Ergebnis in den Lösungsbogen ein.

2 Punkte

d)

1	2	3	?	?	6	7	8	9	10	?	?

Auswahlliste:

A Stuttgart
B Hamburg
C Nürnberg
D Frankfurt a. M.
E Berlin
F Dortmund
G Würzburg
H Köln
I Passau
J München
K Augsburg
L Leipzig

29

9 Punkte

Lebenszufriedenheit in Deutschland

Der „Deutsche Post Glücksatlas" misst die Lebenszufriedenheit (Langzeitbewertung des eigenen Lebens) der Deutschen. Für den Glücksatlas 2021 wurden 8 400 Teilnehmer ab 16 Jahren befragt.

Überprüfen Sie die unten stehenden Aussagen zur folgenden Grafik: Welche Aussagen sind **vollständig richtig**, **teilweise richtig, vollständig falsch** oder **nicht zu entnehmen**? Tragen Sie Ihr Ergebnis im Lösungsbogen ein.

DPDHL Group

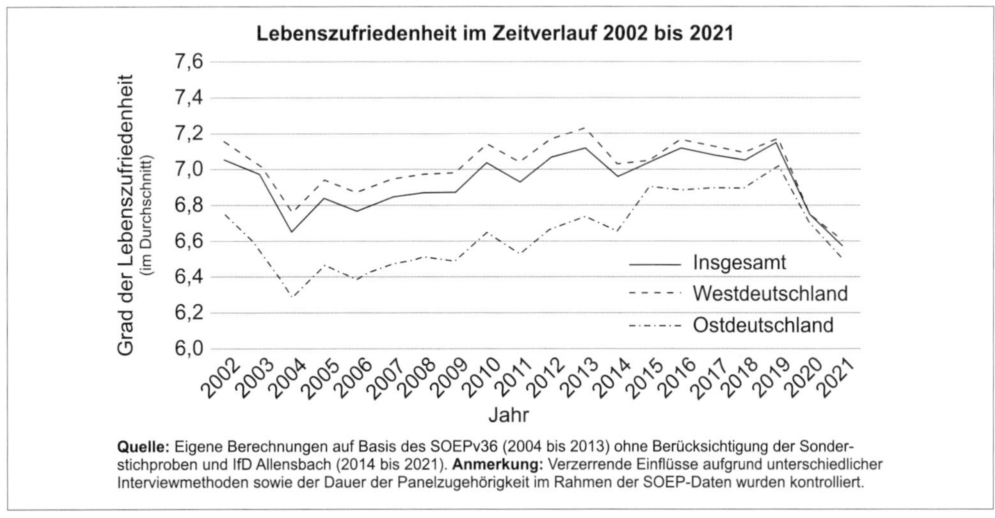

DPDHL Group

Aussagen:

1. Den höchsten Grad an Lebenszufriedenheit erreichten die Menschen in den neuen Bundesländern im Jahr 2013.
2. Bezogen auf die vorgegebene Skala von *überhaupt nicht zufrieden* bis *völlig zufrieden* sind die Unterschiede von Bundesland zu Bundesland relativ gering.
3. Im dargestellten Zeitraum hat die Zufriedenheit in Gesamtdeutschland 2004 ihren Tiefpunkt erreicht.
4. In Sachsen-Anhalt sind alle Menschen zufrieden.
5. Die Lebenszufriedenheit ist zur Höhe von Löhnen und Gehältern direkt proportional.
6. Der Unterschied zwischen Ost- und Westdeutschland ist in Bezug auf Lebensglück seit 2020 relativ gering, was auf die Corona-Pandemie zurückzuführen ist.
7. In Westdeutschland war die Lebenszufriedenheit in den letzten beiden Jahrzehnten größer als in Ostdeutschland.
8. Die „unglücklichsten" Deutschen leben in Thüringen und im Saarland.
9. Bayern ist das größte Bundesland.

30

6 Punkte

Reihen ergänzen II

Ergänzen Sie die folgenden Reihen. Tragen Sie Ihre Ergebnisse in den Lösungsbogen ein.

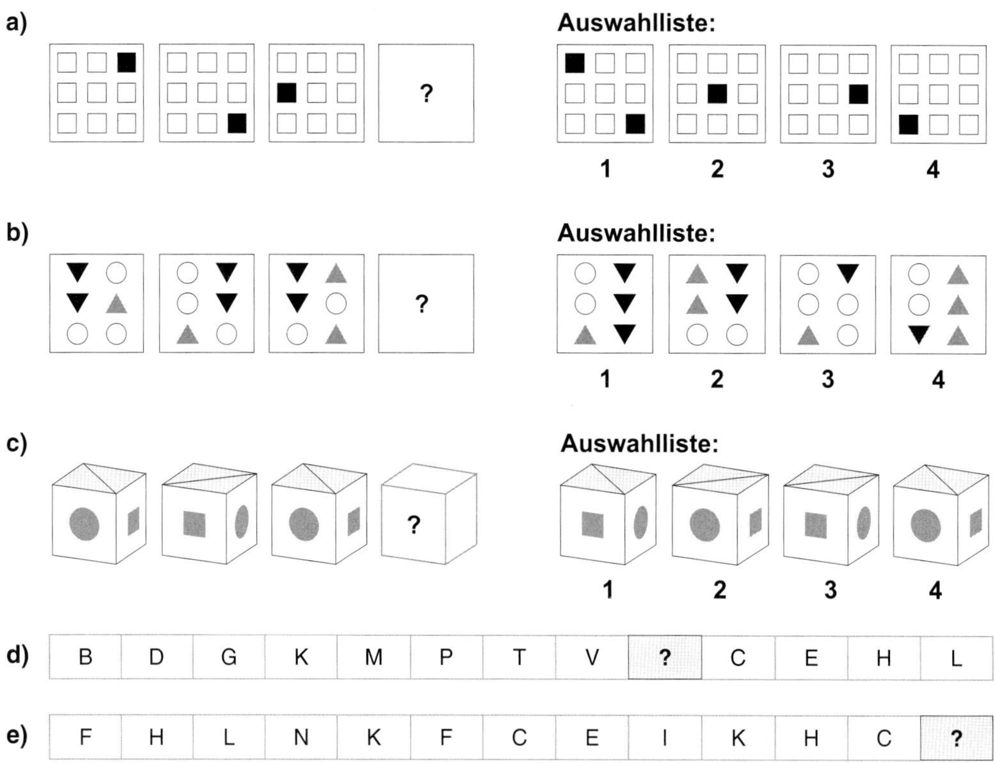

31
7 Punkte

Entwicklung von BIP und Arbeitnehmereinkommen 1995–2020

Die Grafik zeigt Daten, die Auskunft über die wirtschaftliche Entwicklung Deutschlands geben.
Überprüfen Sie die unten stehenden Aussagen zur folgenden Grafik: Welche Aussagen sind **zutreffend, nicht zutreffend** oder **nicht zu entnehmen**? Setzen Sie im Lösungsbogen entsprechende Kreuze.

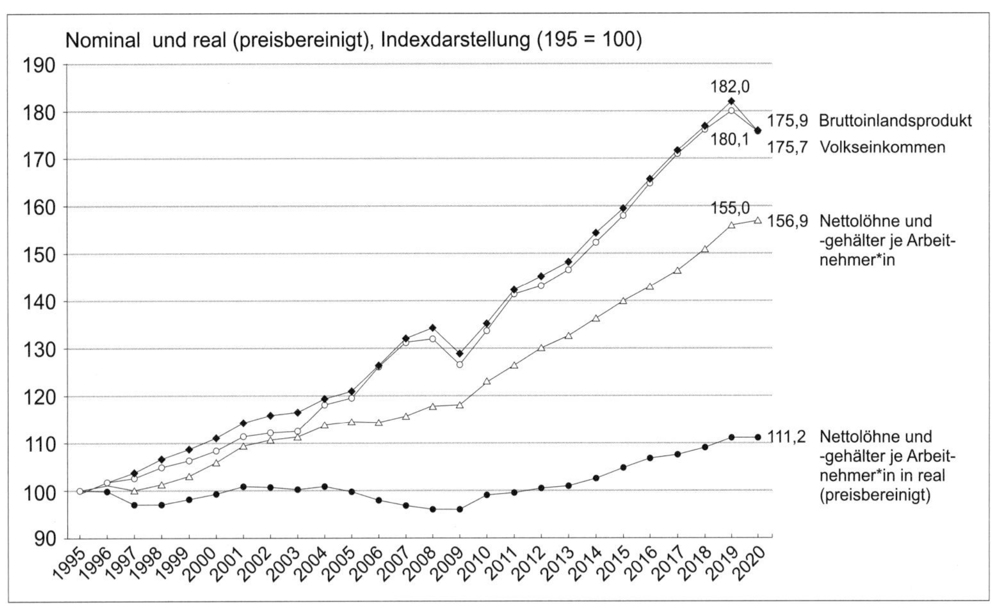

Quelle: Statistisches Bundesamt (2021), Volkswirtschaftliche Gesamtrechnungen, Fachserie 18, Reihe 1.4 (eigene Berechnungen) © Sozialpolitik-aktuell.de, https://www.sozialpolitik-aktuell.de/files/sozialpolitik-aktuell/_Politikfelder/Einkommen-Armut/Datensammlung/Vorschau-Dateien/abbIII1.png

Aussagen:

1 Über den Zeitraum der Grafik hinweg hat sich die Wirtschaft in Deutschland insgesamt sehr positiv entwickelt.
2 Seit 1995 sind die Nettolöhne und Gehälter jedes Jahr gestiegen.
3 Bruttoinlandsprodukt und Volkseinkommen entwickeln sich nahezu parallel.
4 Der Unterschied zwischen wirtschaftlicher Entwicklung und Steigerung der Löhne und Gehälter wird von Jahr zu Jahr größer.
5 Die Corona-Pandemie führte im Jahr 2020 zu einem deutlichen Einbruch des BIPs.
6 Lohn- und Gehaltserhöhungen bedeuten immer auch, dass die Arbeitnehmer und Arbeitnehmerinnen mehr Geld ausgeben können.
7 Die Arbeitnehmer und Arbeitnehmerinnen profitieren vom Wirtschaftswachstum direkt proportional.

32
2 Punkte

Rechnerei

Lena und Philipp haben je eine Tafel Schokolade geschenkt bekommen, die aus gleich großen Stücken besteht. Lena hat 85 % davon gegessen. Philipp, der sogar ein Stück mehr genascht hat, hat bereits 90 % verspeist. Aus wie vielen Stücken bestand die Tafel Schokolade?

Notieren Sie die korrekte **Anzahl** im Lösungsbogen.

33
8 Punkte

Grundsicherung in Deutschland (Stand: Dezember 2022)

Die Grundsicherung hat die Aufgabe, diejenigen Menschen durch Geldleistungen und auch durch soziale Hilfen zu unterstützen, die nicht in der Lage sind, aus eigener Kraft ihren Lebensunterhalt zu bestreiten
Überprüfen Sie die unten stehenden Aussagen zu der folgenden Übersicht und dem Text: Welche Aussagen sind **richtig**, **teilweise richtig, falsch** oder **nicht zu entnehmen**? Setzen Sie im Lösungsbogen entsprechende Kreuze.

Grundsicherungssysteme in Deutschland

System	Grundsicherung für Arbeitssuchende	Sozialhilfe	Grundsicherung im Alter und bei Erwerbsminderung	Leistungen nach dem Asylbewerberleistungsgesetz
Personenkreis	Erwerbsfähige Personen im Alter zwischen 15 Jahren und der Regelaltersgrenze	Personen im Alter unterhalb der Regelaltersgrenze	Personen im Alter oberhalb der Regelaltersgrenze und Erwerbsgeminderte	Asylbewerber*innen und Flüchtlinge
Leistungsvoraussetzung	Erwerbsfähigkeit von mehr als 3 Stunden am Tag	Zeitweise voll erwerbsgemindert	Erreichen der Regelaltersgrenze oder dauerhafte volle Erwerbsminderung	Asylbewerber*innen sowie geduldete und vollziehbar zur Ausreise verpflichtete Ausländer*innen
Zentrale Leistungen	Arbeitslosengeld II Sozialgeld Kosten der Unterkunft	Hilfe zum Lebensunterhalt Kosten der Unterkunft	Grundsicherung Kosten der Unterkunft	Grundleistungen Barbedarf Unterkunft
Empfängerzahlen	Leistungsempfänger*innen 2020: 5.710.092	Leistungsempfänger*innen 2020: 217.370	Leistungsempfänger*innen 2020: 1.098.625	Leistungsempfänger*innen 2020: 375.150
Gesetzliche Grundlage	SGB II	SGB XII	SGB XII	Asylbewerberleistungsgesetz

Das sozialstaatliche Leistungssystem in Deutschland wird durch eine Grundsicherung nach unten hin abgesichert. Die Grundsicherung hat einen fürsorgerechtlichen Charakter und dient als „letztes soziales Netz" bei denjenigen Notlagen, die weder durch eigene oder familiäre (Selbst)Hilfe noch durch vorgelagerte Sozialleistungen abgedeckt werden können. Leistungsvoraussetzung ist immer ein Zustand der „Hilfebedürftigkeit". Es ist Ziel der Grundsicherung, denjenigen Menschen zu helfen, die nicht in der Lage sind, aus eigener Kraft ihren Lebensunterhalt zu bestreiten und dabei auch von dritter Seite keine Hilfe erhalten. Die Hilfe erfolgt dabei unabhängig von einer Vorleistung. Die Grundsicherung wird aus dem allgemeinen Steueraufkommen finanziert.
Am Jahresende 2019 mussten in Deutschland rund 6,9 Mio. Menschen wegen ihres niedrigen Einkommens Leistungen der Grundsicherung beziehen. Darunter befinden sich zu 77 % Personen, die Leistungen im Rahmen des SGB II (Sozialgesetzbuch, Teil II; Arbeitslosengeld II und Sozialgeld) erhalten. Demgegenüber haben die Grundsicherung im Alter und bei Erwerbsminderung sowie die Hilfe zum Lebensunterhalt mit Anteilen von 15,8 % und 1,7 % eine weit geringere Bedeutung. Dies kann nicht verwundern, da der nach dem SGB XII leistungsberechtigte Personenkreis (Erwerbsfähige und ihre Angehörigen) deutlich kleiner ist als der Personenkreis, der nach dem SGB II Leistungen beantragen kann. Eine hohe Bedeutung haben immer noch infolge der Flüchtlingszuwanderung die Empfängerinnen und Empfänger von Leistungen nach dem Asylbewerberleistungsgesetz – Ende 2019 waren dies etwa 0,4 Mio. Menschen. Das entspricht einem Anteil von 5,6 % aller Grundsicherungsempfängerinnen und -empfänger. Allerdings zeigt sich hier eine rückläufige Entwicklung. 2015 wurden noch knapp eine Million Empfänger nach dem Asylbewerberleistungsgesetz registriert; das entsprach einem Anteil von 12,2 % an allen Grundsicherungsempfängern.
Insgesamt sind 8,3 % der gesamten Bevölkerung in Deutschland auf Grundsicherungsleistungen angewiesen, da ihr Einkommen nicht ausreicht, um das sozial-kulturelle Existenzminimum abzudecken. Im Zeitverlauf seit 2015 (9,7 %) zeigt sich ein merklicher Rückgang der Empfängerquote.

Anmerkung: Ab 2023 ersetzt das Bürgergeld das Arbeitslosengeld II.

Grundsicherungssysteme in Deutschland (AbbIII200) © Sozialpolitik-aktuell.de, https://www.sozialpolitik-aktuell.de/sozialstaat-datensammlung.html#Regelbedarfe

Aussagen:

1 Der Empfang von Arbeitslosengeld II setzt eine Erwerbsfähigkeit von mindestens 50 Prozent der Regelarbeitszeit voraus.

2 Gesetzliche Grundlage für alle, die Leistungen der Grundsicherung beziehen, ist das Sozialgesetzbuch.

3 Alle Personen, die voll erwerbsgemindert sind, auch Asylbewerber und Flüchtlinge, haben ein Recht auf Leistungen nach dem SGB XII.

4 Über drei Viertel derer, die 2019 Leistungen der sozialen Grundsicherung bezogen, waren Arbeitssuchende.

5 Die Zahl der nach dem Asylbewerberleistungsgesetz zum Erhalt von Leistungen der Grundsicherung berechtigten Personen hat sich 2020 verringert.

6 Zu den zentralen Leistungen der Grundsicherung gehört die Übernahme der Kosten für Unterkunft.

7 Insgesamt sind 12,2 % der gesamten Bevölkerung in Deutschland auf Grundsicherungsleistungen angewiesen.

8 Es gibt mehr Menschen in Deutschland, die dauerhaft voll erwerbsgemindert sind als solche, die zeitweise voll erwerbsgemindert sind.

34
60 Punkte

Abhandlung

Sie sollen hier differenziert Stellung nehmen und drei Argumente ausformulieren. Eine **Gliederung** sowie **Einleitung** und **Schluss** – wie sie bei Schulaufsätzen z. T. üblich sind – ist **nicht** gefordert.
Setzen Sie nach jedem Argument eine Leerzeile und achten Sie auf eine ansprechende äußere Form. In der Prüfung tragen Sie Ihre Ausführungen direkt in den Lösungsbogen ein. Es empfiehlt sich, Notizpapier mitzunehmen, um vor der Reinschrift Stichpunkte anfertigen zu können.

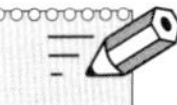

Thema:

Jeden Monat ein fester Geldbetrag vom Staat, ohne Gegenleistung und unabhängig von Alter, Einkommen und Bedürftigkeit: Das ist die Idee eines bedingungslosen Grundeinkommens.

Beurteilen Sie diese Idee (für Deutschland). Entfalten Sie hierzu **drei** Argumente.

Lösungsbogen

1

Inhalt des Textes

Kreuzen Sie an:

1	2	3	4	5	6	7	8	9	10	
☐	☐	☐	☐	☐	☐	☐	☐	☐	☐	hauptsächlich
☐	☐	☐	☐	☐	☐	☐	☐	☐	☐	eher beiläufig/punktuell
☐	☐	☐	☐	☐	☐	☐	☐	☐	☐	überhaupt nicht

2

Textaufbau

Tragen Sie die Nummer des passenden Textabschnitts ein.
Bei Fragen ohne Textbezug notieren Sie die Ziffer 0.

A	B	C	D	E	F	G	H	
								Abschnitt

3

Meinung des Autors

Kreuzen Sie an:

1	2	3	4	5	6	7	8	
☐	☐	☐	☐	☐	☐	☐	☐	entspricht der Meinung des Autors
☐	☐	☐	☐	☐	☐	☐	☐	entspricht nicht der Meinung des Autors
☐	☐	☐	☐	☐	☐	☐	☐	nicht dem Text zu entnehmen

4

Eigenschaften und Merkmale des Textes

Kreuzen Sie an:

1	2	3	4	5	6	7	8	
☐	☐	☐	☐	☐	☐	☐	☐	vollständig richtig
☐	☐	☐	☐	☐	☐	☐	☐	teilweise richtig
☐	☐	☐	☐	☐	☐	☐	☐	vollständig falsch

5

Synonyme und Antonyme

Ordnen Sie die Kennbuchstaben passend zu:

1	2	3	4	5	6	7	8

6 Nebensätze

Unterstreichen Sie ggf. den Nebensatz und tragen Sie den passenden Buchstaben ein

		Kennbuchstabe
1	Wer schlecht isst, ist nicht selbst schuld (vgl. Z. 13 f.).	
2	Beim Bundeskartellamt haben sie vermutlich nicht gewusst, ob sie angesichts dieser Idee lachen oder weinen sollen (vgl. Z. 41 ff.).	
3	Ein objektiv angemessener Preis für ein Lebensmittel läge also dann vor, wenn ihn alle bezahlen könnten (vgl. Z. 17 f.).	
4	1,7 Millionen Menschen strömen regelmäßig zu den Tafeln, weil sie Lebensmittel nicht mal beim Discounter bezahlen können (vgl. Z. 14 f.).	
5	Man kann gutes Essen wertschätzen, ohne auch nur einen Cent mehr dafür zu bezahlen (vgl. Z. 23 f.).	
6	Dänemark und Österreich sind teuer, Ungarn und Tschechien sind billig, Deutschland liegt im Mittelfeld (vgl. Z. 46 ff.).	

7 Sehenswürdigkeiten

Tragen Sie die Lösungen ein.

	Name	Stadt
1		
2		
3		
4		

8 Statistische Kennziffern

Notieren Sie den jeweils richtigen Buchstaben.

1	2	3	4	5

9 Buchstabensalat

Kreuzen Sie an, welche Begriffe enthalten sind:

A	B	C	D	E	F	G	H	I	K	L	
☐	☐	☐	☐	☐	☐	☐	☐	☐	☐	☐	enthalten

10 Preisniveau in Europa

Kreuzen Sie an:

1	2	3	4	5	6	7	8	9	10	11	
☐	☐	☐	☐	☐	☐	☐	☐	☐	☐	☐	vollständig richtig
☐	☐	☐	☐	☐	☐	☐	☐	☐	☐	☐	teilweise richtig
☐	☐	☐	☐	☐	☐	☐	☐	☐	☐	☐	vollständig falsch
☐	☐	☐	☐	☐	☐	☐	☐	☐	☐	☐	nicht zu entnehmen

11 **Lebensmittelverschwendung**

Kreuzen Sie an:

1	2	3	4	5	6	7	
☐	☐	☐	☐	☐	☐	☐	vollständig richtig
☐	☐	☐	☐	☐	☐	☐	teilweise richtig
☐	☐	☐	☐	☐	☐	☐	vollständig falsch
☐	☐	☐	☐	☐	☐	☐	nicht zu entnehmen

12 **Lebensmittel richtig lagern**

Kreuzen Sie an:

1	2	3	4	5	6	7	8	
☐	☐	☐	☐	☐	☐	☐	☐	richtig
☐	☐	☐	☐	☐	☐	☐	☐	falsch
☐	☐	☐	☐	☐	☐	☐	☐	nicht zu entnehmen

13 **Containern**

Kreuzen Sie an:

1	2	3	4	5	6	
☐	☐	☐	☐	☐	☐	richtig
☐	☐	☐	☐	☐	☐	falsch
☐	☐	☐	☐	☐	☐	nicht zu entnehmen

14 **Denksport**

a) Tragen Sie den gesuchten Begriff in die passende Zeile ein.

1 ____________________

2 ____________________

3 ____________________

4 ____________________

b) Kreuzen Sie an:

1	2	3	4	5
☐	☐	☐	☐	☐

c) Lösungszahl:

☐

15 **Mindesthaltbarkeitsdatum und Verbrauchsdatum**

Tragen Sie die jeweils richtige Kennzahl ein.

a	b	c	d	e	f	g	h

16 **Konzentration**

Tragen Sie Ihr Ergebnis für Aufgabe a ein. Kreuzen Sie Ihr Ergebnis für Aufgabe b an.

a) Lösungszahl:

b) 1 2 3 4

☐ ☐ ☐ ☐

17 **Verordnung (EU) Nr. 1169/2011**

Kreuzen Sie an:

1	2	3	4	5	6	7	8	
☐	☐	☐	☐	☐	☐	☐	☐	vollständig richtig
☐	☐	☐	☐	☐	☐	☐	☐	teilweise richtig
☐	☐	☐	☐	☐	☐	☐	☐	vollständig falsch

18 **Flussdiagramm**

Tragen Sie den richtigen Kennbuchstaben für Feld 1 bis 3 ein.

Feld 1	Feld 2	Feld 3

19 **Sozialgesetzbuch (SGB) Zweites Buch (II) – Grundsicherung für Arbeitsuchende**

Kreuzen Sie an:

1.1	1.2	2.1	2.2	2.3	3	4	
☐	☐	☐	☐	☐	☐	☐	vollständig richtig
☐	☐	☐	☐	☐	☐	☐	teilweise richtig
☐	☐	☐	☐	☐	☐	☐	vollständig falsch

20 **Karikatur**

Kreuzen Sie an:

1	2	3	4	5	6	7	
☐	☐	☐	☐	☐	☐	☐	vollständig richtig
☐	☐	☐	☐	☐	☐	☐	vollständig falsch
☐	☐	☐	☐	☐	☐	☐	nicht zu entnehmen

21 Knobeleien

Kreuzen Sie den jeweils richtigen Lösungsbuchstaben an:

	A	B	C	D	E	F	G	H	I
a)	☐	☐	☐	☐					
b)	☐	☐							
c)	☐	☐	☐	☐	☐	☐	☐	☐	☐

22 Räumliches Denken

Kreuzen Sie Ihr Ergebnis für Aufgabe a an. Tragen Sie Ihre Ergebnisse für Aufgabe b ein.

a)

1	2	3	4
☐	☐	☐	☐

b) 1 ______ 2 ______

23 Bundestagswahl 2021

Tragen Sie die jeweils richtigen Kennzahl ein:

a	b	c	d	e	f	g	h	i

24 Jahrestage 2022

Tragen Sie den passenden Kennbuchstaben ein:

1	2	3	4	5	6	7	8	9	10	11	12

25 Wer hat was gesagt?

Tragen Sie die richtige Kennzahl ein:

A	B	C

26 Vor 50 Jahren

Tragen Sie die richtige Kennzahl ein:

a	b	c	d	e	f	g	h	i	k	l

27 **Landtagswahlen in Bayern**

Kreuzen Sie an:

	1	2	3	4	5	6	7
vollständig richtig	☐	☐	☐	☐	☐	☐	☐
teilweise richtig	☐	☐	☐	☐	☐	☐	☐
vollständig falsch	☐	☐	☐	☐	☐	☐	☐

28 **Reihen ergänzen I**

Tragen Sie Ihre Ergebnisse für die Aufgaben a bis c (Zahlen) und d (Kennbuchstabe) ein.

a) ☐ b) ☐ c) ☐

d) ☐ ☐ ☐ ☐

29 **Lebenszufriedenheit in Deutschland**

Kreuzen Sie an:

	1	2	3	4	5	6	7	8	9
vollständig richtig	☐	☐	☐	☐	☐	☐	☐	☐	☐
teilweise richtig	☐	☐	☐	☐	☐	☐	☐	☐	☐
vollständig falsch	☐	☐	☐	☐	☐	☐	☐	☐	☐
nicht zu entnehmen	☐	☐	☐	☐	☐	☐	☐	☐	☐

30 **Reihen ergänzen II**

Kreuzen Sie an:

	1	2	3	4
a)	☐	☐	☐	☐
b)	☐	☐	☐	☐
c)	☐	☐	☐	☐

Lösungsbuchstabe:

d) ☐ e) ☐

31 **Entwicklung von BIP und Arbeitnehmereinkommen 1995–2020**

Kreuzen Sie an:

	1	2	3	4	5	6	7
zutreffend	☐	☐	☐	☐	☐	☐	☐
nicht zutreffend	☐	☐	☐	☐	☐	☐	☐
nicht zu entnehmen	☐	☐	☐	☐	☐	☐	☐

32 **Rechnerei**

Tragen Sie Ihr Ergebnis ein:

33 **Grundsicherung in Deutschland**

Kreuzen Sie an:

1	2	3	4	5	6	7	8	
☐	☐	☐	☐	☐	☐	☐	☐	richtig
☐	☐	☐	☐	☐	☐	☐	☐	teilweise richtig
☐	☐	☐	☐	☐	☐	☐	☐	falsch
☐	☐	☐	☐	☐	☐	☐	☐	nicht zu entnehmen

34 **Abhandlung**

Im Original-Test müssen Sie die Reinschrift Ihrer Abhandlung direkt im Lösungsbogen eintragen. Es empfiehlt sich, Notizpapier, z. B. für eine Stoffsammlung, bereit zu halten.

Thema: Jeden Monat ein fester Geldbetrag vom Staat, ohne Gegenleistung und unabhängig von Alter, Einkommen und Bedürftigkeit: Das ist die Idee eines bedingungslosen Grundeinkommens.

Beurteilen Sie diese Idee (für Deutschland). Entfalten Sie hierzu drei Argumente.

Lösungen

Allgemeine Tipps zur Auswahlprüfung

Teilen Sie sich die Zeit ein. Starten Sie mit dem Aufgabentyp, der Ihnen liegt. Wenn Sie also z. B. ein großes Allgemeinwissen haben, sich aber mit Texten schwertun, beginnen Sie bei den Wissensaufgaben – oder umgekehrt.
Sollten Sie bei einer Aufgabe gar nicht weiterkommen, machen Sie bei der nächsten weiter. Besser eine Aufgabe weniger gelöst, als keine Zeit mehr für Aufgaben zu haben, die man lösen könnte! Ihr Ziel muss es sein, in den gegebenen 180 Minuten möglichst viele der insgesamt 300 Punkte einzusammeln. Bei den meisten Aufgaben erhalten Sie einen Punkt für jede richtige Antwort, bei Logikaufgaben häufig zwei Punkte.

1 ___ von 10 P.

Inhalt des Textes

TIPP *Festzustellen, worum es „überhaupt nicht" geht, ist am leichtesten. Beginnen Sie damit. Wählen sie dann die Themen, bei denen Sie sich sicher sind, dass es darum „hauptsächlich" geht. Finden lassen sich solche Themen häufig, indem man nach den Schlagworten sucht, also z. B. „Lebensmittel", „Lebensmittelpreise" oder Begriffen aus dem gleichen Wortfeld, also z. B. „bezahlen". Was übrig bleibt, sollte dann als „beiläufig/punktuell" eingeordnet werden können.*

1	2	3	4	5	6	7	8	9	10	
☐	☐	☐	☒	☐	☐	☒	☐	☐	☐	hauptsächlich
☐	☒	☐	☐	☒	☐	☐	☒	☐	☒	eher beiläufig/punktuell
☒	☐	☒	☐	☐	☒	☐	☐	☒	☐	überhaupt nicht

2 ___ von 8 P.

Textaufbau

TIPP *In den Aufgaben sind oft Stichworte enthalten, die bei der Suche helfen. Überprüfen Sie, ob auch der Zusammenhang, in dem das jeweilige Stichwort steht, zur Frage passt.*

A	B	C	D	E	F	G	H	
9	0	3	1	4	2	6	8	Abschnitt

A Stichworte: „Vorschlag" und „Greenpeace"
B Bei Fragen ohne Textbezug notieren Sie die Ziffer 0.
C Erstmals werden die Tafeln in Abschnitt 3 erwähnt.
D Direkte Ansprache der Leser und Leserinnen: „Doch jeder glaubt zu wissen ..."
E Hauptthema: „Wertschätzung" (Abschnitt 4)
F Stichwort: „Rohstoffkosten"
G Stichwort: „schuld"
H Stichwort: „nicht unangemessen"

3

___ von 8 P.

Meinung des Autors

TIPP *Auch hier empfiehlt es sich, im Text nach relevanten Stichworten suchen. „Nicht zu entnehmen" bedeutet, dass dazu keine entsprechend formulierte Information im Text bzw. im Material enthalten ist. Unwichtig ist dabei, ob eine Aussage trotzdem, z. B. aus eigener Erfahrung, anders beurteilt werden könnte. Wenn Sie bei Aussage 1 genau arbeiten, können Sie andere Aussagen schnell erschließen. Manchmal sind Begriffe in Text und Fragen nicht völlig identisch, werden aber in ähnlicher Form verwendet. Hier müssen Sie genau lesen, was der Autor zum Ausdruck bringen will. Er ist also der Meinung, dass man sehr wohl einen „objektiv angemessene[n] Preis" definieren kann, der eben nur nicht in konkreten Zahlen (Z. 19) beziffert werden kann.*

1	2	3	4	5	6	7	8	
☐	☐	☐	☐	☒	☐	☒	☒	entspricht der Meinung des Autors
☒	☐	☐	☒	☐	☒	☐	☐	entspricht nicht der Meinung des Autors
☐	☒	☒	☐	☐	☐	☐	☐	nicht dem Text zu entnehmen

Entspricht nicht der Meinung des Autors:
Suchen Sie nach den Begriffen „(un)angemessen" (1); der Autor beleuchtet dazu unterschiedliche Standpunkte, er hält die Preise nicht „immer" für „unangemessen" (Z. 48).
Es geht im Text um „Wertschätzung", aber in einem anderen Zusammenhang (4).

Entspricht der Meinung des Autors:
Bei den Aussagen 5 und 7 geht es um Preise wie bei Aussage 1. (8): Stichwort „Tafel".

Nicht dem Text zu entnehmen:
Achten Sie auf den Wortlaut der Behauptung „können … nicht beurteilen" (2) bzw. „nützlichsten" (3). Hierzu finden Sie keine Aussagen im Text.

4

___ von 8 P.

Eigenschaften und Merkmale des Textes

TIPP *Hier ist es wichtig, dass Sie erkennen, was mit der Aussage gemeint ist. Sie sollten also wissen, was z. B. mit „kritisch reflektierend", „objektiv" oder „ironisch" gemeint ist. Bereiten Sie sich auf solche Begriffe vor. Überlegen Sie zuerst, welche Aussagen vollständig falsch bzw. richtig sind. Prüfen Sie dann, ob auf die anderen Aussagen „teilweise richtig" zutrifft.*

1	2	3	4	5	6	7	8	
☐	☒	☐	☐	☒	☐	☐	☐	vollständig richtig
☐	☐	☒	☒	☐	☒	☐	☐	teilweise richtig
☒	☐	☐	☐	☐	☐	☒	☒	vollständig falsch

Falsch (1, 7, 8): Aussage 1 ist falsch, da im Text keine Bezüge zur Biografie (zum Lebenslauf) des Autors deutlich werden. Aussage 7 ist falsch, da der Autor unterschiedliche Sichtweisen im Text aufzeigt. Aussage 8 ist falsch; der Text ist verständlich geschrieben.

Richtig (2, 5): Aussage 2 ist vollständig richtig – die Beispiele sind Ihnen sicher schon aufgefallen. Aussage 5 ist vollständig richtig – vergleichen Sie mit den Ausführungen zu Aussage 7.

5 ___ von 8 P.

Synonyme und Antonyme

TIPP *Wörter mit nahezu gleicher Bedeutung nennt man Synonyme (Bsp.: Essen, Mahlzeit). Ein Antonym hat die entgegengesetzte Bedeutung eines anderen Wortes (Bsp.: groß/klein). Beim Lösen der konkreten Aufgabe gehen Sie am besten nach dem Ausschlussprinzip vor. Wenn Sie auf den Textzusammenhang achten, bleibt nur noch eine Auswahlmöglichkeit übrig.*

1	2	3	4	5	6	7	8
S	U	K	Y	E	F	O	B

1 Wenn Sie die Auswahlliste von A bis Y nach einem Synonym für Wertschätzung durchsuchen, werden Sie nur die Substantive näher ansehen und so zum Begriff *Würdigung* als Lösung gelangen.

2 Als Synonym für *diktieren* kommen nur Verben infrage (also vorlesen, diskutieren und vorgeben).

6 ___ von 6 P.

Nebensätze

TIPP *Wenn Sie hier unsicher sind, wiederholen Sie die Satzarten. Zur Erinnerung: Konditionalsätze informieren darüber, unter welcher Bedingung die Aussage des Hauptsatzes gilt (Bsp.: Falls die Sonne scheint, könnt ihr im Garten grillen). Konsekutivsätze benennen die Folge (Bsp.: Ich stand zu spät auf, sodass ich den Bus verpasste). Konzessivsätze formulieren Tatsachen, die man nicht erwarten würde (Bsp.: Obwohl es regnet, gehen wir ins Freibad).*

		Kennbuchstabe
1	Wer schlecht isst, ist nicht selber schuld (Z. 13 f.)	K
2	Beim Bundeskartellamt haben sie vermutlich nicht gewusst, ob sie angesichts dieser Idee lachen oder weinen sollen. (Z. 42)	L
3	Ein objektiv angemessener Preis für ein Lebensmittel läge also dann vor, wenn ihn alle bezahlen könnten. (Z. 17)	G
4	1,7 Millionen Menschen strömen regelmäßig zu den Tafeln, weil sie Lebensmittel nicht mal beim Discounter bezahlen können. (Z. 15)	E
5	Man kann gutes Essen wertschätzen, ohne auch nur einen Cent mehr dafür zu bezahlen. (Z. 24)	H
6	Dänemark und Österreich sind teuer, Ungarn und Tschechien sind billig, Deutschland liegt im Mittelfeld. (Z. 47)	M

7 ___ von 8 P.

Sehenswürdigkeiten

TIPP *Hier hilft ein großes Allgemeinwissen, das Sie durch gezielte Vorbereitung stärken können. Neben berühmten Sehenswürdigkeiten wie dem Eiffelturm können auch weniger bekannte Sehenswürdigkeiten vorkommen. Versuchen Sie, anhand von typischen Bildmerkmalen die richtige Lösung zu erschließen.*

	Name	Stadt
1	Stephansdom	Wien
2	Meerjungfrau	Kopenhagen
3	Kettenbrücke	Budapest
4	Hradschin (Prager Burg)	Prag

8
___ von 5 P.

Statistische Kennziffern

TIPP *Diese Aufgabe ist nicht allzu schwer, vorausgesetzt Sie haben einige Grundkenntnisse. Lassen Sie sich nicht durch die vielen Zahlen irreführen. Kaum jemand wird alle Werte kennen – und das brauchen Sie auch nicht. Überlegen Sie, ob Sie anhand eines Indikators ein Land eindeutig zuordnen oder evtl. auch als Lösungsmöglichkeit ausschließen können. Manches lässt sich dann über die anderen Werte herausfinden, z. B. sollte allgemein bekannt sein, dass Löhne und Gehälter in den skandinavischen Staaten höher sind als in Deutschland. Übrigens: Manchmal hilft auch ein Blick auf eine andere Aufgabe weiter, hier z. B. auf die Europakarte in Aufgabe 10. Aufgrund der Landesgröße können Sie zumindest grob die Einwohnerzahl einordnen.*

1	2	3	4	5
C	B	A	F	E

Deutschland
Dass Deutschland über 80 Millionen Einwohner*innen hat, wissen Sie.

Frankreich
Hier sind nur zwei Länder möglich: Frankreich oder Italien. Alle anderen Länder haben weniger Einwohner*innen. Italien hat als das kleinere Land nicht ganz so viele Einwohner*innen (< 60 Millionen) und scheidet somit aus.

Dänemark
Dänemark ist das kleinste Land, also möglicherweise das mit den wenigsten Einwohner*innen. Skandinavische Länder haben einen hohen Lebensstandard. Land 3 ist reich (BIP, Bruttomonatsverdienst), was die Zuordnung stützt.

Tschechien
BIP und Monatsverdienst sind bei Land 2 deutlich niedriger als bei Land 4, was für Tschechien spricht.

Österreich
Die Bevölkerung ist für Italien zu klein, sodass es sich um Österreich handeln muss.

9
___ von 5 P.

Buchstabensalat

A	B	C	D	E	F	G	H	I	K	L	
X		X	X		X			X			enthalten

F	X	A	R	T	U	J	V	G	F	S	K
N	**I**	V	H	J	L	Ä	**S**	X	W	W	A
U	X	**S**	E	Q	U	X	**C**	D	U	**G**	P
I	K	L	**C**	E	H	L	**H**	N	Ü	**E**	A
F	H	W	E	**H**	T	A	**O**	F	Q	**M**	Y
R	A	O	P	N	P	K	**K**	L	O	**Ü**	M
D	W	**T**	**S**	**B**	**O**	A	**O**	W	O	**S**	M
M	T	U	C	J	X	E	**L**	A	A	**E**	I
V	Z	O	B	P	T	P	**A**	N	Ü	P	L
J	H	J	U	Z	I	E	**D**	Z	I	P	Ü
Q	D	F	**G**	**E**	**T**	**R**	**E**	**I**	**D**	**E**	R
J	K	A	D	E	R	T	C	T	Q	R	A

10
___ von 11 P.

Preisniveau in Europa

TIPP *Auch hier gilt: Genau lesen und genau hinsehen. Grundwissen zur Geographie Europas (Was ist ein „Mittelmeeranrainer"? Wo liegen die Staaten?) ist hier Grundlage.*

1	2	3	4	5	6	7	8	9	10	11	
	X		X			X		X	X		vollständig richtig
X											teilweise richtig
					X						vollständig falsch
		X		X			X			X	nicht zu entnehmen

Vollständig richtig: Zu den Benelux-Staaten zählen Belgien, die Niederlande und Luxemburg (4). Die baltischen Staaten sind Estland, Lettland und Litauen (7). Tschechien und die Slowakei sind die Nachfolgestaaten der Tschechoslowakei (10).

Teilweise richtig: Auf Schweden trifft die Aussage nicht zu (1).

Nicht zu entnehmen: Es ist falsch, dass der eine Teil Zyperns zu Griechenland und der andere zur Türkei gehört, auch wenn die beiden Teile jeweils türkisch bzw. griechisch geprägt sind. Zypern und die innerzyprische Grenze sind zwar auf der Karte verzeichnet, aber die politische Situation lässt sich daraus nicht ablesen (8). Zum Kosovo (3) und zu Moldawien (11) werden keine Angaben gemacht. Um alkoholische Getränke geht es in der Karte nicht (5).

Vollständig falsch: Die Mittelmeeranrainer Spanien, Frankreich, Italien, Kroatien etc. weisen ein unterschiedliches Preisniveau auf (6).

11 ___ von 7 P.

Lebensmittelverschwendung

TIPP *Lesen Sie genau, es kommt oft auf Details an. Was „vollständig falsch“ ist, ist am leichtesten festzustellen. Beginnen Sie damit. Überprüfen Sie, ob die Aussagen wirklich falsch sind oder ob den Diagrammen keine Information dazu zu entnehmen ist. Suchen Sie dann die Aussagen, die „vollständig richtig“ sind. Die verbleibenden Aussagen sind sehr wahrscheinlich teilweise richtig.*

1	2	3	4	5	6	7	
X		X		X			vollständig richtig
			X				teilweise richtig
					X		vollständig falsch
	X					X	nicht zu entnehmen

1 Richtig, weil 45 % der Obst- und Gemüseerzeugnisse, aber nur 30 % der Getreideerzeugnisse vergeudet werden.

2 Man erfährt, dass weltweit 35 % aller Fische und Meeresfrüchte vergeudet werden und wie viele Lebensmittelabfälle in Japan und Deutschland anfallen. Dass in Japan mehr Fische gegessen bzw. weggeworfen werden als in Deutschland ist anzunehmen. Hier handelt es sich aber um eine Interpretation und nicht um Fakten, die aus den Diagrammen zu entnehmen sind.

3 Hier müssen Sie die Angaben für Indien und Deutschland in Beziehung setzen, die Daten sind aus dem Balkendiagramm zu entnehmen.

4 Der erste Teil der Aussage stimmt, der zweite aber nicht, da auch pro Kopf mehr Lebensmittel weggeworfen werden. Somit ist die Aussage teilweise richtig.

12 ___ von 8 P.

Lebensmittel richtig lagern

TIPP *Festzustellen, welche Aussagen falsch sind, ist am leichtesten. Wählen sie dann die Aussagen, bei denen Sie sich sicher sind, dass Sie richtig sind. „Nicht zu entnehmen“ bedeutet, dass dazu keine entsprechend formulierte Information im Text bzw. im Material enthalten ist. Unwichtig ist dabei, ob eine Aussage trotzdem, z. B. aus eigener Erfahrung, anders beurteilt werden könnte.*

1	2	3	4	5	6	7	8	
	X		X		X			richtig
X				X				falsch
		X				X	X	nicht zu entnehmen

Richtig: Unterschiedliche Lebensmittel werden unterschiedlichen Fächern mit jeweils unterschiedlicher Temperatur zugeordnet (2). (4): siehe Temperaturangaben
Suchbegriffe „vegetarischer Fleischersatz“, „Fleisch“ (6)
Falsch: (1): siehe rechte Spalte der Abbildung, (5): siehe Temperaturangaben
Nicht zu entnehmen: Die Begriffe „Hygiene“ (3), „braune Flecken“ (7) und „Gefrierfach“ (8) sind in der Darstellung nicht zu finden.

13
___ von 6 P.

Containern

TIPP *Lesen Sie den Text aufmerksam durch und gehen Sie ähnlich vor wie in den vorherigen Aufgaben.*

1	2	3	4	5	6	
[X]	[X]	[ ]	[ ]	[X]	[ ]	richtig
[ ]	[ ]	[X]	[ ]	[ ]	[X]	falsch
[ ]	[ ]	[ ]	[X]	[ ]	[ ]	nicht zu entnehmen

1 siehe Abschnitt „Containern – soziale Dimension, ... Zweitens ...“.
2 Erschließt sich aus dem letzten Absatz „Probleme mit dem Gesetz“.
3 Containern betrifft nur Lebensmittel, die trotz des abgelaufenen Verfallsdatums noch frisch sind oder luftdicht eingeschweißt bzw. original verpackt sind, also nicht „selbst zubereitete“ (vgl. Absatz 1).
4 Im Text steht nur, dass junge Menschen bzw. Wohngemeinschaften und Hausbesetzer containern.
5 siehe Text: „Allerdings ist Containern strafrechtlich relevant; es zählt als Diebstahl.“
6 Anhand der Grafik als eindeutig falsch zu werten.

14
___ von 6 P.

Denksport

a) TIPP *In der Aufgabe steht, dass die gesuchten Begriffe aus dem Themenfeld Ernährung stammen. Der Begriff „Haltbarkeit“ lässt sich rückwärts lesen.*

1 Nährstoffe

2 Landwirtschaft

3 Tiefkühlprodukte

4 Haltbarkeit

b) TIPP *Suchen Sie nach einem logischen Muster. In diesem Fall reicht es, wenn Sie das Muster der unteren Reihe erkennen. Denken Sie an das Ausschlussverfahren.*

1	2	3	4	5
[ ]	[ ]	[ ]	[X]	[ ]

Die oberen drei Dominosteine folgen der Logik –1, die unteren Dominosteine folgen der Logik +1.

c) TIPP *Die Zahlenmatrix lässt sich ähnlich lösen wie einfache Zahlenreihen.*

59

Muster der Zahlenreihen: waagrecht: +3, –5, +10, senkrecht –2, +4, –7.

15 Mindesthaltbarkeitsdatum und Verbrauchsdatum

___ von 8 P.

TIPP *Bei den meisten Lücken helfen logisches Denken und das eigene Sprachgefühl weiter. Man kann auch systematisch nach dem Ausschlussverfahren vorgehen und pro Lücke die Auswahlliste durchgehen, also: Was passt bei Lücke [a] auf keinen Fall? Als Antwort kommen grammatikalisch nur die Begriffe 4, 6, 8 und 15 infrage, inhaltlich passt Begriff 8 „kursierenden Meinung" am besten.*

a	b	c	d	e	f	g	h
8	5	14	10	1	16	6	11

16 Konzentration

___ von 2 P.

a) **TIPP** *Hier wird nur nach der Gesamtzahl gefragt.*

Lösungszahl:

12

A b C 7 8 d X J 8 W h **1 A 8** L M 9 A b 8 **1 U 7** k N k L **4 O 9** 9 8 l g **8 O 5** a A 9
S i G 9 h n z T R f S W 1 d k v v **5 U 5** v g g o U Z 2 x s ü P 6 b 9 u k n V 5 R
8 9 T g 4 k n Z **9 A 5** 1 k k e 1 X p l O **2 O 4** 9 Y **8 A 6** 8 1 P O C s **4 U 8** A E 1
S u **8 A 9** m a E O 8 5 **6 U 8** f t A 8 4 g 7 w 1 **5 U 1** 3 9 h U Z 1 L s 7 r A a 3 U

___ von 2 P.

b) **TIPP** *Der Schmetterling auf Bild 3 hat auf dem rechten unteren Flügel zwei dunkle Punkte.*

1	2	3	4
☐	☐	☒	☐

17 Verordnung (EU) Nr. 1169/2011

___ von 8 P.

TIPP *Lesen Sie zuerst die Gesetzestexte durch. Dabei müssen Sie noch nicht jede Einzelheit verstanden haben, aber man weiß in etwa, worum es geht (man nennt das auch „diagonal lesen"). Gehen Sie dann nach Schlüsselwörtern vor; bei Aussage 1 ist z. B. von „Gebrauchsanleitung" die Rede. Suchen Sie dieses Wort im Text und überprüfen Sie dann, in welchem Zusammenhang die Aussage 1 dazu steht.*

1	2	3	4	5	6	7	8	
☒	☐	☐	☒	☐	☒	☐	☒	vollständig richtig
☐	☒	☐	☐	☐	☐	☐	☐	teilweise richtig
☐	☐	☒	☐	☒	☐	☒	☐	vollständig falsch

18 Flussdiagramm

TIPP *Das Flussdiagramm können Sie mithilfe der Tabelle lösen. Sie müssen dann nur noch den richtigen Kennbuchstaben aus der Auswahlliste in den Lösungsbogen eintragen.*

___ von 6 P.

Feld 1	Feld 2	Feld 3
500 g-Packung	keine Ware	3 Euro

19

___ von 7 P.

Sozialgesetzbuch (SGB) Zweites Buch (II) – Grundsicherung für Arbeitsuchende

TIPP *Die Tipps zu Aufgabe 17 helfen auch hier weiter.*

1.1	1.2	2.1	2.2	2.3	3	4	
☐	☐	☒	☒	☐	☐	☒	vollständig richtig
☒	☐	☐	☐	☐	☐	☐	teilweise richtig
☐	☒	☐	☐	☒	☒	☐	vollständig falsch

20

___ von 7 P.

Karikatur

TIPP *Sehen Sie sich zuerst die Karikatur genau an. Stellen Sie sich dann vor, Sie müssten jemandem die Karikatur und deren Aussage erklären. Dann vergleichen Sie die Aussagen mit Ihren eigenen Gedanken. So merken Sie schnell, dass die Aussagen 4 und 6 richtig sind.*

1	2	3	4	5	6	7	
☐	☐	☐	☒	☐	☒	☐	vollständig richtig
☒	☐	☐	☐	☐	☐	☐	vollständig falsch
☐	☒	☒	☐	☒	☐	☒	nicht zu entnehmen

1 Vollständig falsch, da es nicht um einen „politischen Weg“ geht, sondern darum, dass die Tariferhöhung bildlich „in die Hände der Kostensteigerung fällt“.

2 Der Aspekt „Arbeitgeber“ ist nicht erkennbar.

3 Es wird nur gezeigt, was geschieht. Ursachen dafür sind nicht zu entnehmen.

4/6 Sowohl der zufrieden blickende Beschäftigte als auch die als Teufel dargestellte Kostensteigerung sind klar zu erkennen.

5/7 Die Aussage beschränkt sich auf die Darstellung des vom Karikaturisten Beobachteten. Sicher befürwortet er diese Prozesse nicht, sonst würde er ja nicht in einer Karikatur darauf aufmerksam machen. Aber er weist niemandem eine Schuld zu und macht auch keine Vorschläge, wer die Probleme lösen könnte (z. B. Gewerkschaften).

21

___ von 6 P.

Knobeleien

TIPP *Notieren Sie zu jedem Satz, den Sie lesen, mit wenigen Worten die entscheidende Information und ziehen Sie daraus Schlussfolgerungen. Auf diese Weise finden Sie das richtige Ergebnis. Hier werden 2 Punkte pro Antwort vergeben.*

	A	B	C	D	E	F	G	H	I
a)	☐	☐	☐	☒					
b)	☒	☐							
c)	☐	☐	☐	☐	☒	☐	☐	☐	☐

a) Sie müssen als Erstes bestimmen, welcher Tag vorgestern ist; das ist Dienstag. Heute ist dann Donnerstag und folglich ist morgen Freitag.

b) Sophie und Lukas sehen sich montags bis freitags. Wenn übermorgen Sonntag ist, ist heute Freitag. Vor drei Tagen war Dienstag. Sophie und Lukas sind sich also am Dienstag begegnet.

c) Reihenfolge: Pizza, Spaghetti, Bratwurst/Schnitzel, Kartoffelsuppe, Pfannkuchen. Fisch und Pommes können nicht klar eingeordnet werden.

22
___ von 4 P.

Räumliches Denken

a) TIPP *Würfelaufgaben kommen in verschiedenen Varianten vor. Oft hilft das Ausschlussverfahren weiter.*

1	2	3	4
☐	☐	☐	☒

b) TIPP *Überlegen Sie, welche Flächen einander gegenüberliegen und doppelt vorkommen.*

1 7 **2** 10

23
___ von 9 P.

Bundestagswahl 2021

TIPP *Nach Wahlen, die zeitnah vor oder nach der Prüfung stattfinden, wird häufig gefragt. Setzen Sie sich rechtzeitig mit Wahlen oder auch Volksbegehren auseinander.*

a	b	c	d	e	f	g	h	i
8	5	2	4	11	19	9	6	10

24
___ von 12 P.

Jahrestage 2022

TIPP *Jahrestage werden in der Regel in den Medien thematisiert. Verfolgen Sie regelmäßig das aktuelle Tagesgeschehen, indem Sie z. B. eine überregionale Tageszeitung lesen oder Nachrichten ansehen.*

1	2	3	4	5	6	7	8	9	10	11	12
B	E	B	I	O	K	A	K	D	G	G	M

25
___ von 3 P.

Wer hat was gesagt?

TIPP *Manche Zitate sind weltberühmt und sollten bekannt sein (z. B. „Ich bin ein Berliner.“). Auch hier kann man nach dem Ausschlussverfahren vorgehen.*

A	B	C
1	5	8

26
___ von 11 P.

Vor 50 Jahren

TIPP *Hier soll Grundwissen zur Geschichte geprüft werden. Manchmal hilft dabei das Ausschlussverfahren. Beachten Sie, dass sich der vorliegende Text auf das Ausgangsjahr 1972 bezieht (50 Jahre vor 2022). Bei den Lösungsmöglichkeiten wurde der Buchstabe „j“ ausgespart, um Verwechslungen mit dem Buchstaben „i“ zu vermeiden.*

a	b	c	d	e	f	g	h	i	k	l
19	12	28	15	18	16	25	1	17	31	13

27 ____ von 7 P.

Landtagswahlen in Bayern

TIPP *Setzen Sie sich rechtzeitig vor der Prüfung mit den Regeln für anstehende Wahlen auseinander. Dieses Grundwissen wird von zukünftigen bayerischen Beamten und Beamtinnen erwartet.*

1	2	3	4	5	6	7	
☒	☐	☐	☒	☐	☒	☐	vollständig richtig
☐	☒	☐	☐	☒	☐	☐	teilweise richtig
☐	☐	☒	☐	☐	☐	☒	vollständig falsch

2 Vergeben werden 180 Mandate, es handelt sich aber um 91 Direkt- und um 89 Listenmandate.

5 Teilaussage 1 ist falsch; Teilaussage 2 ist richtig.

28

Reihen ergänzen I

TIPP *Suchen Sie nach der Logik, der die Elemente einer Reihe folgen. Überlegen Sie sich bei Aufgabe d, welche Städte in der Auswahlliste die beiden kleinsten sind und welche Städte nach den drei größten deutschen Städten folgen könnten.*

____ von 6 P

a) 26 **b)** 306 **c)** 877

____ von 2 P.

d) H D G I

a) Muster der Zahlenreihe: –2, –2, –4, –4 etc.

b) Muster der Zahlenreihe: x3, +4, –1 etc.;

c) Immer zwei Zahlen werden addiert: 5 + 3 = 8; 8 + 11 = 19 etc.

d) Reihenfolge: Berlin (3,8 Mio.), Hamburg (1,8 Mio.), München (1,5 Mio.), Köln (1,1 Mio.), Frankfurt a. M. (773 000), Stuttgart (632 000), Leipzig (616 000), Dortmund (593 000), Nürnberg (523 000), Augsburg (301 000), Würzburg (127 000), Passau (53 000). Hilfreich ist es, die vier Millionenstädte in Deutschland zu kennen, womit die Position von Köln klar ist. Frankfurt a. M. liegt vor Stuttgart, Leipzig und Dortmund, die je eine Stadtbevölkerung von ca. 600 000 aufweisen. Würzburg und Passau sind die beiden kleinsten Städte in der Auswahlliste hinter Nürnberg und Augsburg.

29 Lebenszufriedenheit in Deutschland

___ von 9 P.

TIPP *Sehen Sie die Materialien genau an und lesen Sie die Aussagen genau.*

1	2	3	4	5	6	7	8	9	
☐	X	☐	☐	☐	☐	X	☐	X	vollständig richtig
☐	☐	☐	☐	☐	X	☐	☐	☐	teilweise richtig
X	☐	X	☐	☐	☐	☐	X	☐	vollständig falsch
☐	☐	☐	X	X	☐	☐	☐	☐	nicht zu entnehmen

1 Suchen Sie im Zeitverlauf nach dem Graphen für Ostdeutschland (= neue Bundesländer). Der höchste Punkt liegt erst bei 2019.

2 Zwar geht die Skala von 0 bis 10, erreicht werden aber nur Werte zwischen „unter 5,40“ und „über 6,70“.

3 2021 sank die Zufriedenheit unter den Wert von 2004.

4 Die Grafik macht nur Angaben zum gesamten Bundesland Sachsen-Anhalt im Deutschlanddurchschnitt, nicht jedoch zu Unterschieden im Land.

5 Zu Löhnen/Gehältern wird keine Aussage gemacht.

6 Der Unterschied zwischen Ost- und Westdeutschland ist bei der Lebenszufriedenheit relativ gering, aber zu Corona wird keine Aussage gemacht.

7 Der Graph von Westdeutschland liegt immer über dem von Ostdeutschland.

8 Die Grafik sagt etwas aus über die Lebenszufriedenheit im Durchschnitt. Wo die „unglücklichsten Menschen“ in Deutschland leben, lässt sich nicht erkennen – es könnte sich auch um Einzelfälle in jedem beliebigen Bundesland handeln.

9 siehe Karte

30 Reihen ergänzen II

TIPP *Suchen Sie nach der Logik, der die Elemente einer Reihe folgen. Gibt es eventuell Lösungsmöglichkeiten, die Sie ausschließen können?*

___ von 6 P.

	1	2	3	4
a)	☐	☐	X	☐
b)	☐	X	☐	☐
c)	☐	☐	X	☐

___ von 4 P.

d) Y **e)** Z

a) Das schwarze Quadrat bewegt sich im Uhrzeigersinn und überspringt dabei erst ein weißes Feld, dann zwei, dann drei etc.; Lösung 1 kann ausgeschlossen werden, da sie zwei schwarze Quadrate enthält; Lösung 2 scheidet aus, da das schwarze Quadrat das innere Quadrat ist; in Lösung 4 werden zu viele weiße Felder übersprungen.

b) Hier zeigen immer zwei schwarze Pfeile nach unten, sodass nur Lösung 2 infrage kommt. Die schwarzen Pfeile springen zudem von einer Seite auf die andere.

c) Bei dieser Aufgabe entspricht Würfel 3 dem Würfel 1, sodass auch Würfel 4 dem Würfel 2 gleichen muss.

d) Muster der Aufgabe: +2, +3, +4, +2, +3, +4 usw.

e) Muster der Aufgabe: +2, +4, +2, –3, –5, –3 usw.

31
___ von 7 P.

Entwicklung von BIP und Arbeitnehmereinkommen 1995–2020

TIPP *Auch hier müssen Sie die Materialien genau ansehen und die Aussagen genau lesen.*

1	2	3	4	5	6	7	
☒	☐	☒	☒	☐	☐	☐	zutreffend
☐	☒	☐	☐	☐	☒	☒	nicht zutreffend
☐	☐	☐	☐	☒	☐	☐	nicht zu entnehmen

1 Der Graph geht fast immer aufwärts.

2 Der Graph zu Nettolöhnen und -gehältern weist Auf- und Abwärtsbewegungen auf.

3 deutlich erkennbar

4 Der Graph zu BIP und Volkseinkommen steigt fast immer stärker als die beiden anderen. Insbesondere der Graph zu den preisbereinigten Einkommen ist hier wichtig.

5 Bei Antwort 5 steht in der Grafik steht nichts von der Coronapandemie. Deshalb lautet die Antwort „nicht zu entnehmen". Die Aussage unter 5 ist zwar richtig, entspricht aber einer Interpretation.

6 Hier müssen die preisbereinigten Einkünfte beachtet werden, d. h., eine Lohnsteigerung wirkt sich umso weniger aus, je mehr die Preise steigen.

7 Eine Zuordnung x → y heißt direkt proportional, wenn sich jeder y-Wert durch Multiplikation des x-Wertes mit derselben Zahl (Proportionalitätsfaktor) ergibt. Anders gesagt: Je mehr, desto mehr. Die Graphen zeigen jedoch keine in allen Jahren gleiche Entwicklung.

32
___ von 2 P.

Rechnerei

TIPP *Überlegen Sie sich, welche Größen gegeben sind und welche gesucht werden.*

20

Philipp hat 90 % seiner Tafel Schokolade und somit 5 % mehr als Lena gegessen. Er hat ein Stück mehr gegessen: 1 Stück Schokolade = 5 % (oder fünf Hundertstel oder ein Zwanzigstel). Die ganze Tafel Schokolade (= 100 %) besteht also aus 20 Stücken.

33
___ von 8 P.

Grundsicherung in Deutschland

TIPP *Lesen Sie sich zuerst die Gesetzestexte durch. Dabei müssen Sie noch nicht jede Einzelheit verstanden haben, aber Sie wissen dann, worum es in etwa geht (man nennt das auch „diagonal lesen"). Gehen Sie dann nach Schlüsselwörtern vor.*

1	2	3	4	5	6	7	8	
☐	☐	☐	☒	☒	☒	☐	☐	richtig
☐	☐	☒	☐	☐	☐	☐	☐	teilweise richtig
☐	☒	☐	☐	☐	☐	☒	☐	falsch
☒	☐	☐	☐	☐	☐	☐	☒	nicht zu entnehmen

1 Suchen Sie nach den Begriffen *Prozent* oder *Regelarbeitszeit* in Grafik und Text. Sie werden sie nicht finden.

2 Lesen Sie im Text Absatz 2. Dort wird über die Grundsicherung nach SGB II gesprochen – dabei geht es nur um Arbeitslosengeld und Sozialgeld. Andere Arten der Grundsicherung (z. B. Altersversorgung) sind nicht im SGB II geregelt.

3 Richtig: Alle Personen, die voll erwerbsgemindert sind, haben ein Recht auf Leistungen nach dem SGB XII. Asylbewerber und Flüchtlinge fallen nicht darunter, sie erhalten z. B. Zuwendungen nach dem Asylbewerberleistungsgesetz. Insgesamt also teilwiese richtig.

4 Siehe Absatz 2 (77 %)

5 Der Grafik ist zu entnehmen, dass die Empfängerzahl im Jahr 2020 375.150 Menschen betrug; im Text ist die Zahl von 2019 genannt, nämlich ca. 400.000 Empfänger*innen.

6 Siehe unter „zentrale Leistungen" in der tabellarischen Darstellung.

7 Siehe Absatz 2: 6,9 Millionen. Bei mehr als 80 Millionen Einwohnern und Einwohnerinnen in Deutschland (vgl. auch Aufgabe 8) sind das grob überschlagen auf jeden Fall deutlich weniger als 10 % und damit keine 12,2 %.

8 Im Text wird nicht zwischen „dauerhaft" und „zeitweise voll erwerbsgemindert" unterschieden.

34

____ von 60 P.

Abhandlung

Erwartet wird eine **differenzierte Stellungnahme mit drei Argumenten** (These, Begründung, Beispiel), die sich auf einem für den Einstieg in die dritte Qualifikationsebene angemessenen, problembewussten Reflexionsniveau bewegt.
Im Originaltest müssen Sie die **Reinschrift** Ihrer Abhandlung direkt im Lösungsbogen eintragen. Es empfiehlt sich, Notizpapier, z. B. für eine Stoffsammlung, bereit zu halten.
Im Folgenden finden Sie mögliche **Stichworte** für Ihre Abhandlung, Hinweise zur **Bewertung** sowie ein **Formulierungsbeispiel**.

TIPP *Wichtig ist, dass Sie eine Themaverfehlung und damit eine Bewertung mit 0 Punkten vermeiden!*

Thema: Jeden Monat ein fester Geldbetrag vom Staat, ohne Gegenleistung und unabhängig von Alter, Einkommen und Bedürftigkeit: Das ist die Idee eines bedingungslosen Grundeinkommens.

Beurteilen Sie diese Idee (für Deutschland). Entfalten Sie hierzu drei Argumente.

Mögliche Stichworte als Grundlage für Ihre Abhandlung

Grundeinkommen – Idee:

- finanzielle Grundlage, um davon unabhängig von anderen Einnahmen leben zu können
- Ausgaben für nötige Nahrungs- und Konsumartikel, Miete usw. werden dadurch gedeckt
- zum Grundeinkommen kommen weitere Einkommen, also z. B. Erwerbseinkommen aus Berufstätigkeit
- vergleichbar mit anderen Transfereinkommen, z. B. Arbeitslosengeld, Kindergeld, Rente, die bei einem bedingungslosen Grundeinkommen dann wegfielen
- Finanzierung über Wegfall anderer Transferleistungen und Konsum (Mehrwertsteuer)

Bedingungslosigkeit des Grundeinkommens – Idee:

- an keine Bedingungen oder Voraussetzungen irgendeiner Art gebunden
- alle erhalten es, gleich wie alt oder jung, wie wohlhabend oder bedürftig oder welcher Herkunft jemand ist
- es wird keinerlei Gegenleistung, z. B. in Form von Arbeit, erwartet
- es wird nicht vorgeschrieben, wofür das Einkommen verwendet wird

Bedingungsloses Grundeinkommen – Ziele:

- Arbeitsplätze werden aufgrund von zunehmender Technisierung, Digitalisierung, Outsourcing usw. weniger
- Konsum ist wichtige Grundlage unserer westlichen, marktwirtschaftlich orientierten Gesellschaft
- Produktion wird durch Konsum gestützt
- Produktion erwirtschaftet die finanziellen Mittel, die dann wieder zur Finanzierung eines bedingungslosen Grundeinkommens eingesetzt werden können

Argumente für ein bedingungsloses Grundeinkommen:

- größere Freiheit bei Arbeitsplatz- und Berufswahl
- größere Zufriedenheit, Gesundheit, sozialer Friede usw.
- Unternehmen profitieren von motivierteren Mitarbeitern, mehr Innovation und Fortschritt
- größere Bereitschaft und Zeit für Engagement in Ehrenämtern, in der Familie etc.
- Entbürokratisierung: ein Grundeinkommen statt unterschiedlicher Zahlungen, wie Kindergeld, Rente usw.; keine Prüfung von Voraussetzungen und damit Zeit- und Kostenersparnis
- Mehrwertsteuer ersetzt alle anderen Steuern und führt zu Vereinfachung der Steuererhebung, evtl. größere Gerechtigkeit
- Vermeidung von Niedriglöhnen – Arbeit muss so bezahlt werden, dass sie jemand übernimmt.

Argumente gegen ein bedingungsloses Grundeinkommen:

- Idee basiert v. a. noch auf Hypothesen (fehlende Erfahrungswerte)
- Realisierbarkeit der Finanzierung noch weitgehend ungeklärt
- in das Sozialsystem (Kranken-, Renten-, Arbeitslosenversicherung etc.) eingezahlte Beträge könnten verloren gehen (Ungerechtigkeit)
- Motivation zu arbeiten sinkt
- Anziehungskraft auf wirtschaftlich motivierte Migranten wächst
- trotz allem Gefühl der Wertlosigkeit bei vielen, die keinen Arbeitsplatz haben
- soziale Disparitäten vergrößern sich
- Abwanderung von Eliten

Bewertung

Für Ihre Abhandlung erhalten Sie im Rahmen der Korrektur eine Note, die in Punkte umgerechnet wird (siehe Tabelle). Ähnlich wie in der Schule können „Plus- und Minus-Noten" vergeben werden. 60 Punkte erhalten Sie z. B. für eine „1 plus" (45 Punkte auf den Inhalt und 15 Punkte auf Sprache und Form). Bei einer **Themaverfehlung** erhalten Sie 0 Punkte; auch auf Sprache und Form werden dann keine Punkte vergeben! Folglich ist es wichtig, eine Themaverfehlung unbedingt zu vermeiden!

Kriterium: Inhalt/Argumentation	Punkte	
• Themenrelevanz und Vielfalt der Bezüge	sehr gut	39 – **42** – 45
• Differenziertheit der Argumentation	gut	30 – **33** – 36
• Anschaulichkeit der Beispiele • Übersichtlichkeit des Aufbaus	befriedigend	21 – **24** – 27
• Stichhaltigkeit der Logik	ausreichend	12 – **15** – 18
• Adäquatheit des Abstraktionsniveaus	mangelhaft	3 – **6** – 9
• Klarheit der Aussage	ungenügend	**0**
Kriterium: Sprache/Form	**Punkte**	
• Angemessenheit der Wortwahl	sehr gut	13 – **14** – 15
• Korrektheit von Grammatik und Satzbau	gut	10 – **11** – 12
• „Lesbarkeit"	befriedigend	7 – **8** – 9
• Korrektheit von Rechtschreibung und Zeichensetzung	ausreichend	4 – **5** – 6
• Schriftbild und äußere Form	mangelhaft	1 – **2** – 3
	ungenügend	**0**

Formulierungsbeispiel

Erwartet wird eine **differenzierte Stellungnahme mit drei Argumenten** (These, Begründung, Beispiel). Über die ausformulierten Argumente hinaus ist nichts weiter gefordert: keine Gliederung, keine Einleitung, kein Schluss.
Sinnvoll ist aber sicherlich eine **Anordnung der Argumente** nach Gewichtung: Zunächst sollte die Seite vertreten werden, die man als „schwächer" einstuft. Bei drei geforderten Argumenten genügt für diese Seite ein Argument. Den Schwerpunkt – inhaltlich und quantitativ – sollte man auf die „stärkere" Seite legen. Hier formuliert man zwei besonders gewichtige Argumente aus.

TIPP *Manchmal bieten die anderen Aufgaben einen Ansatz für die Argumentation, hier z. B. Aufgabe 33 für das dritte Argument.*

Argument 1

Jedem ist bewusst, dass der Mensch immer dann tätig wird, wenn es Anreize für sein Tätigwerden gibt. Erhält er eine Leistung, ohne dafür eine Gegenleistung zu erbringen, ohne dafür Bedingungen erfüllen zu müssen, fehlt ihm die Motivation, tätig zu werden. Das zeigt sich oft in der Schule: Kaum, dass alle notwendigen Leistungsnachweise erbracht sind, lehnt man sich zurück und gönnt sich die eine oder andere Nachlässigkeit in der häuslichen Vorbereitung. Ähnliche Folgen dürfte ein bedingungsloses Grundeinkommen nach sich ziehen. Sind alle Grundbedürfnisse gedeckt, wird manch einer damit zufrieden sein. Man wird somit wenig motiviert sein, darüber hinaus in seinem möglicherweise ungeliebten Beruf zu arbeiten. Die Folge könnte z. B. ein Arbeitskräftemangel in bestimmten Branchen sein.

Argument 2

Andere wiederum sehen aber genau in dieser Möglichkeit zur „Untätigkeit" eine Chance. Viele Ideen setzen wir nur deshalb nicht in die Tat um, weil Beruf und Alltag keine Zeit dazu lassen, kreativ tätig zu werden. Gerade das sind aber oft die Ideen, die sowohl einen persönlich als auch die Gesellschaft weiterbringen. Manches Startup-Unternehmen war nur deshalb möglich, weil jemand im Hintergrund für die Sicherung der Grundbedürfnisse gesorgt hat, während aus einer Idee ein Unternehmen wurde. Und auch die Gesellschaft lebt vom Engagement derer, die sich Zeit nehmen, zum Beispiel in Sportvereinen, in der Musik oder in Verbänden.

Argument 3

Und schließlich käme ein bedingungsloses Grundeinkommen der Gemeinschaft auch finanziell zugute. Die Entbürokratisierung und die damit verbundene Zeit- und Kostenersparnis wäre beträchtlich. Bislang erhalten Menschen, die nicht in der Lage sind, aus eigener Kraft ihren Lebensunterhalt zu bestreiten, Geldleistungen unterschiedlichster Art. Gezahlt werden z. B. Arbeitslosengeld, Sozialhilfe, Renten und Unterstützung nach dem Asylbewerberrecht. Rund sieben Millionen Menschen beziehen solche Leistungen. Die Voraussetzungen dafür werden in regelmäßigen Abständen von Beamten und Angestellten überprüft, Bescheide werden erlassen und geändert – und letztlich wird die Unterstützung ausgezahlt. Die Zahlung eines bedingungslosen Grundeinkommens an alle könnte diesen Aufwand und die damit verbundenen Verwaltungskosten erheblich reduzieren.

Testsimulation IV

Für die Bearbeitung der Aufgaben haben Sie vier Stunden Zeit. Die letzte Aufgabe verlangt von Ihnen, dass Sie einen Aufsatz verfassen. Hierfür sollten Sie eine gute Stunde einplanen. Für die anderen Aufgaben bleiben Ihnen somit knapp drei Stunden.

Aufgabe	**Punkte**	**Zeit (Minuten)**
1–32	240	ca. 165
33 (Aufsatz)	60	ca. 75
1–33	**300**	**240**

Insgesamt werden 300 Punkte vergeben: 240 Punkte für die Aufgaben 1 bis 32 und 60 Punkte für den Aufsatz. Die erreichbare Punktzahl ist bei den einzelnen Aufgaben jeweils angegeben.

Textanalyse

Die Aufgaben 1–7 beziehen sich auf den folgenden Text „Mehrheit der Autofahrer würde auf Fahrrad oder ÖPNV umsteigen". Lesen Sie den Text aufmerksam durch, bevor Sie die Aufgaben bearbeiten.

Andreas Arnold: Mehrheit der Autofahrer würde auf Fahrrad oder ÖPNV umsteigen

Abschnitt 1 Öfters mit dem Fahrrad, mit Bus oder Bahn zur Arbeit? Drei Viertel der Autofahrer können sich das vorstellen. Allerdings müssen bestimmte Voraussetzungen erfüllt sein.

Abschnitt 2 Die Mehrheit der Menschen in Deutschland kann sich grundsätzlich vorstellen, häufiger vom Auto auf öffentliche Verkehrsmittel oder aufs Fahrrad umzusteigen – wenn denn die Infrastruktur stimmt. Dies ergab eine Umfrage der staatlichen Förderbank KfW, das sogenannte Energiewendebarometer 2021, für das rund 4 000 Haushalte befragt wurden.

Abschnitt 3 Demnach können sich rund 75 Prozent der Befragten, die aktuell mehrmals pro Woche das Auto nutzen, einen häufigeren Wechsel auf öffentliche Verkehrsmittel (ÖPNV) vorstellen. Fast 66 Prozent können sich hier mehr Fahrten mit dem Fahrrad vorstellen. Allerdings müssten dann erst einige Rahmenbedingungen geändert werden: Als wichtigste Voraussetzungen nannten alle eine bessere Anbindung (63 Prozent), gefolgt von geringeren Kosten (49 Prozent) und mehr Komfort (19 Prozent).

Abschnitt 4 Auch im ländlichen Raum würden 71 Prozent der Haushalte den ÖPNV stärker nutzen – wenn die Anbindung besser wäre. Derzeit aber wird hier meist das Auto genutzt: So ist hier sowohl der Pkw-Bestand je Haushalt als auch der Anteil der Haushalte, die täglich ein Auto nutzen, etwa doppelt so hoch wie in Großstädten. Hier wiederum schreckt viele offenbar der Preis für ein ÖPNV-Ticket ab: So sagten 58 Prozent der Haushalte in Großstädten, sie würden öfter auf Busse und Co. umsteigen, wenn dies günstiger wäre.

Abschnitt 5 Zugleich zeigt die Umfrage: Rund 25 Prozent der Haushalte können sich grundsätzlich keinen Umstieg auf den ÖPNV vorstellen, bei den über 70-Jährigen sind es 31 Prozent. Neben dem Alter sei auch ein zweiter Faktor relevant, heißt es in der Studie – und zwar die persönliche Einstellung zum Auto. Bei Haushalten, für die der Pkw ein Statussymbol ist, können sich demnach rund 40 Prozent unter keinen Umständen eine stärkere ÖPNV-Nutzung vorstellen.

Abschnitt 6 Eine solche symbolische Bedeutung des Autos liege bei insgesamt elf Prozent der Haushalte vor und sei verstärkt bei jungen Haushalten (15 Prozent gegenüber 7 Prozent bei älteren Haushalten) sowie bei Haushalten mit niedrigen Einkommen (20 Prozent gegenüber zehn Prozent bei Haushalten mit hohem Einkommen) anzutreffen. „In dieser Gruppe könnte ein Imagegewinn des ÖPNV dabei helfen, die Abkehr vom Auto zu ermöglichen", heißt es in der Studie.

Abschnitt 7 Laut der KfW-Studie wird das Auto also in schlecht angebundenen Regionen und bei älteren Menschen auch künftig eine zentrale Rolle spielen und sei „bis auf Weiteres nicht wegzudenken". Hier gelte es einerseits, die Elektrifizierung der Fahrzeuge weiter voranzutreiben und andererseits, die Auslastung der Pkw zu erhöhen. Zudem böten sich hier auch Ansatzpunkte zur Verkehrsvermeidung etwa durch den Ausbau von Homeoffice und digitalen Verwaltungsleistungen.

Abschnitt 8 Zu einer wichtigen Säule der Verkehrswende kann nach Angaben der staatlichen Förderbank auch der Fahrradverkehr werden. Immerhin fast zwei Drittel der regelmäßigen Pkw-Nutzer sehen demnach die Möglichkeit, künftig das Rad stärker zu nutzen. „Interessanterweise gilt dies unabhängig von der Stadtgröße, sodass es sich bei Kommunen aller Größen lohnen dürfte, durch einen entsprechenden Ausbau der Fahrradinfrastruktur dem Klima zu helfen und zugleich die Lebensqualität vor Ort zu steigern", schreiben die Studienautoren.

Abschnitt 9 Voraussetzung für eine stärkere Nutzung des Fahrrads ist für mehr als die Hälfte der Haushalte eine bessere Infrastruktur (Städte mehr als 50/Landgemeinden gut 48 Prozent). Fast die Hälfte der Befragten (Städte rund 45/Landgemeinden rund 42 Prozent) würde bei einer besseren Kombinierbarkeit mit dem ÖPNV das Rad häufiger nutzen. Die Anschaffung eines E-Bikes könnte für insgesamt fast 28 Prozent der Haushalte ein Anreiz für einen Umstieg sein.

Mehrheit der Autofahrer würde auf Fahrrad oder ÖPNV umsteigen, ZEIT ONLINE/AFP/dpa/cxm vom 11.01.2022, https://www.zeit.de/mobilitaet/2022-01/verkehrswende-umfrage-infrastruktur-oepnw-kfw-energiewendebarometer (für Prüfungszwecke leicht verändert)

Wichtig: In der Prüfung müssen Sie Ihre Antworten in einen separaten Lösungsbogen eintragen. Nutzen Sie auch für die Testsimulation den heraustrennbaren **Lösungsbogen** auf S. 199: Kreuzen Sie dort einfach die jeweils richtigen Antworten an bzw. schreiben Sie die Lösungen in die dafür vorgesehenen Felder.

1

9 Punkte

Themen des Textes

Kreuzen Sie im Lösungsbogen an, ob es im Text „**Mehrheit der Autofahrer würde auf Fahrrad oder ÖPNV umsteigen**" um die folgenden Themen **hauptsächlich, eher beiläufig/punktuell** oder **überhaupt nicht** geht.

1 Auto als Statussymbol
2 Macht der Autokonzerne
3 Mangelnde Attraktivität des ÖPNV
4 Stadt-Land-Disparitäten
5 Ausbau von Fahrradinfrastruktur
6 Umstieg vom Auto auf den ÖPNV
7 Nutzung von Pkw im ländlichen Raum
8 Kosten moderner E-Bikes
9 Verkehrswende

2

8 Punkte

Textaufbau

Tragen Sie in den Lösungsbogen die Nummern der **passenden Textabschnitte** (1–9) ein. Bei Fragen ohne Textbezug notieren Sie die Ziffer 0.

In welchem Abschnitt …

A wird die Bedeutung des Fahrrads für das Klima thematisiert?
B werden Ergebnisse zur Funktion des Autos als Statussymbol genannt?
C werden erstmals Probleme des ländlichen Raums angesprochen?
D wird das Energiewendebarometer erklärt?
E wird die Einschätzung des Bundesministeriums für Digitales und Verkehr wiedergegeben?
F wird die Pkw-Nutzung auf dem Land angesprochen?
G werden erste Angaben zur Zahl umstiegswilliger Autofahrer gemacht?
H wird die Nutzung von E-Bikes angesprochen?

3

8 Punkte

Meinung des Autors

Kreuzen Sie im Lösungsbogen an, welche der folgenden Aussagen der im Text zutage tretenden Meinung des Autors **entsprechen**, welche ihr **nicht entsprechen** und welche dem Text **nicht zu entnehmen** sind.

Aussagen:

1 Unpünktlichkeit ist die Hauptursache für mangelnde Akzeptanz des ÖPNV.
2 Die Kombinierbarkeit von Verkehrsmitteln spielt für die Verkehrswende eine Rolle.
3 Wer im ländlichen Raum wohnt, ist infrastrukturell benachteiligt.
4 Für Finanzschwächere ist das Auto oft ein Statussymbol.
5 Fahrradfahrer und öffentlicher Personennahverkehr konkurrieren miteinander.
6 Die Verkehrswende ist ein anzustrebendes Ziel.
7 Der Einzelne kann die Verkehrswende nicht verhindern.
8 Der Umstieg auf den ÖPNV ist für viele eine Kostenfrage.

4

8 Punkte

Eigenschaften und Merkmale des Textes

Welche Eigenschaften und Merkmale kennzeichnen den Text „**Mehrheit der Autofahrer würde auf Fahrrad oder ÖPNV umsteigen**“?
Kreuzen Sie im Lösungsbogen an, welche der folgenden Aussagen **vollständig richtig**, nur **teilweise richtig** oder **vollständig falsch** sind.

Der Text von Andreas Arnold ist …

1 einem Lehrwerk für Verkehrsökonomie entnommen.
2 gelegentlich kritisch reflektierend.
3 ironisch gemeint.
4 dem Online-Angebot einer regionalen Wochenzeitung entnommen.
5 vor allem informativ.
6 informativ, aber auch meinungsbildend.
7 völlig wertfrei formuliert.
8 erkennbar am Stil von Boulevardblättern orientiert.

5

8 Punkte

Synonyme und Antonyme

Ordnen Sie im Lösungsbogen den nachfolgenden **Wörtern mit den Kennnummern 1–4** jeweils den Kennbuchstaben des Wortes aus der Auswahlliste mit **gleicher** Bedeutung und den **Wörtern mit den Kennnummern 5–8** mit **entgegengesetzter** Bedeutung zu.

1 Kombinierbarkeit (Z. 46)
2 relevant (Z. 21)
3 Voraussetzungen (Z. 2)
4 und Co. (Z. 18)
5 zentral (Z. 32)
6 verstärkt (Z. 26)
7 Mehrheit (Z. 3)
8 laut (Z. 31)

Auswahlliste:

A leise
B & Compagnie
C geschwächt
D Folgen
E Vereinbarkeit
F dezentral
G bedeutsam
H Minderheit
I typisch
K marginal
L abgeschwächt
M Vorgaben
N und Kohlenstoffmonoxid
O Wenigkeit
P zentralistisch
Q Verbindung
R bekannt
S nach
T Minderwertigkeit
U und Ähnliches
V gemäß
W Prämissen
X entgegen
Y Reihung

6
6 Punkte

Nebensätze

Überprüfen Sie, ob die **Sätze a bis f im Lösungsbogen** einen Nebensatz enthalten. Unterstreichen Sie ggf. jeweils den Nebensatz eindeutig und vollständig. Bestimmen Sie zusätzlich dessen Art, indem Sie jeweils den passenden Kennbuchstaben des zugehörigen Fachbegriffs aus der nachfolgenden Auswahlliste ergänzen. Bei Sätzen ohne Nebensatz tragen Sie als passenden Kennbuchstaben „M“ ein.

Auswahlliste:

A Lokalsatz
B Objektsatz
C Finalsatz
D Kausalsatz
E Relativsatz
F Modalsatz
G Subjektsatz
H Konsekutivsatz
I Konzessivsatz
K Konditionalsatz
L Temporalsatz
M kein Nebensatz

7
6 Punkte

Wortfamilie

Nennen Sie zu den aufgeführten Wörtern jeweils ein Wort der Wortfamilie, das der im Lösungsbogen vorgegebenen **Wortart** entspricht. Tragen Sie die jeweils passenden Wörter in den Lösungsbogen ein.

Wörter:

1 Komfort (Z. 12)
2 Studie (Z. 21)
3 symbolische (Z. 25)
4 Elektrifizierung (Z. 33)
5 Kommunen (Z. 40)
6 Kombinierbarkeit (Z. 46)

8
5 Punkte

Statistische Kennziffern

Als Datengrundlage wurden die Werte aus der Zeit vor der Corona-Pandemie herangezogen, da sie die langjährige Situation besser widerspiegeln. Ein Land passt nicht zur Statistik.

Die nachfolgende Tabelle zeigt statistische Kennziffern europäischer Länder zum Verkehrsaufkommen.
Tragen Sie im Lösungsbogen für die **Zeilen 1 – 5** jeweils den Kennbuchstaben des betreffenden Landes aus der Auswahlliste ein.

	Eisenbahnstrecke insgesamt in km (2019)	Autobahnstrecke insgesamt in km (2019)	Straßenverkehrstote je 100 000 Einwohner (2019)	Güterverkehr auf Binnenwasserstraßen in Tsd. Tonnen (2019)	Passagieraufkommen in der Luftfahrt (2019)
1	15 526	15 585	3,7	k. A.	228 262 372
2	27 483	11 671	4,8	64 207	168 667 788
3	16 779	6 966	5,3	k. A.	160 667 939
4	38 394	13 163	3,7	205 066	226 764 086
5	19 398	1 637	7,7	2 870	46 942 771

Eurostat

Auswahlliste:

A Spanien
B Schweden
C Italien
D Frankreich
E Deutschland
F Polen

9
8 Punkte

Umwelt und Verkehr

Überprüfen Sie die unten stehenden Aussagen zu den nachstehenden Grafiken.
Kreuzen Sie im Lösungsbogen an, welche Aussagen **vollständig richtig, teilweise richtig, vollständig falsch** oder **nicht zu entnehmen** sind.

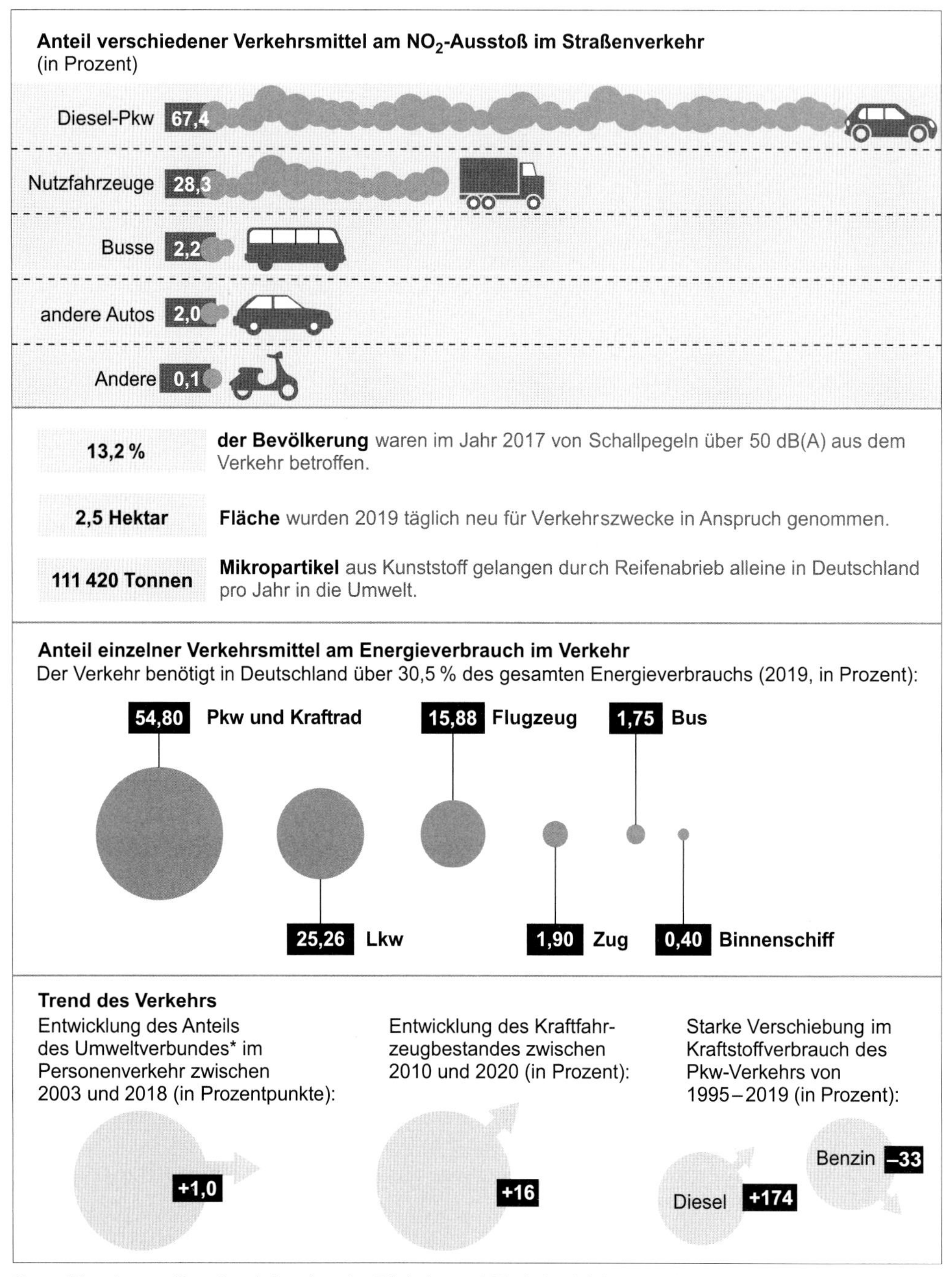

Umweltbundesamt/Bundesministerium für Digitales und Verkehr (leicht verändert)

Aussagen:

1 Der Anteil von Diesel-Pkws am Stickstoffdioxid-Ausstoß ist ähnlich hoch wie der von Nutzfahrzeugen.

2 Radverkehr und Fußgängerverkehr haben in ungefähr gleichem Maß zugenommen wie der öffentliche Verkehr.

3 In den Jahren 1995 bis 2019 ist der Benzinverbrauch im Pkw-Verkehr um rund ein Drittel gesunken.

4 Über die Hälfte der Energie im Verkehr verbrauchen Pkws und Krafträder, ein Fünftel der Luftverkehr.

5 Fast ein Drittel des Energieverbrauchs in Deutschland geht zu Lasten des Verkehrs.

6 Jährlich entstehen allein durch Reifenabrieb mehr als eine Million Kilogramm Mikropartikel („Mikroplastik").

7 Mehr als jeder fünfte Bundesbürger war 2017 von Schallemissionen über 50 dB betroffen.

8 Die Binnenschifffahrt trägt kaum zum Gesamtenergieverbrauch im Verkehr bei.

10

8 Punkte

Sehenswürdigkeiten

Nennen Sie den Namen der nachfolgend abgebildeten Sehenswürdigkeiten und die Stadt, in der sich diese befindet. Tragen Sie Ihre Antwort in die Tabelle im Lösungsbogen ein.

Auswahlliste:

1

2

3

4

11

6 Punkte

Sicherheit von Verkehrsmitteln

Überprüfen Sie die unten stehenden Aussagen zum nachstehenden Text und der Grafik. Kreuzen Sie im Lösungsbogen an, welche Aussagen **richtig, falsch** oder **nicht zu entnehmen** sind.

Allianz pro Schiene 12/2022

Aussagen:

1 Die Sicherheit im Schienenverkehr ist in Österreich höher als in Deutschland, im Straßenverkehr in Deutschland höher als in Österreich.

2 In Polen liegt die Anzahl der im Straßenverkehr Getöteten pro Mrd. Kilometer mehr als dreimal so hoch wie im EU-Durchschnitt.

3 Die Zahlen zu Todes- und Verletzungsrisiko nach Verkehrsarten in Deutschland sind aufgrund des gleichen Maßstabs gut vergleichbar.

4 Von 2011 bis 2020 starben in Deutschland bei Fahrten mit dem Pkw rund 57-mal so viele Menschen pro Personenkilometer wie mit den Bahnen.

5 Die meisten Verkehrstoten in Europa gibt es in Spanien.

6 Schweden ist im Verkehr auf der Schiene und auf der Straße das sicherste Land Europas.

12

9 Punkte

Promillegrenzen für Fahrradfahrer

Viele denken, es ist besser nach einer feucht-fröhlichen Party mit dem Fahrrad nach Hause zu fahren als mit dem Auto. Aber das gilt nicht in jedem Fall und ist in jedem Land etwas anders.
Überprüfen Sie die unten stehenden Aussagen zu dem Text und den nachstehenden Grafiken. Kreuzen Sie im Lösungsbogen an, welche Aussagen **richtig, falsch** oder **nicht zu entnehmen** sind.

Promillegrenzen für Fahrradfahrer in Europa

Land	Promillegrenze	Bußgeld in Euro
Belgien	0,5	ab 180
Dänemark	keine [1)]	ab 200 [2)]
Finnland	keine [1)]	einkommensabhängig [2)]
Frankreich	0,5	ab 135
Großbritannien	keine [1)]	bis 1 113 [2)]
Irland	keine [1)]	bis 2 000 [2)]
Italien	0,5	ab 545
Kroatien	0,5	ab 68
Luxemburg	0,5	ab 145
Niederlande	0,5	ab 100
Norwegen	keine [1)]	einkommensabhängig [2)]
Österreich	0,8	ab 800
Polen	0,2	ab 145
Portugal	0,5	ab 250
Schweden	keine [1)]	einkommensabhängig [2)]
Schweiz	0,5	ab 200
Slowakei	0,0 / 0,5 [3)]	ab 150
Spanien	0,5	ab 500
Tschechien	0,0	ab 95

1) Verbot, mit einem Fahrrad zu fahren, wenn man alkoholbedingt nicht zum sicheren Führen des Rades in der Lage ist
2) Im Einzelfall Sanktion möglich für das Fahren eines Fahrrades, wenn man alkoholbedingt nicht zum sicheren Führen des Rades in der Lage ist
3) 0,5 Promille innerorts und auf Fahrradwegen außerorts; 0,0 Promille auf allen anderen Straßen

Beträge in Euro (gerundet); im Einzelfall auch Führerscheinmaßnahmen möglich; Angaben ohne Gewähr

ADAC e. V.

Aussagen:

1 In Großbritannien ist es am schärfsten sanktioniert, alkoholisiert Rad zu fahren.

2 Die Fahrtüchtigkeit ist in vielen Staaten das entscheidende Kriterium für eine Sanktionierung.

3 In den meisten Staaten wird zwischen relativer und absoluter Fahruntauglichkeit unterschieden.

4 In Tschechien ist Fahrradfahren nach Alkoholgenuss in jedem Fall verboten.

5 In den skandinavischen Ländern gibt es keine Vorschriften bezüglich des Fahrradfahrens nach Alkoholkonsum.

6 In der Slowakei gelten innerorts und auf Radwegen andere Promillegrenzen als auf sonstigen Straßen.

7 In Belgien und in den Niederlanden gelten hinsichtlich Promillegrenze und Sanktionierung die gleichen Vorgaben.

8 Für die meisten Länder wird eine Untergrenze bei der Sanktionierung angegeben.

9 In Großbritannien gelten ähnliche Regeln wie in den USA.

13

10 Punkte

Autofreier Sonntag

Unsere Abhängigkeit von Ölimporten wird spätestens an der Tankstelle klar. Der aktuelle Preis von Benzin und Diesel übersteigt zwei Euro pro Liter. Viele denken an die Ölkrise in den 1970er-Jahren. Damals gab es Tempolimit und autofreie Sonntage. Würde das heute auch etwas bringen?
Tragen Sie in den Lösungsbogen die Kennnummern der fehlenden Begriffe des nachfolgenden Lückentextes ein.

Lückentext

Als Möglichkeiten, Benzin und Diesel einzusparen, kommen möglicherweise zum Beispiel ein **[a]** Sonntag oder ein **[b]** infrage. Wie diese Maßnahmen funktionieren würden oder auch nicht, zeigte der Versuch der **[c]** während der Ölkrise in den 1970er-Jahren.

Im November 1973 gab es unter dem damaligen deutschen **[d]** Willy Brandt den ersten autofreien Sonntag. Grund war die Ölkrise. Insgesamt an vier Sonntagen mussten die Menschen das Auto stehen lassen, um **[e]** zu sparen.

Einen zusätzlichen Effekt hatte in der **[f]** damals das sechsmonatige Tempolimit von 100 Stundenkilometern auf den **[g]** und 80 Stundenkilometern auf Landstraßen.

Würden wir solch ein Tempolimit auch heute bei uns einführen, würde das laut Deutschlandfunk-Nova-Reporter Johannes Döbbelt eine Ersparnis von 2,4 **[h]** Diesel und Benzin zur Folge haben, was circa fünf Prozent des **[i]** in Deutschland entsprechen würde.

Dass solche **[k]** noch nicht gemacht werden, liegt laut Verkehrsexperte Martin Randloff daran, dass wir keinen wirklichen Mangel an Öl haben, sondern einfach nur verdammt hohe Preise.

Auswahlliste:

1	Verluste	**8**	Tempolimit	**15**	Bundespräsidenten
2	Autobahnen	**9**	Verbot	**16**	Energiekrise
3	Benzinverbrauchs	**10**	Vorgaben	**17**	Ressourcen
4	Tonnen	**11**	Reserven	**18**	Geld
5	Bundeskanzler	**12**	Ölkrise	**19**	Maßnahmen
6	Bundesstraßen	**13**	Barrel	**20**	Kraftstoffverbrauchs
7	verkehrsberuhigter	**14**	autofreier	**21**	Unternehmungen

14

2 Punkte

Ergänzen Sie!

a) Ergänzen Sie in der unteren Reihe den logisch passenden Dominostein.
Tragen Sie den Kennbuchstaben dieses Dominosteins im Lösungsbogen ein.

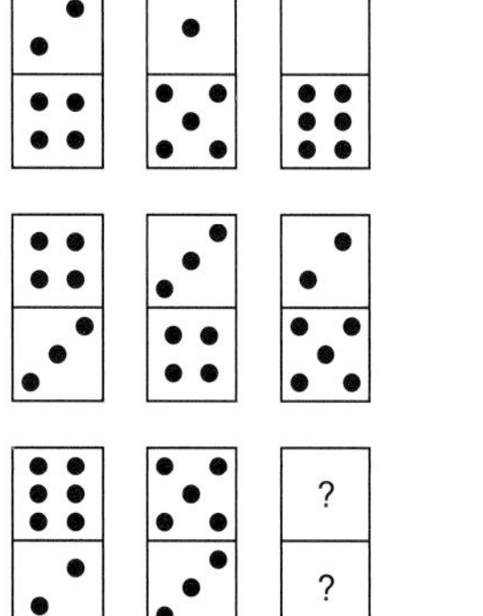

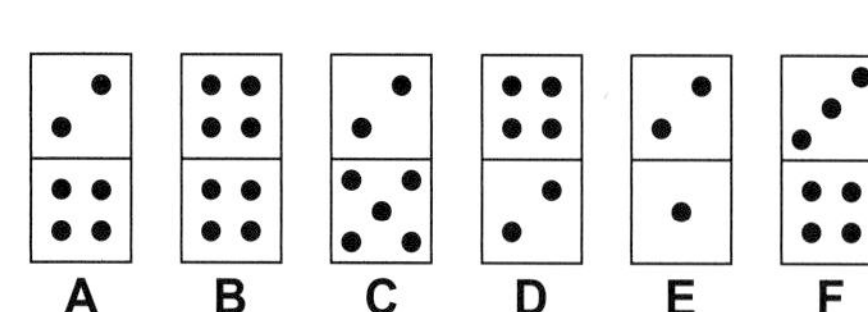

2 Punkte

b) Ergänzen Sie die Figurenreihe logisch.
Tragen Sie die korrekte Kennzahl in den Lösungsbogen ein.

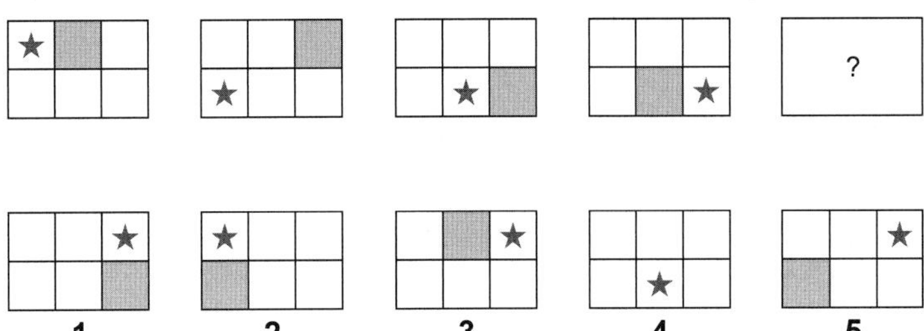

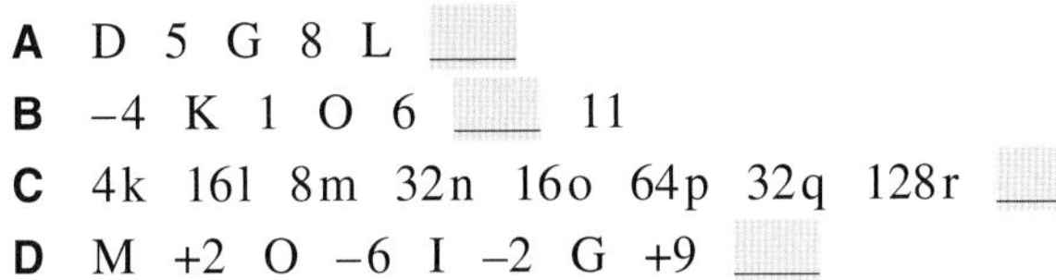

8 Punkte

c) Ergänzen Sie die gemischten Reihen logisch.
Notieren Sie Ihre Ergebnisse im Lösungsbogen.

A D 5 G 8 L ___

B –4 K 1 O 6 ___ 11

C 4k 16l 8m 32n 16o 64p 32q 128r ___

D M +2 O –6 I –2 G +9 ___

15

Straßenverkehrs-Ordnung (StVO)

8 Punkte

Bei der Straßenverkehrs-Ordnung (StVO) handelt es sich um eine Rechtsverordnung, die Regeln für alle Teilnehmer am Straßenverkehr auf öffentlichen Straßen, Wegen und Plätzen vorgibt, also z. B. auch für Radfahrer.

Überprüfen Sie die nachfolgenden Aussagen im Hinblick auf diese Verordnung. Kreuzen Sie im Lösungsbogen an, welche Aussagen **vollständig richtig, teilweise richtig** oder **vollständig falsch** sind.

Aussagen:

1 Wer auf Helgoland mit dem Fahrrad fährt, begeht eine Ordnungswidrigkeit.

2 Ob ein Radweg durch Fahrradfahrer genutzt werden darf, hängt auch davon ab, auf welcher Straßenseite er sich befindet.

3 Für die Nutzung von Kinderfahrrädern gelten die gleichen Vorschriften wie für andere Fahrräder auch.

4 Ordnungswidrig handelt, wer auf Fußgängerwegen nicht mit an den Fußgängerverkehr angepasster Geschwindigkeit fährt.

5 Fahrradfahrer müssen sich so verhalten, dass andere nicht mehr als nach den Umständen vermeidbar behindert oder belästigt werden.

6 Hunde dürfen von Motorrädern und von Fahrrädern aus geführt werden.

7 Die Radwegbenutzungspflicht wird immer durch Verkehrszeichen 237 angezeigt.

8 Markierungen und Radverkehrsführungsmarkierungen sind Verkehrszeichen und haben die gleiche Bedeutung wie die entsprechenden Zeichen auf Verkehrsschildern.

Straßenverkehrs-Ordnung

vom 6. März 2013 (BGBl. I S. 367), die zuletzt durch Artikel 13 des Gesetzes vom 12. Juli 2021 (BGBl. I S. 3091) geändert worden ist.

I. Allgemeine Verkehrsregeln

§ 1 Grundregeln

(1) Die Teilnahme am Straßenverkehr erfordert ständige Vorsicht und gegenseitige Rücksicht.

(2) Wer am Verkehr teilnimmt, hat sich so zu verhalten, dass kein anderer geschädigt, gefährdet oder mehr, als nach den Umständen unvermeidbar, behindert oder belästigt wird.

§ 2 Straßenbenutzung durch Fahrzeuge

[...]

(4) Mit Fahrrädern darf nebeneinander gefahren werden, wenn dadurch der Verkehr nicht behindert wird; anderenfalls muss einzeln hintereinander gefahren werden. Eine Pflicht, Radwege in der jeweiligen Fahrtrichtung zu benutzen, besteht nur, wenn dies durch Zeichen 237, 240 oder 241 angeordnet ist. Rechte Radwege ohne die Zeichen 237, 240 oder 241 dürfen benutzt werden. Linke Radwege ohne die Zeichen 237, 240 oder 241 dürfen nur benutzt werden, wenn dies durch das alleinstehende Zusatzzeichen „Radverkehr frei" angezeigt ist. Wer mit dem Rad fährt, darf ferner rechte Seitenstreifen benutzen, wenn keine Radwege vorhanden sind und zu Fuß Gehende nicht behindert werden. Außerhalb geschlossener Ortschaften darf man mit Mofas und E-Bikes Radwege benutzen.

(5) Kinder bis zum vollendeten achten Lebensjahr müssen, Kinder bis zum vollendeten zehnten Lebensjahr dürfen mit Fahrrädern Gehwege benutzen. Ist ein baulich von der Fahrbahn getrennter Radweg vorhanden, so dürfen abweichend von Satz 1 Kinder bis zum vollendeten achten Lebensjahr auch diesen Radweg benutzen. Soweit ein Kind bis zum vollendeten achten Lebensjahr von einer geeigneten Aufsichtsperson begleitet wird, darf diese Aufsichtsperson für die Dauer der Begleitung den Gehweg ebenfalls mit dem Fahrrad benutzen; eine Aufsichtsperson ist insbesondere geeignet, wenn diese mindestens 16 Jahre alt ist. Auf zu Fuß Gehende ist besondere Rücksicht zu nehmen. Der Fußgängerverkehr darf weder gefährdet noch behindert werden. Soweit erforderlich, muss die Geschwindigkeit an den Fußgängerverkehr angepasst werden. Wird vor dem Überqueren einer Fahrbahn ein Gehweg benutzt, müssen die Kinder und die diese begleitende Aufsichtsperson absteigen.

§ 9 Abbiegen, Wenden und Rückwärtsfahren

(3) Wer abbiegen will, muss entgegenkommende Fahrzeuge durchfahren lassen, Schienenfahrzeuge, Fahrräder mit Hilfsmotor, Fahrräder und Elektrokleinstfahrzeuge auch dann, wenn sie auf oder neben der Fahrbahn in der gleichen Richtung fahren. Dies gilt auch gegenüber Linienomnibussen und sonstigen Fahrzeugen, die gekennzeichnete Sonderfahrstreifen benutzen. Auf zu Fuß Gehende ist besondere Rücksicht zu nehmen; wenn nötig, ist zu warten. [...]

§ 23 Sonstige Pflichten von Fahrzeugführenden

[...]

(2) Weg aus dem Verkehr ziehen, falls unterwegs auftretende Mängel, welche die Verkehrssicherheit wesentlich beeinträchtigen, nicht alsbald beseitigt werden; dagegen dürfen Krafträder und Fahrräder dann geschoben werden. [...]

§ 24 Besondere Fortbewegungsmittel

(1) Schiebe- und Greifreifenrollstühle, Rodelschlitten, Kinderwagen, Roller, Kinderfahrräder, Inline-Skates, Rollschuhe und ähnliche nicht motorbetriebene Fortbewegungsmittel sind nicht Fahrzeuge im Sinne der Verordnung. Für den Verkehr mit diesen Fortbewegungsmitteln gelten die Vorschriften für den Fußgängerverkehr entsprechend. [...]

§ 28 Tiere

(1) Haus- und Stalltiere, die den Verkehr gefährden können, sind von der Straße fernzuhalten. Sie sind dort nur zugelassen, wenn sie von geeigneten Personen begleitet sind, die ausreichend auf sie einwirken können. Es ist verboten, Tiere von Kraftfahrzeugen aus zu führen. Von Fahrrädern aus dürfen nur Hunde geführt werden. [...]

II. Zeichen und Verkehrseinrichtungen

§ 39 Verkehrszeichen

(1) Angesichts der allen Verkehrsteilnehmern obliegenden Verpflichtung, die allgemeinen und besonderen Verhaltensvorschriften dieser Verordnung eigenverantwortlich zu beachten, werden örtliche Anordnungen durch Verkehrszeichen nur dort getroffen, wo dies auf Grund der besonderen Umstände zwingend geboten ist.

(1 b) Innerhalb geschlossener Ortschaften ist abseits der Vorfahrtstraßen (Zeichen 306) mit der Anordnung von Fahrradzonen (Zeichen 244.3) zu rechnen. [...]

(5) Auch Markierungen und Radverkehrsführungsmarkierungen sind Verkehrszeichen. Sie sind grundsätzlich weiß. Nur als vorübergehend gültige Markierungen sind sie gelb; dann heben sie die weißen Markierungen auf. Gelbe Markierungen können auch in Form von Markierungsknopfreihen, Markierungsleuchtknopfreihen oder als Leitschwellen oder Leitborde ausgeführt sein. Leuchtknopfreihen gelten nur, wenn sie eingeschaltet sind. Alle Linien können durch gleichmäßig dichte Markierungsknopfreihen ersetzt werden. In verkehrsberuhigten Geschäftsbereichen (§ 45 Absatz 1 d) können Fahrbahnbegrenzungen auch mit anderen Mitteln, insbesondere durch Pflasterlinien, ausgeführt sein. Schriftzeichen und die Wiedergabe von Verkehrszeichen auf der Fahrbahn dienen dem Hinweis auf ein angebrachtes Verkehrszeichen. [...]

§ 49 Ordnungswidrigkeiten

(1) Ordnungswidrig im Sinne des § 24 Absatz 1 des Straßenverkehrsgesetzes handelt, wer vorsätzlich oder fahrlässig gegen eine Vorschrift über

1. das allgemeine Verhalten im Straßenverkehr nach § 1 Absatz 2,
2. die Straßenbenutzung durch Fahrzeuge nach § 2 Absatz 1 bis 3a, Absatz 4 Satz 1, 4, 5 oder 6 oder Absatz 5, [...]
9. das Abbiegen, Wenden oder Rückwärtsfahren nach § 9 Absatz 1, Absatz 2 Satz 2 oder 3, Absatz 3 bis 6, [...]
22. sonstige Pflichten des Fahrzeugführers nach § 23 Absatz 1, Absatz 1a Satz 1, auch in Verbindung mit den Sätzen 2 bis 4, Absatz 1c, Absatz 2 erster Halbsatz, Absatz 3 oder Absatz 4 Satz 1, [...]

(4) Ordnungswidrig im Sinne des § 24 Absatz 1 des Straßenverkehrsgesetzes handelt schließlich, wer vorsätzlich oder fahrlässig entgegen § 50 auf der Insel Helgoland ein Kraftfahrzeug führt oder mit einem Fahrrad fährt. [...]

§ 50 Sonderregelung für die Insel Helgoland

Auf der Insel Helgoland sind der Verkehr mit Kraftfahrzeugen und das Radfahren verboten. [...]

Anlage 1 (zu § 40 Absatz 6 und 7)
Allgemeine und Besondere Gefahrzeichen

Abschnitt 5 Sonderwege

16	Zeichen 237  Radweg	Ge- oder Verbot 1. Der Radverkehr darf nicht die Fahrbahn, sondern muss den Radweg benutzen (Radwegbenutzungspflicht). 2. Anderer Verkehr darf ihn nicht benutzen. 3. Ist durch Zusatzzeichen die Benutzung eines Radwegs für eine andere Verkehrsart erlaubt, muss diese auf den Radverkehr Rücksicht nehmen und der andere Fahrzeugverkehr muss erforderlichenfalls die Geschwindigkeit an den Radverkehr anpassen. 4. § 2 Absatz 4 Satz 6 bleibt unberührt.
19	Zeichen 240  Gemeinsamer Geh- und Radweg	Ge- oder Verbot 1. Der Radverkehr darf nicht die Fahrbahn, sondern muss den gemeinsamen Geh- und Radweg benutzen (Radwegbenutzungspflicht). 2. Anderer Verkehr darf ihn nicht benutzen. 3. Ist durch Zusatzzeichen die Benutzung eines gemeinsamen Geh- und Radwegs für eine andere Verkehrsart erlaubt, muss diese auf den Fußgänger- und Radverkehr Rücksicht nehmen. Erforderlichenfalls muss der Fahrverkehr die Geschwindigkeit an den Fußgängerverkehr anpassen. 4. § 2 Absatz 4 Satz 6 bleibt unberührt. Erläuterung: Das Zeichen kennzeichnet auch den Gehweg (§ 25 Absatz 1 Satz 1).

20	Zeichen 241 Getrennter Rad- und Gehweg	Ge- oder Verbot 1. Der Radverkehr darf nicht die Fahrbahn, sondern muss den Radweg des getrennten Rad- und Gehwegs benutzen (Radwegbenutzungspflicht). 2 Anderer Verkehr darf ihn nicht benutzen. 3. Ist durch Zusatzzeichen die Benutzung eines getrennten Geh- und Radwegs für eine andere Verkehrsart erlaubt, darf diese nur den für den Radverkehr bestimmten Teil des getrennten Geh- und Radwegs befahren. 4. Die andere Verkehrsart muss auf den Radverkehr Rücksicht nehmen. Erforderlichenfalls muss anderer Fahrzeugverkehr die Geschwindigkeit an den Radverkehr anpassen. 5. § 2 Absatz 4 Satz 6 bleibt unberührt. Erläuterung: Das Zeichen kennzeichnet auch den Gehweg (§ 25 Absatz 1 Satz 1).

StVO

16 Buchstabensalat

2 Punkte

a) Ordnen Sie die folgenden Worte, sodass Sie **zwei Zitate** ergeben.
Notieren Sie Ihr Ergebnis im Lösungsbogen.

Zuerst kommt Rom wer mahlt alle Wege nach führen zuerst.

6 Punkte

b) Welches Wort aus dem **Themenfeld Verkehr** ergibt sich jeweils aus den folgenden Buchstaben? Jeder Buchstabe darf nur einmal verwendet werden.
Tragen Sie Ihr Ergebnis im Lösungsbogen ein.

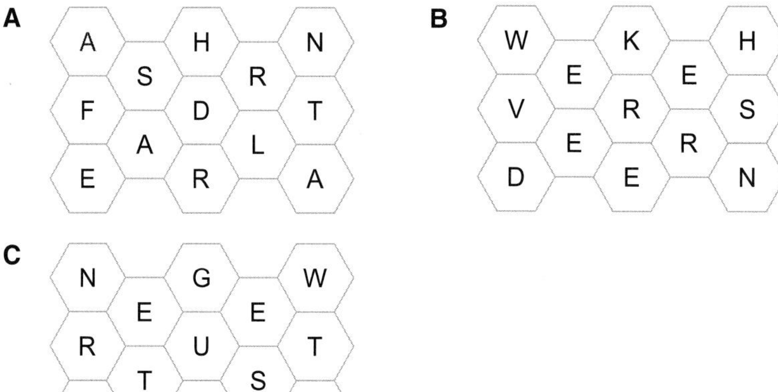

2 Punkte

c) Wie oft kommt der **Buchstabe q** (Klein- oder Großbuchstaben, an der Längsachse gespiegelt oder ungespiegelt) in der Buchstabenwolke vor?
Tragen Sie die richtige Anzahl in den Lösungsbogen ein.

17

7 Punkte

Gesetz über die Pflichtversicherung für Kraftfahrzeughalter (Pflichtversicherungsgesetz/PflVG)

Trotz corona-bedingtem Rückgang der Unfallzahlen wurden 2020 in Deutschland rund 2,25 Millionen Verkehrsunfälle gezählt, davon rund 264 000 mit Personenschaden. Aus gutem Grund ist also jeder Halter eines Kraftfahrzeugs oder Anhängers in Deutschland verpflichtet, bei einem inländischen Versicherungsanbieter seiner Wahl eine Kfz-Haftpflichtversicherung abzuschließen. Die näheren Bestimmungen finden sich im Gesetz über die Pflichtversicherung für Kraftfahrzeughalter.

Überprüfen Sie, ob die Aussagen zu den Varianten der nachstehend beschriebenen Fälle **vollständig richtig, teilweise richtig** oder **vollständig falsch** sind, und vermerken Sie Ihr Ergebnis im Lösungsbogen.

Für die Falllösung sind ausschließlich die unten aufgeführten Vorschriften des Pflichtversicherungsgesetzes (PflVG) zu berücksichtigen.

Fall 1:

Der 14-jährige M. unternimmt an einem Abend, als seine Eltern bei Freunden zu Besuch sind, mit dem Cabrio seiner Mutter eine Spritztour. An einer mit einem STOP-Schild gekennzeichneten Einmündung in eine bevorrechtigte Straße verlangsamt er nur kurz seine Geschwindigkeit, übersieht dabei einen von links kommenden Transporter und kollidiert mit diesem. Als die Mutter, die die Versicherungsbeiträge immer pünktlich gezahlt hat, den dabei am Transporter entstandenen Schaden bei ihrer Kfz-Haftpflichtversicherung geltend machen will, verweigern diese eine Übernahme des Schadens mit dem Hinweis, sie seien unter den gegebenen Umständen nicht zu einer Leistung verpflichtet.

Aussage 1.1:

Die Versicherung von M.s Mutter befindet sich im Unrecht. Sie ist zu einer Leistung verpflichtet, da die Versicherungsbeiträge immer pünktlich gezahlt hat und somit Versicherungsschutz bestand.

Aussage 1.2:

Die Weigerung der Versicherung ist rechtens, da davon auszugehen ist, dass der 14-jährige M. zum Zeitpunkt des Unfalls nicht im Besitz einer Fahrerlaubnis war.

Fall 2:

Der verwitwete 86-jährige R. benutzt seinen Pkw nur noch selten. Zwei Erinnerungsschreiben der Versicherung, die Ankündigung, dass bei Nichtzahlung der Versicherungsbeiträge kein Versicherungsschutz mehr bestehe, und schließlich auch die Mitteilung über das Erlöschen des Versicherungsschutzes, hat er übersehen. Als er erfährt, dass ein ehemaliger Arbeitskollege schwer krank im Krankenhaus liegt, steigt er kurzerhand in sein Auto, um diesen zu besuchen.

Aussage 2.1:

Bei der Fahrt R.s handelt es sich um strafrechtlich relevantes Verhalten. R. handelt vorsätzlich.

Aussage 2.2:

R. begeht eine Ordnungswidrigkeit. Er handelt fahrlässig.

Fall 3:

L. beobachtet vom Fenster seiner Wohnung aus, wie ein Fahrzeug des kommunalen Winterdienstes der Stadt Nürnberg beim Schneeräumen seinen geparkten Pkw beschädigt. Der Unfallverursacher K. hält an und sieht sich den Schaden an, als L. hinzukommt. L. fordert K. auf, ihm die Kontaktdaten seiner Versicherung mitzuteilen, um seine Forderungen geltend machen zu können. K. äußert, das sei ihm nicht möglich, da für sein Fahrzeug keine Versicherung bestehe. L. möge sich an die zuständige Stelle bei der Stadt Nürnberg wenden. Dazu gibt er ihm die dienstliche Telefonnummer seines Vorgesetzten.

Aussage 3.1:
K.s Aussage, es bestehe keine Versicherung für das Schneeräumfahrzeug, ist korrekt.

Aussage 3.2:
Schneeräumfahrzeuge unterliegen keiner Versicherungspflicht.

Aussage 3.3:
K.s Aussage ist falsch. Er möchte vermutlich seine Regresspflicht gegenüber der Versicherung nicht erfüllen.

Vorschriften des PflVG:

Erster Abschnitt
Pflichtversicherung

§ 1

Der Halter eines Kraftfahrzeugs oder Anhängers mit regelmäßigem Standort im Inland ist verpflichtet, für sich, den Eigentümer und den Fahrer eine Haftpflichtversicherung zur Deckung der durch den Gebrauch des Fahrzeugs verursachten Personenschäden, Sachschäden und sonstigen Vermögensschäden nach den folgenden Vorschriften abzuschließen und aufrechtzuerhalten, wenn das Fahrzeug auf öffentlichen Wegen oder Plätzen (§ 1 des Straßenverkehrsgesetzes) verwendet wird. Der Halter eines Kraftfahrzeugs mit autonomer Fahrfunktion im Sinne des § 1 d des Straßenverkehrsgesetzes ist verpflichtet, eine Haftpflichtversicherung gemäß Satz 1 auch für eine Person der Technischen Aufsicht abzuschließen und aufrechtzuerhalten.

§ 2

(1) § 1 gilt nicht für
1. die Bundesrepublik Deutschland,
2. die Länder,
3. die Gemeinden mit mehr als einhunderttausend Einwohnern,
4. die Gemeindeverbände sowie Zweckverbände, denen ausschließlich Körperschaften des öffentlichen Rechts angehören,
5. juristische Personen, die von einem nach § 3 Absatz 1 Nummer 4 des Versicherungsaufsichtsgesetzes von der Versicherungsaufsicht freigestellten Haftpflichtschadenausgleich Deckung erhalten,
6. Halter von
   a) Kraftfahrzeugen, deren durch die Bauart bestimmte Höchstgeschwindigkeit sechs Kilometer je Stunde nicht übersteigt,
   b) selbstfahrenden Arbeitsmaschinen und Staplern im Sinne des § 3 Abs. 2 Satz 1 Nr. 1 Buchstabe a der Fahrzeug-Zulassungsverordnung, deren Höchstgeschwindigkeit 20 Kilometer je Stunde nicht übersteigt, wenn sie den Vorschriften über das Zulassungsverfahren nicht unterliegen,
   c) Anhängern, die den Vorschriften über das Zulassungsverfahren nicht unterliegen.

(2) Die nach Absatz 1 Nrn. 1 bis 5 von der Versicherungspflicht befreiten Fahrzeughalter haben, sofern nicht auf Grund einer von ihnen abgeschlossenen und den Vorschriften dieses Gesetzes entsprechenden Versicherung Haftpflichtversicherungsschutz gewährt wird, bei Schäden der in § 1 bezeichneten Art für den Fahrer und die übrigen Personen, die durch eine auf Grund dieses Gesetzes abgeschlossene Haftpflichtversicherung Deckung erhalten würden, in gleicher Weise und in gleichem Umfang einzutreten wie ein Versicherer bei Bestehen einer solchen Haftpflichtversicherung. [...]

§ 3

Ist der Versicherer gegenüber dem Versicherungsnehmer nicht zur Leistung verpflichtet, weil das Fahrzeug den Bau- und Betriebsvorschriften der Straßenverkehrs-Zulassungs-Ordnung nicht entsprach oder von einem unberechtigten Fahrer oder von einem Fahrer ohne die vorgeschriebene Fahrerlaubnis geführt wurde, kann der Versicherer den Dritten abweichend von § 117 Abs. 3 Satz 2 des Versicherungsvertragsgesetzes nicht auf die Möglichkeit verweisen, Ersatz seines Schadens von einem anderen Schadensversicherer oder von einem Sozialversicherungsträger zu erlangen. [...]

§ 3 a

(1) Macht der Dritte den Anspruch nach § 115 Abs. 1 des Versicherungsvertragsgesetzes geltend, gelten darüber hinaus die folgenden Vorschriften:

1. Der Versicherer oder der Schadenregulierungsbeauftragte haben dem Dritten unverzüglich, spätestens innerhalb von drei Monaten, ein mit Gründen versehenes Schadenersatzangebot vorzulegen, wenn die Eintrittspflicht unstreitig ist und der Schaden beziffert wurde, oder eine mit Gründen versehene Antwort auf die in dem Antrag enthaltenen Darlegungen zu erteilen, sofern die Eintrittspflicht bestritten wird oder nicht eindeutig feststeht oder der Schaden nicht vollständig beziffert worden ist. Die Frist beginnt mit Zugang des Antrags bei dem Versicherer oder dem Schadenregulierungsbeauftragten.
2. Wird das Angebot nicht binnen drei Monaten vorgelegt, ist der Anspruch des Dritten mit dem sich nach § 288 Abs. 1 Satz 2 des Bürgerlichen Gesetzbuchs ergebenden Zinssatz zu verzinsen. Weitergehende Ansprüche des Dritten bleiben unberührt.

[...]

§ 3 b

Schließt der Erwerber eines veräußerten Fahrzeugs eine neue Kraftfahrzeug-Haftpflichtversicherung, ohne das auf ihn übergegangene Versicherungsverhältnis zu kündigen, gilt dieses mit Beginn des neuen Versicherungsverhältnisses als gekündigt.

[...]

§ 5

(1) Die Versicherung kann nur bei einem im Inland zum Betrieb der Kraftfahrzeug-Haftpflichtversicherung befugten Versicherungsunternehmen genommen werden.

(2) Die im Inland zum Betrieb der Kraftfahrzeug-Haftpflichtversicherung befugten Versicherungsunternehmen sind verpflichtet, den in § 1 genannten Personen nach den gesetzlichen Vorschriften Versicherung gegen Haftpflicht zu gewähren. [...]

(3) Der Antrag auf Abschluss eines Haftpflichtversicherungsvertrages für Zweiräder, Personen- und Kombinationskraftwagen bis zu 1 t Nutzlast gilt zu den für den Geschäftsbetrieb des Versicherungsunternehmens maßgebenden Grundsätzen und zum allgemeinen Unternehmenstarif als angenommen, wenn der Versicherer ihn nicht innerhalb einer Frist von zwei Wochen vom Eingang des Antrags an schriftlich ablehnt oder wegen einer nachweisbaren höheren Gefahr ein vom allgemeinen Unternehmenstarif abweichendes schriftliches Angebot unterbreitet. [...]

(4) Der Antrag darf nur abgelehnt werden, wenn sachliche oder örtliche Beschränkungen im Geschäftsplan des Versicherungsunternehmens dem Abschluss des Vertrags entgegenstehen oder wenn der Antragsteller bereits bei dem Versicherungsunternehmen versichert war und das Versicherungsunternehmen

1. den Versicherungsvertrag wegen Drohung oder arglistiger Täuschung angefochten hat,
2. vom Versicherungsvertrag wegen Verletzung der vorvertraglichen Anzeigepflicht oder wegen Nichtzahlung der ersten Prämie zurückgetreten ist oder
3. den Versicherungsvertrag wegen Prämienverzugs oder nach Eintritt eines Versicherungsfalls gekündigt hat.

[...]

(6) Das Versicherungsunternehmen hat dem Versicherungsnehmer bei Beginn des Versicherungsschutzes eine Versicherungsbestätigung auszuhändigen. Die Aushändigung kann von der Zahlung der ersten Prämie abhängig gemacht werden.

[...]

§ 6

(1) Wer ein Fahrzeug auf öffentlichen Wegen oder Plätzen gebraucht oder den Gebrauch gestattet, obwohl für das Fahrzeug der nach § 1 erforderliche Haftpflichtversicherungsvertrag nicht oder nicht mehr besteht, wird mit Freiheitsstrafe bis zu einem Jahr oder mit Geldstrafe bestraft.

(2) Handelt der Täter fahrlässig, so ist die Strafe Freiheitsstrafe bis zu sechs Monaten oder Geldstrafe bis zu einhundertachtzig Tagessätzen.

(3) Ist die Tat vorsätzlich begangen worden, so kann das Fahrzeug eingezogen werden, wenn es dem Täter oder Teilnehmer zur Zeit der Entscheidung gehört.

Anlage zu § 4 Abs. 2

Mindestversicherungssummen

1. Die Mindesthöhe der Versicherungssumme beträgt bei Kraftfahrzeugen einschließlich der Anhänger je Schadensfall
   a) für Personenschäden siebeneinhalb Millionen Euro,
   b) für Sachschäden 1 220 000 Euro, [...]

PflVG

18

8 Punkte

Karikatur

Das Erreichen der Klimaschutzziele ist immer wieder Thema in den deutschen Medien.

Kreuzen Sie im Lösungsbogen an, ob die folgenden Aussagen zu der Karikatur „Klimaziele“ **vollständig richtig, vollständig falsch** oder **nicht zu entnehmen** sind.

RABE/toonpool.com

Aussagen:

1 Die Karikatur zeigt, dass die EU an den Klimazielen vorbeigeschossen ist.

2 Die Karikatur sieht in dem Erreichen-Wollen der Klimaziele ein sinnloses Unterfangen.

3 Der Zeitnehmer zeigt deutliches Missfallen bezüglich des Vorankommens Deutschlands in der Klimapolitik.

4 Die Karikatur kritisiert mithilfe von Ironie, dass Deutschland noch weit davon entfernt ist, die Klimaziele zu erreichen.

5 Die Schnecke ist als Verkörperung der Langsamkeit Sinnbild für das zu langsame Tempo in der Klimapolitik.

6 Der Karikaturist ist der Meinung, dass Klimapolitik eine sportliche Herausforderung ist.

7 Der Flicken auf dem Zielbanner lässt vermuten, dass das Ziel schon seit längerer Zeit gesteckt ist.

8 Alle anderen Teilnehmer des „Rennens“ haben die Klimaschutzziele längst erreicht.

19 2 Punkte

Räumliche Vorstellung

a) Welches Gitternetz passt zum abgebildeten Körper?
Tragen Sie den Kennbuchstaben im Lösungsbogen ein.

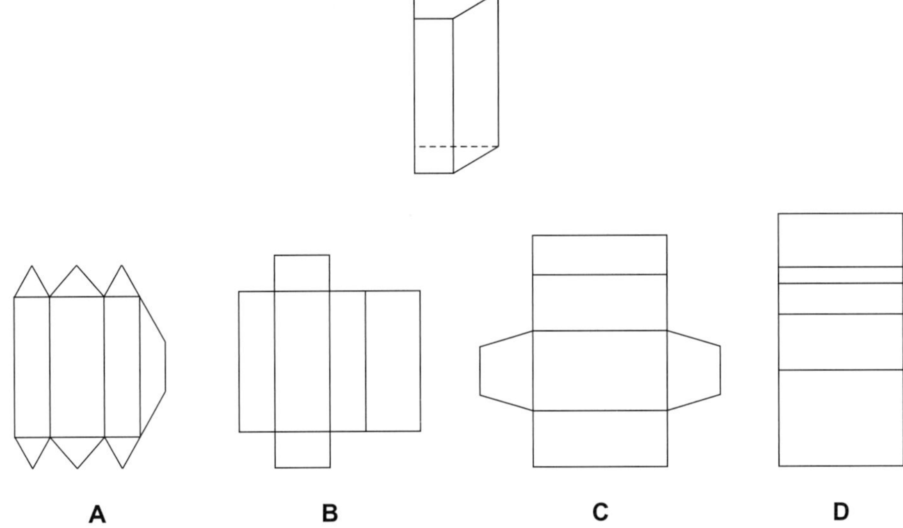

2 Punkte

b) Welche Figur hat die größte Fläche?
Tragen Sie den Kennbuchstaben im Lösungsbogen ein.

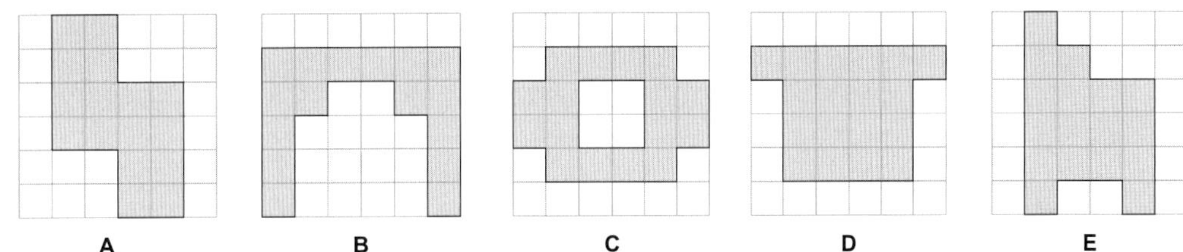

20 2 Punkte

Rechnerei

Emilia fährt auf dem Volksfest 1-mal Autoscooter. Ihr Freund Ferdinand fährt 4-mal mit dem Autoscooter und bezahlt 9 Euro mehr als Emilia. Wie viel hat Ferdinand für eine Fahrt mit dem Autoscooter gezahlt?

Ermitteln Sie das richtige Ergebnis und tragen Sie dieses in den Lösungsbogen ein.

21

9 Punkte

Elektrofahrzeuge

Laut Kraftfahrtbundesamt waren am 1. Januar 2022 in Deutschland 67,7 Millionen Kraftfahrzeuge inkl. Anhänger zugelassen, davon 48,5 Millionen Pkws. Folgende Grafiken zeigen die Bedeutung von Elektroautos.

Überprüfen Sie die unten stehenden Aussagen zu den folgenden Grafiken.
Kreuzen Sie im Lösungsbogen an, welche Aussagen **vollständig richtig, teilweise richtig, vollständig falsch** oder **nicht zu entnehmen** sind.

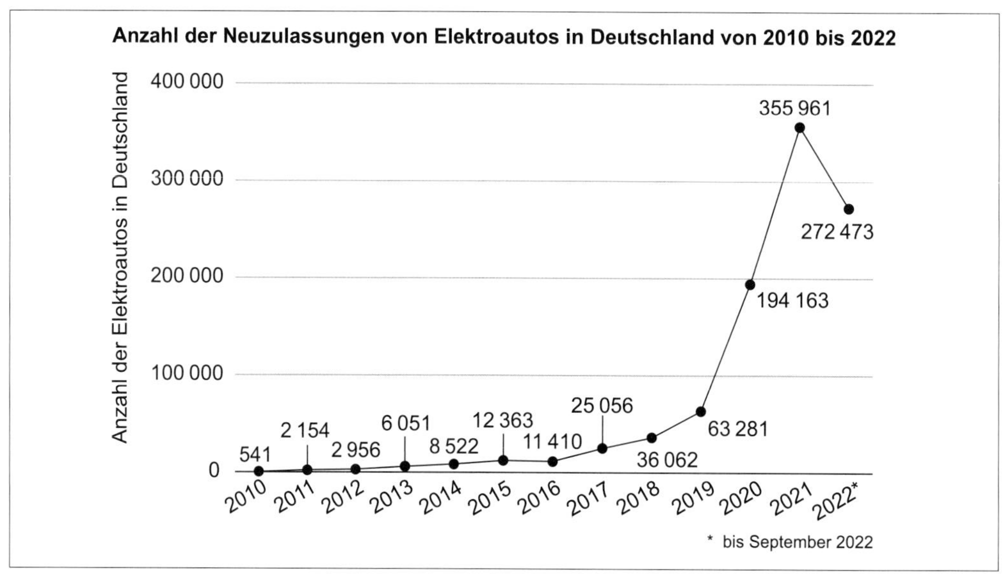

Daten nach: Kraftfahrt-Bundesamt

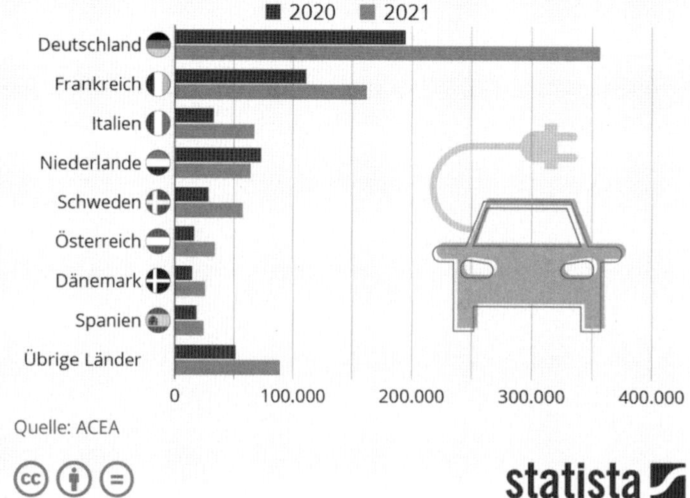

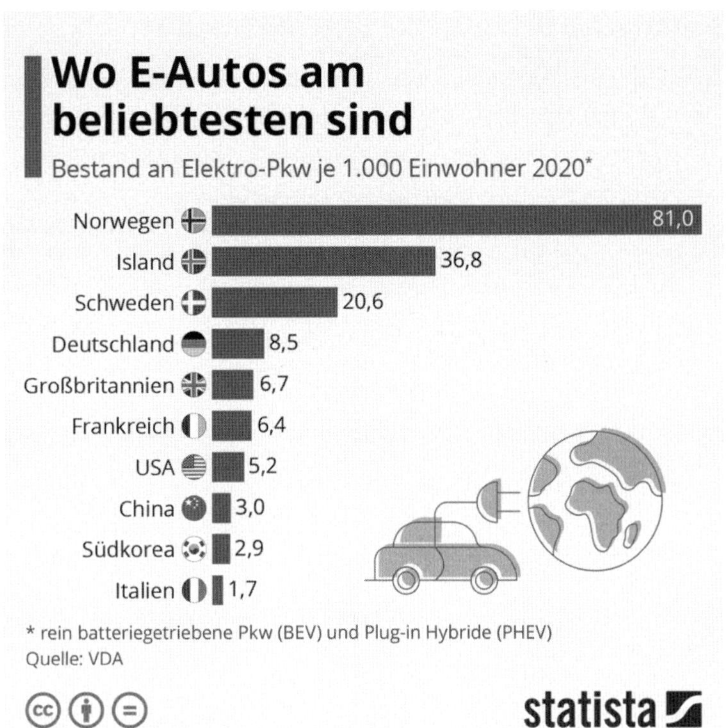

Matthias Janson: Wo E-Autos am beliebtesten sind, Statista vom 30.04.2021,
CC BY-ND 4.0, https://de.statista.com/infografik/22833/bestand-an-elektro-pkw-nach-laendern/

Aussagen:

1 Die Zahl der Neuzulassungen von Elektroautos in Deutschland stieg in den letzten Jahren konstant an.
2 In Norwegen sind Elektroautos im Vergleich zu anderen Ländern am beliebtesten.
3 In den Niederlanden ist die Anzahl der Neuzulassungen von Elektroautos gesunken.
4 China produziert die meisten Elektroautos.
5 Deutschland ist Spitzenreiter in Europa, was den Bestand an Elektroautos angeht.
6 Die meisten Elektrofahrzeuge in der EU wurden 2020 und 2021 in Deutschland neu zugelassen.
7 Ursache für die Abnahme der Zulassungszahlen 2022 ist die Corona-Pandemie.
8 In Deutschland wurden bisher rund 7 000 000 Elektrofahrzeuge zugelassen.
9 Zu Elektroautos werden immer auch Plug-in-Hybride gezählt.

22

9 Punkte

Entwicklung der Kraftstoffpreise 1950 bis 2021

Die Grafik zeigt die Entwicklung der Kraftstoffpreise in Deutschland seit 1950.

Überprüfen Sie die unten stehenden Aussagen zur folgenden Grafik. Kreuzen Sie im Lösungsbogen an, welche Aussagen **zutreffend, nicht zutreffend** oder **nicht zu entnehmen** sind.

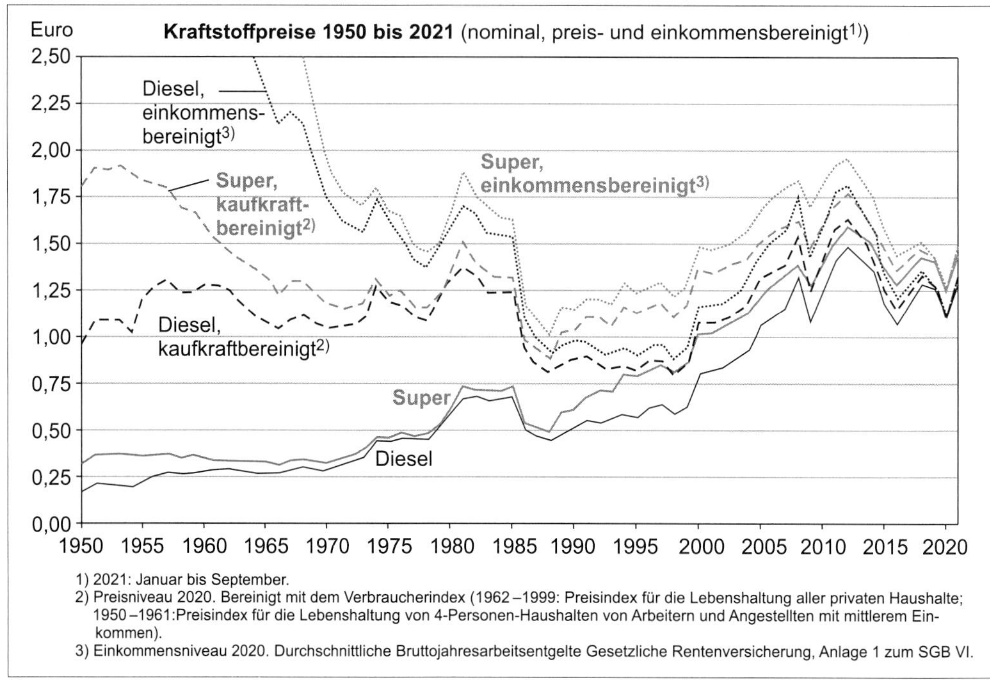

ADAC, Statistisches Bundesamt, Deutsche Rentenversicherung

Anmerkung: Bedingt durch den Krieg in der Ukraine stiegen die Preise im März 2022 für Benzin auf über 2,20 € / ℓ, für Diesel auf über 2,30 € / ℓ.

Aussagen:

1 Die Schwankungen bei den Kraftstoffpreisen sind auf die unterschiedliche Verfügbarkeit der Erdölreserven zurückzuführen.

2 Fast über den gesamten dargestellten Zeitraum lagen die Preise für Diesel einige Cent unter denen für Benzin.

3 Einkommensbereinigt sind die Kraftstoffpreise immer höher als kaufkraftbereinigt.

4 Aus den Kraftstoffpreisen lässt sich schließen, dass das Einkommen in den 1970er-Jahren deutlich unter dem in den 1990er-Jahren lag.

5 Gemessen am Preisniveau war Super-Benzin Ende der 1990er-Jahre am günstigsten.

6 Die kaufkraftbereinigten Angaben orientieren sich am Preisniveau von 2020.

7 Die Dieselpreise liegen unter den Benzinpreisen, weil die Herstellung von Benzin kostenintensiver ist.

8 Gemessen am Einkommensniveau waren die Preise für Super-Benzin Ende der 1960er-Jahre auf einem ähnlichen Niveau wie im März 2022.

9 2011 wurde der E10-Kraftstoff in Deutschland eingeführt.

23

9 Punkte

Kfz-Versicherung in Deutschland

Die Zulassung eines Kraftfahrzeugs ist in Deutschland nur möglich, wenn ein entsprechender Versicherungsschutz vorliegt

Überprüfen Sie die unten stehenden Aussagen zu der folgenden Übersicht und dem Text. Kreuzen Sie im Lösungsbogen an, welche Aussagen **richtig, teilweise richtig, falsch** oder **nicht zu entnehmen** sind.

Was ist die Kfz-Haftpflichtversicherung?

Wer sich mit Auto, Motorrad, Quad, Mofa, Bus oder Traktor auf die Straße begibt, muss sein Fahrzeug versichern. Denn ohne die Kfz-Haftpflichtversicherung darf kein motorisiertes Fahrzeug auf die Straße – das hat der Gesetzgeber so festgelegt.

Die Kfz-Haftpflicht entschädigt die Unfallopfer einschließlich der Mitfahrer des Unfallfahrers bis zur vereinbarten Mindestversicherungssumme.

Weitere optionale Fahrzeugversicherungen bieten zusätzliche Sicherheit, sie übernehmen zum Beispiel nach einer Panne oder einem Unfall im Ausland die Kosten für eine sichere Rückkehr nach Hause. Für viele Autofahrer ist die Kaskoversicherung wichtig, schließlich zahlt sie die Schäden am eigenen Fahrzeug.

Unbegründete Ansprüche abwehren

Die Kfz-Haftpflichtversicherung prüft die Schadenersatzansprüche des Unfallopfers. Sind diese unberechtigt, wehrt sie sie ab – auf ihre Kosten. Sind die Schadenersatzansprüche begründet, leistet der Versicherer den Schadenersatz in Geld. Übrigens: Nicht nur der Geschädigte selbst hat Ansprüche an die Kfz-Haftpflichtversicherung. Auch Krankenkasse, gesetzliche Unfall- und Rentenversicherung und der Arbeitgeber holen sich ihre Aufwendungen von der Kfz-Haftpflichtversicherung zurück.

Wie viel zahlt die Kfz-Haftpflicht?

Die gesetzliche Mindestversicherungssumme legt fest, bis zu welcher Summe der Versicherer die Kosten für einen Schaden übernehmen muss. 7,5 Millionen Euro für Personenschäden, bis zu 1 220 000 Euro für Sachschäden, 50 000 Euro für reine Vermögensschäden. In der Regel bieten die Versicherungsunternehmen aber deutlich höhere Versicherungssummen (Deckungssummen) an, beispielsweise bis zu 100 Millionen Euro.

Wissenswertes: Autokauf

Wenn es bei der Probefahrt kracht

Natürlich gehört zur Kaufentscheidung eine Probefahrt. Je nachdem, ob man sein Auto beim Händler oder von privat kauft, ist die Situation im Falle eines Unfalls unterschiedlich.

Beim Privatkauf ist das Fahrzeug auch während der Probefahrt auf den Verkäufer zugelassen und versichert. Verursacht der Interessent einen Unfall, muss die Haftpflichtversicherung des (Noch-) Eigentümers den Schaden am gegnerischen Fahrzeug bezahlen. Der Eigentümer wird im Schadenfreiheitsrabatt hochgestuft.

Unbedingt beachten: Vor der Probefahrt sollten Verkäufer und Käufer schriftlich festhalten, wer für eventuelle Schäden am Fahrzeug und die Rückstufung aufkommt.

Beim Fachhändler können Interessierte davon ausgehen, dass die Fahrzeuge vollkaskoversichert sind. Die Versicherung kümmert sich um alles, wenn es bei der Probefahrt zu einem Unfall kommt. Trotzdem gilt: Vor der Probefahrt unbedingt erkundigen, ob dafür auch tatsächlich eine Vollkaskoversicherung abgeschlossen wurde und wie hoch der Selbstbehalt ist. Nicht selten wird ein Selbstbehalt von 1 000 Euro vereinbart.

Vorsicht: Die Kfz-Haftpflichtversicherung gilt zunächst nur vorläufig

Wenn Autofahrer ihren Versicherungsbeitrag nicht rechtzeitig zahlen, kann der Versicherungsschutz rückwirkend verloren gehen und das Fahrzeug wird behördlich stillgelegt. Beim Kauf von einem privaten Anbieter ist das Fahrzeug oft noch zugelassen. Der Käufer übernimmt mit dem Fahrzeug zunächst auch dessen Kfz-Haftpflichtversicherung. Sie bleibt bis zur Ummeldung durch den neuen Halter bestehen.

Auto & Reise – Was ist die Kfz-Haftpflichtversicherung?, GDV,
https://www.dieversicherer.de/versicherer/versicherungen/kfz-haftpflichtversicherung

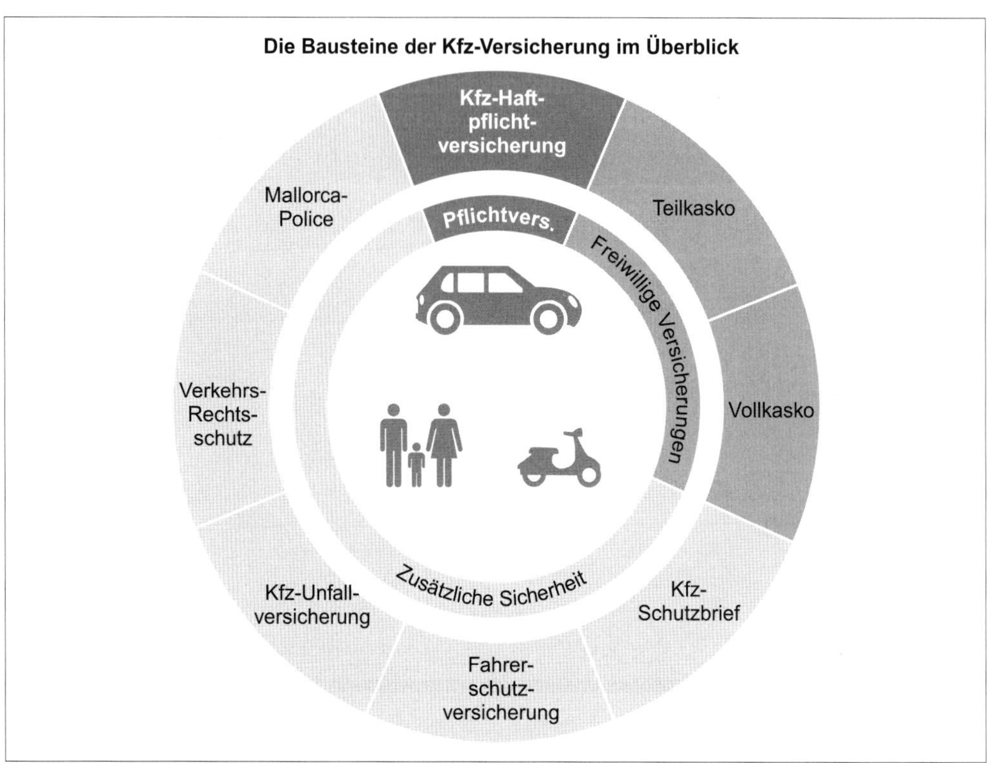

GDV

Aussagen:

1 Die Kfz-Haftpflichtversicherung wird auch als Kfz-Unfallversicherung bezeichnet.

2 Ansprüche an die Haftpflichtversicherung können nur durch den Geschädigten geltend gemacht werden.

3 Vollkasko und Teilkasko unterscheiden sich in der vom Versicherer festgelegten Laufzeit.

4 Die Kfz-Haftpflichtversicherung ist die einzige Pflichtversicherung unter den Kfz-Versicherungen.

5 Ist die Versicherung abgeschlossen, besteht in jedem Fall Versicherungsschutz.

6 Die Kfz-Haftpflichtversicherung übernimmt Schäden der Unfallopfer, des Fahrers und der Mitfahrer.

7 Bezahlt die Haftpflichtversicherung einen Schaden am gegnerischen Fahrzeug, wird der Versicherungsnehmer im Schadensfreiheitsrabatt hochgestuft.

8 Die Kfz-Haftpflichtversicherung zahlt nicht die Schäden, die ein Fußgänger verursacht, aber Schäden eines Fußgängers, die ein Kfz-Führer verursacht.

9 Der Versicherer legt unabhängig von einer Mindestversicherungssumme fest, bis zu welcher Höhe er einen Schaden bezahlt.

24 Suchen Sie!

2 Punkte

a) Ermitteln Sie, wie oft die Buchstabenfolge **Auto** (Groß-, Kleinbuchstaben oder gemischt) im folgenden Buchstabenfeld vorkommt.
Tragen Sie das Ergebnis in den Lösungsbogen ein.

K B m t E a X F o W a T s Q H A u t O L A Z u A u F F a U T o F g T x a u t O s
a E A U T O D F T A o t u d f g R g H z U A u F F t o T o A b d o E v B n M s W
Z g K f z S q t z i z R c h l K P U s u T k ä O s a U T o M c V e A u t o E R t
k P ü d T z l a u t o e A t A U T o i k F E a N D a u d d o E f T z u X O d U b

2 Punkte

b) Zählen Sie, wie oft die Zahlen **17** (A) und **52** (B) im untenstehenden Zahlenfeld vorkommen.
Tragen Sie Ihre Ergebnisse im Lösungsbogen ein.

1 2 4 1 8 9 1 7 9 4 5 1 4 5 3 1 9 7 8 9 6 4 5 4 6 1 6 7 8 5 2 9 8 2 1 6 8 9 4 6
4 1 7 5 2 7 9 3 5 2 4 1 3 8 0 7 5 2 3 6 9 6 5 2 8 7 1 0 2 4 9 9 1 8 3 0 4 5 2 6
2 1 9 8 1 8 7 4 3 1 8 1 7 5 5 1 7 3 9 1 4 6 9 1 9 2 1 4 3 1 7 8 7 9 6 4 2 1 9 5
5 2 3 3 6 0 9 8 7 5 0 1 0 9 7 6 5 7 0 9 1 1 9 5 2 6 4 6 9 8 9 4 1 8 3 3 5 2 4 5
3 9 8 1 7 7 2 2 5 2 3 1 5 4 8 8 3 5 5 1 7 5 1 1 9 4 5 1 7 9 8 0 7 6 9 3 4 0 8 7
2 5 4 3 8 1 4 9 7 8 3 2 0 1 4 4 5 8 7 6 3 2 4 8 0 9 9 7 6 5 4 5 7 5 2 5 1 8 1 9

3 Punkte

c) Stimmt die rechte Figur mit einer der linken Figuren überein?
Notieren Sie im Lösungsbogen: R (= richtig) oder F (= falsch).

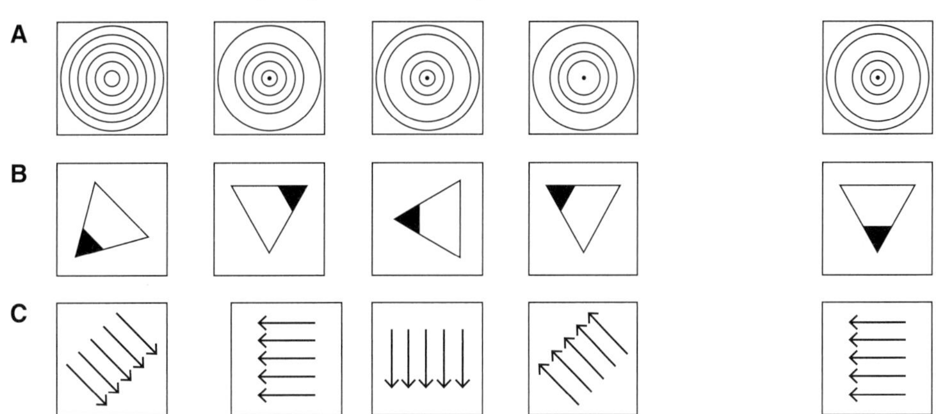

25 Würfel erkennen

2 Punkte

a) Aus wie vielen Würfeln setzt sich diese Figur zusammen?
Notieren Sie den richtigen Kennbuchstaben im Lösungsbogen.

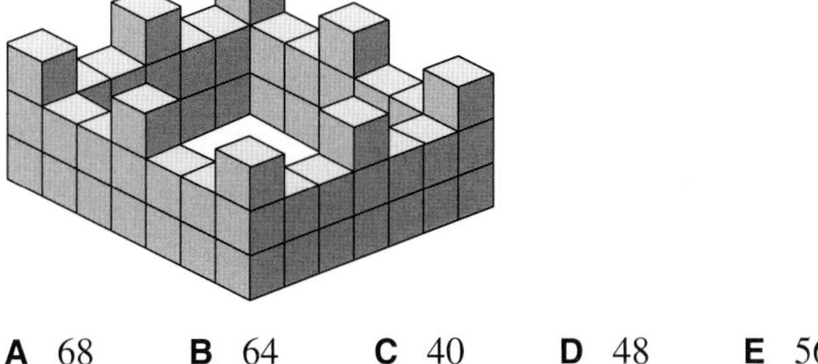

A 68 **B** 64 **C** 40 **D** 48 **E** 56

2 Punkte

b) Welcher der unteren Würfel **entspricht** dem Würfel oben?
Tragen Sie die Kennzahl im Lösungsbogen ein.

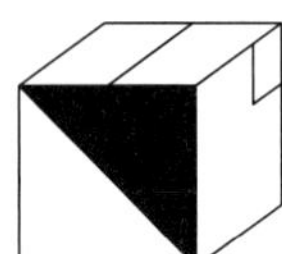

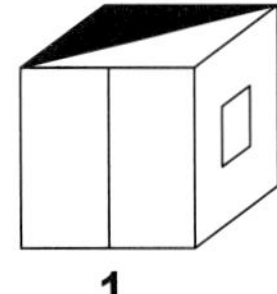

1

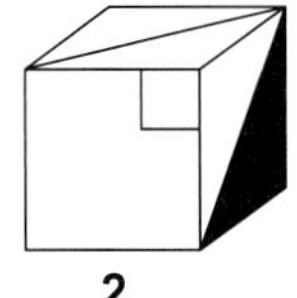

2

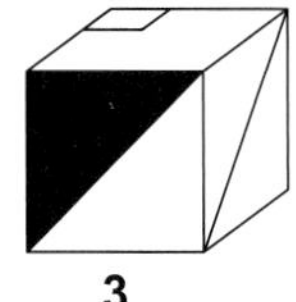

3

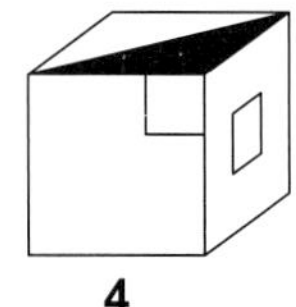

4

26 Jahrestage 2022

12 Punkte

Jedes Jahr gibt es zahlreiche Jahrestage, an denen sich bestimmte Ereignisse jähren. Bestimmen Sie für jedes nachfolgend aufgeführte Ereignis, wie viele Jahre es zurückliegt. Entnehmen Sie der nachfolgenden Auswahlliste jeweils den Kennbuchstaben des zutreffenden Jahres und tragen Sie diesen bei der jeweiligen Kennnummer des Ereignisses in den Lösungsbogen ein.

Beachten Sie, dass die Auswahlliste auch unzutreffende Zahlen enthält und einzelne Kennbuchstaben auch mehrfach zugeordnet werden können.
Bei den Lösungsmöglichkeiten wurde der Buchstabe „j" ausgespart, um Verwechslungen mit dem Buchstaben „i" zu vermeiden.

Ereignisse:

1 Erste Teilung Polens
2 Rückgabe Helgolands durch die Briten an Deutschland
3 Erste bekannte Verbrennung von Menschen als „Häretiker" im Mittelalter
4 Unfalltod der britischen Prinzessin Diana
5 Erste Volkshochschule im Deutschen Reich
6 Todestag von E. T. A. Hoffmann
7 Geburt von Gregor Mendel
8 Helmut Kohl wird Bundeskanzler
9 Olympische Spiele in München
10 Sturmflut in Hamburg
11 Euro als neues Zahlungsmittel in Form von Scheinen und Münzen
12 Vertrag von Rapallo zwischen Deutschland und Russland

Auswahlliste:

A	B	C	D	E	F	G	H	I	K	L	M	N	O
20	25	30	40	50	60	70	100	120	200	250	300	500	1000

27
11 Punkte

Vor 25 Jahren

1997 – Hongkong wird an China zurückgegeben

Ergänzen Sie den nachfolgenden Lückentext.
Tragen Sie im Lösungsbogen jeweils die Kennnummern der passenden Ergänzung aus der Auswahlliste ein.

Auswahlliste:

1 pachtet
2 militärischen Interventionen
3 Niederlassung
4 350
5 die Deutschen
6 100 Jahre
7 Ministerpräsidentin
8 Unabhängigen Provinz
9 Neutralität für Hongkong
10 99 Jahre
11 Premierministerin
12 Sonderverwaltungszone
13 ein Land – zwei Regierungen
14 Drachenstaaten
15 Xi Jinping
16 mietet
17 200
18 Lotusstaaten
19 ein Land – zwei Systeme
20 Kronkolonie
21 Abbruch der Handelsbeziehungen
22 500
23 die Chinesen
24 Tigerstaaten
25 Schließung der Grenzen
26 kauft
27 Freien Stadt
28 Deng Xiaoping
29 Präsidentin
30 Provinz
31 Japan
32 Mao Zedong

Lückentext:

Nach mehr als **[a]** Jahren mehr oder weniger friedlichen Handelsbeziehungen zwischen Großbritannien und China wird Hongkong 1842 britische **[b]** . Nach weiteren Gebietsabtretungen durch China **[c]** schließlich das Vereinigte Königreich 1898 in der zweiten Konvention von Peking das Gebiet nördlich der Kowloon-Halbinsel und die darum liegenden Inseln für **[d]** . 1941 übernimmt für rund vier Jahre **[e]** die Kolonie, die es mit Ende des Zweiten Weltkriegs aber wieder an Großbritannien zurückgeben muss. Ab den 1950er-Jahren erlebt Hongkong – wie einige weitere sogenannte „ **[f]** " ein beachtliches wirtschaftliches Wachstum. 1982 beginnen mit dem Staatsbesuch der britischen **[g]** Margaret Thatcher bei Chinas Führer **[h]** die Verhandlungen um die Rückgabe der Kronkolonie. Nachdem China mit **[i]** droht, gibt Großbritannien seinen Anspruch auf Präsenz in Hongkong auf. China bietet die Option „ **[k]** " an. Am 1. Juli 1997 wird Hongkong an China übergeben und zu einer **[l]** der Volksrepublik.

28
4 Punkte

Wer hat was gesagt?

Ordnen Sie jedes der folgenden Zitate seinem Urheber zu. Tragen Sie im Lösungsbogen die Kennnummer der jeweiligen Persönlichkeit aus der Auswahlliste bei dem Kennbuchstaben des betreffenden Zitats ein.

Auswahlliste:

1	Boris Becker	**4**	Walter Ulbricht	**7**	Helmut Kohl
2	Otto von Bismarck	**5**	Erich Honecker	**8**	Heinrich Böll
3	Friedrich der Große	**6**	Michail S. Gorbatschow	**9**	Helmut Schmidt

A „Bibliotheken sind die geistigen Tankstellen der Nation."

B „Die Welt muss sich ändern. Wir sind die Welt."

C „Es wird niemals so viel gelogen wie vor der Wahl, während des Krieges und nach der Jagd."

D „Niemand hat die Absicht, eine Mauer zu errichten."

29
9 Punkte

Europawahlen

Seit 1979 finden regelmäßig die Europawahlen statt.

Ergänzen Sie den nachfolgenden Lückentext. Tragen Sie im Lösungsbogen jeweils die Kennnummern der passenden Ergänzung aus der Auswahlliste ein.

Auswahlliste:

1	und	**6**	Online	**11**	geheimen Wahl	**18**	des Schengenraums
2	eigenen nationalen	**7**	der Europäischen Union	**12**	und geheime	**19**	vier
3	fünf	**8**	Europäischen Parlaments	**13**	sieben	**20**	oder
4	europaweit einheitlichen	**9**	1979	**14**	1984		
5	Frankreich	**10**	Griechenland	**15**	Europarats		
				16	1974		
				17	Verhältniswahl		

Lückentext:

Alle **[a]** Jahre findet die Europawahl statt, zum ersten Mal **[b]** . Sie ist eine unmittelbare, freie **[c]** Wahl, bei der die Abgeordneten des **[d]** – für jeden Mitgliedsstaat getrennt und von jedem Mitgliedsstaat nach **[e]** Regelungen – bestimmt werden.

Seit der Europawahl 2004 müssen alle Mitgliedstaaten das Prinzip der **[f]** anwenden, auch wenn sie (wie **[g]**) bei nationalen Wahlen ein Mehrheitswahlrecht benutzen.

Wahlberechtigt sind alle EU-Bürger und -Bürgerinnen **[h]** , wobei im EU-Ausland lebende Wahlberechtigte am Ort ihres Wohnsitzes **[i]** in ihrem Herkunftsland wählen dürfen.

30 Bayerischer Landtag

8 Punkte

Der Bayerische Landtag ist das Landesparlament des Freistaats Bayern und dessen erstes von drei Verfassungsorganen.

Überprüfen Sie die folgenden Aussagen zum Bayerischen Landtag.
Kreuzen Sie im Lösungsbogen an, welche der Aussagen **vollständig richtig, teilweise richtig** oder **vollständig falsch** sind.

Aussagen:

1 Der Bayerische Landtag wählt den Bayerischen Ministerpräsidenten.

2 Der Landtagspräsident führt die Geschäfte des Landtags, vertritt den Staat in allen Rechtsgeschäften und Rechtsstreitigkeiten des Landtags. Protokollarisch steht er im Rang noch über dem Ministerpräsidenten.

3 Die Abgeordneten des Bayerischen Landtags können dem Bayerischen Ministerpräsidenten ihr Misstrauen aussprechen und ihn abberufen (Misstrauensvotum).

4 Die Gremien des Bayerischen Landtags sind das Präsidium, die Ständigen Ausschüsse, sowie weitere Gremien und Ausschüsse.

5 Dem Landtag obliegt der Beschluss von Gesetzen und die Abstimmung über den Haushalt des Freistaats.

6 Der Landtag kann Verfassungsänderungen beschließen. Dazu benötigt er die absolute Mehrheit seiner Mitglieder.

7 Seit 2010 hat der Bayerische Landtag ein Verbindungsbüro in der Bayerischen Vertretung bei der Europäischen Union in Brüssel.

8 Die Wahlen zum Bayerischen Landtag finden alle vier Jahre statt.

31 Denksport

Tragen Sie Ihre Ergebnisse jeweils im Lösungsbogen ein.

2 Punkte

a) Vier der folgenden fünf Buchstabengruppen sind nach demselben Prinzip aufgebaut. Welche Buchstabengruppe tanzt aus der Reihe?

1 R Q P
2 M L K
3 Z Y W
4 H G F
5 E D C

2 Punkte

b) Auf einem schmalen Pfad wandern Adam, Emma, Lena und Simon in irgendeiner Reihenfolge hintereinander den Hochberg hinauf. Nach einer Rast haben Adam und Lena die Plätze getauscht. Später wechseln noch Lena und Simon die Plätze. Dadurch ist die Reihenfolge Simon, Adam, Emma, Lena entstanden.
In welcher Reihenfolge sind die Vier losgelaufen?

A Lena, Adam, Emma, Simon
B Adam, Lena, Emma, Simon
C Simon, Emma, Adam, Lena
D Emma, Adam, Lena, Simon
E Lena, Simon, Emma, Adam

2 Punkte

c) In der Wiesenstraße haben viele Kinder ein Fahrzeug. Insgesamt gibt es acht Mountainbikes, sechs Rennräder, fünf Gokarts und einen Roller. Drei Kinder sind noch zu klein für ein Fahrzeug. Es gibt aber Kinder, die zwei Fahrzeuge haben. Finn und Sofie haben je ein Mountainbike und ein Rennrad. Lukas hat außer dem Gokart noch einen Roller. Wie viele Kinder wohnen in der Wiesenstraße?

A 17
B 19
C 20
D 23
E 26

2 Punkte

d) Eichhörnchen Emil sammelt Nüsse für den Winter.
Wie viele Nüsse kann er auf dem Weg durch den Bau maximal sammeln, wenn er auf direktem Weg seinen Bau durchquert, ohne einzelne Wege zurückzugehen?

A 7
B 10
C 14
D 11
E 9

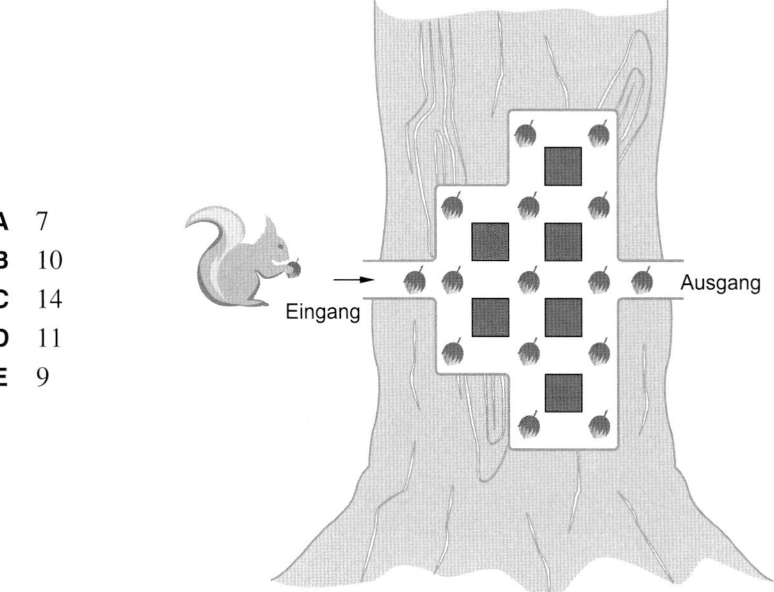

32 Abhandlung

60 Punkte

Sie sollen hier differenziert Stellung nehmen und drei Argumente ausformulieren. Eine **Gliederung** sowie **Einleitung** und **Schluss** – wie sie bei Schulaufsätzen z. T. üblich sind – ist **nicht** gefordert.
Setzen Sie nach jedem Argument eine **Leerzeile** und achten Sie auf eine ansprechende **äußere Form**. In der Prüfung tragen Sie Ihre Ausführungen direkt in den Lösungsbogen ein. Es empfiehlt sich, Notizpapier mitzunehmen, um vor der Reinschrift Stichpunkte anfertigen zu können.
Nehmen Sie sich für den Aufsatz ca. 60 bis 75 Minuten Zeit.

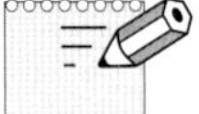

Thema:
Kostenlose Fahrten mit den Verkehrsmitteln des öffentlichen Personennahverkehrs als Lösung gegen die Überlastung der Innenstädte.

Beurteilen Sie diese Idee (für Deutschland). Entfalten Sie hierzu **drei** Argumente.

Lösungsbogen

1 Themen des Textes

Kreuzen Sie an:

1	2	3	4	5	6	7	8	9	
☐	☐	☐	☐	☐	☐	☐	☐	☐	hauptsächlich
☐	☐	☐	☐	☐	☐	☐	☐	☐	eher beiläufig/punktuell
☐	☐	☐	☐	☐	☐	☐	☐	☐	überhaupt nicht

2 Textaufbau

Tragen Sie die Nummer des passenden Textabschnitts ein.
Bei Fragen ohne Textbezug notieren Sie die Ziffer 0.

A	B	C	D	E	F	G	H	
								Abschnitt

3 Meinung des Autors

Kreuzen Sie an:

1	2	3	4	5	6	7	8	
☐	☐	☐	☐	☐	☐	☐	☐	entspricht der Meinung des Autors
☐	☐	☐	☐	☐	☐	☐	☐	entspricht nicht der Meinung des Autors
☐	☐	☐	☐	☐	☐	☐	☐	nicht dem Text zu entnehmen

4 Eigenschaften und Merkmale des Textes

Kreuzen Sie an:

1	2	3	4	5	6	7	8	
☐	☐	☐	☐	☐	☐	☐	☐	vollständig richtig
☐	☐	☐	☐	☐	☐	☐	☐	teilweise richtig
☐	☐	☐	☐	☐	☐	☐	☐	vollständig falsch

5 Synonyme und Antonyme

Ordnen Sie die Kennbuchstaben passend zu:

1	2	3	4	5	6	7	8

6 Nebensätze

Unterstreichen Sie ggf. den Nebensatz, und tragen Sie den passenden Buchstaben ein.

Kennbuchstabe

a Laut der KfW-Studie wird das Auto also in Regionen, in denen die Anbindung mit öffentlichen Verkehrsmitteln schlecht ist, und bei älteren Menschen auch künftig eine zentrale Rolle spielen (Z. 31 f.).

b In dieser Gruppe könnte ein Imagegewinn des ÖPNV helfen, um die Abkehr vom Auto zu ermöglichen (Z. 28 f.).

c Die Mehrheit der Menschen in Deutschland kann sich grundsätzlich vorstellen, häufiger vom Auto auf öffentliche Verkehrsmittel oder aufs Fahrrad umzusteigen – wenn denn die Infrastruktur stimmt (Z. 3 ff.).

d Demnach können sich rund 75 Prozent der Befragten, die aktuell mehrmals pro Woche das Auto nutzen, einen häufigeren Wechsel auf öffentliche Verkehrsmittel (ÖPNV) vorstellen (Z. 7 f.).

e Als wichtigste Voraussetzungen nannten alle eine bessere Anbindung (63 Prozent), gefolgt von geringeren Kosten (49 Prozent) und mehr Komfort (19 Prozent) (Z. 10 ff.).

f Interessanterweise gilt dies unabhängig von der Stadtgröße, sodass es sich bei Kommunen aller Größen lohnen dürfte, durch einen entsprechenden Ausbau der Infrastruktur … (Z. 39 ff.).

7 Wortfamilie

Tragen Sie Ihr Ergebnis ein.

1 Adjektiv: ____________

2 Verb (Grundform): ____________

3 Nomen: ____________

4 Adjektiv: ____________

5 Adjektiv: ____________

6 Verb (Grundform): ____________

8 Statistische Kennziffern

Tragen Sie den richtigen Buchstaben ein.

1	2	3	4	5

9 **Umwelt und Verkehr**

Kreuzen Sie an:

1	2	3	4	5	6	7	8	
☐	☐	☐	☐	☐	☐	☐	☐	vollständig richtig
☐	☐	☐	☐	☐	☐	☐	☐	teilweise richtig
☐	☐	☐	☐	☐	☐	☐	☐	vollständig falsch
☐	☐	☐	☐	☐	☐	☐	☐	nicht zu entnehmen

10 **Sehenswürdigkeiten**

Tragen Sie die Lösungen ein.

	Name	Stadt
1		
2		
3		
4		

11 **Sicherheit von Verkehrsmitteln**

Kreuzen Sie an:

1	2	3	4	5	6	
☐	☐	☐	☐	☐	☐	richtig
☐	☐	☐	☐	☐	☐	falsch
☐	☐	☐	☐	☐	☐	nicht zu entnehmen

12 **Promillegrenzen für Fahrradfahrer**

Kreuzen Sie an:

1	2	3	4	5	6	7	8	9	
☐	☐	☐	☐	☐	☐	☐	☐	☐	richtig
☐	☐	☐	☐	☐	☐	☐	☐	☐	falsch
☐	☐	☐	☐	☐	☐	☐	☐	☐	nicht zu entnehmen

13 **Autofreier Sonntag**

Tragen Sie die jeweils richtige Kennzahl ein.

a	b	c	d	e	f	g	h	i	k

14 **Ergänzen Sie!**

Tragen Sie Ihre Ergebnisse ein:

a) ☐ **b)** ☐

c) **A** ☐ **B** ☐ **C** ☐ **D** ☐

15 **Straßenverkehrs-Ordnung (StVO)**

Kreuzen Sie an:

1	2	3	4	5	6	7	8	
☐	☐	☐	☐	☐	☐	☐	☐	vollständig richtig
☐	☐	☐	☐	☐	☐	☐	☐	teilweise richtig
☐	☐	☐	☐	☐	☐	☐	☐	vollständig falsch

16 **Buchstabensalat**

a) Tragen Sie die gesuchten Zitate ein.

____

____

b) Tragen Sie Ihr Ergebnis ein.

A ______________________________

B ______________________________

C ______________________________

c) Lösungszahl:

☐

17 **Gesetz über die Pflichtversicherung für Kraftfahrzeughalter (Pflichtversicherungsgesetz/PflVG)**

Kreuzen Sie an:

1.1	1.2	2.1	2.2	3.1	3.2	3.3	
☐	☐	☐	☐	☐	☐	☐	vollständig richtig
☐	☐	☐	☐	☐	☐	☐	teilweise richtig
☐	☐	☐	☐	☐	☐	☐	vollständig falsch

18 **Karikatur**

Kreuzen Sie an:

1	2	3	4	5	6	7	8	
☐	☐	☐	☐	☐	☐	☐	☐	vollständig richtig
☐	☐	☐	☐	☐	☐	☐	☐	vollständig falsch
☐	☐	☐	☐	☐	☐	☐	☐	nicht zu entnehmen

19 **Räumliche Vorstellung**

Tragen Sie Ihre Ergebnisse ein:

a) ☐ b) ☐

20 **Rechnerei**

Tragen Sie Ihr Ergebnis ein:

☐

21 **Elektrofahrzeuge**

Kreuzen Sie an:

1	2	3	4	5	6	7	8	9	
☐	☐	☐	☐	☐	☐	☐	☐	☐	vollständig richtig
☐	☐	☐	☐	☐	☐	☐	☐	☐	teilweise richtig
☐	☐	☐	☐	☐	☐	☐	☐	☐	vollständig falsch
☐	☐	☐	☐	☐	☐	☐	☐	☐	nicht zu entnehmen

22 **Entwicklung der Kraftstoffpreise 1950 bis 2021**

Kreuzen Sie an:

1	2	3	4	5	6	7	8	9	
☐	☐	☐	☐	☐	☐	☐	☐	☐	zutreffend
☐	☐	☐	☐	☐	☐	☐	☐	☐	nicht zutreffend
☐	☐	☐	☐	☐	☐	☐	☐	☐	nicht zu entnehmen

23 **Kfz-Versicherung in Deutschland**

Kreuzen Sie an:

1	2	3	4	5	6	7	8	9	
☐	☐	☐	☐	☐	☐	☐	☐	☐	richtig
☐	☐	☐	☐	☐	☐	☐	☐	☐	teilweise richtig
☐	☐	☐	☐	☐	☐	☐	☐	☐	falsch
☐	☐	☐	☐	☐	☐	☐	☐	☐	nicht zu entnehmen

24 **Suchen Sie!**

Tragen Sie Ihre Ergebnisse ein:

a) Lösungszahl:

b) Tragen Sie die richtige Kennzahl ein:

A	B

c) Tragen Sie den richtigen Buchstaben ein:

A	B	C

25 **Würfel erkennen**

Tragen Sie Ihre Ergebnisse ein:

a) ☐ **b)** ☐

26 **Jahrestage 2022**

Tragen Sie den passenden Buchstaben ein:

1	2	3	4	5	6	7	8	9	10	11	12

27 **Vor 25 Jahren**

Tragen Sie die richtige Kennzahl ein:

a	b	c	d	e	f	g	h	i	k	l

28 **Wer hat was gesagt?**

Tragen Sie die richtige Kennzahl ein:

A	C	C	D

29 **Europawahlen**

Tragen Sie den passenden Buchstaben ein:

a	b	c	d	e	f	g	h	i

30 **Bayerischer Landtag**

Kreuzen Sie an:

1	2	3	4	5	6	7	8	
☐	☐	☐	☐	☐	☐	☐	☐	vollständig richtig
☐	☐	☐	☐	☐	☐	☐	☐	teilweise richtig
☐	☐	☐	☐	☐	☐	☐	☐	vollständig falsch

31 **Denksport**

a) ☐ b) ☐ c) ☐ d) ☐

32 **Abhandlung**

Im Originaltest müssen Sie die Reinschrift Ihrer Abhandlung direkt im Lösungsbogen eintragen. Es empfiehlt sich, Notizpapier, z. B. für eine Stoffsammlung, bereit zu halten.

Thema: Kostenlose Fahrten mit den Verkehrsmitteln des öffentlichen Personennahverkehrs als Lösung gegen die Überlastung der Innenstädte.

Beurteilen Sie diese Idee (für Deutschland). Entfalten Sie hierzu drei Argumente.

Lösungen

Allgemeine Tipps zur Auswahlprüfung

Teilen Sie sich die Zeit ein. Starten Sie mit dem Aufgabentyp, der Ihnen liegt. Wenn Sie also z. B. ein großes Allgemeinwissen haben, sich aber mit Texten schwertun, beginnen Sie bei den Wissensaufgaben – oder umgekehrt.
Sollten Sie bei einer Aufgabe gar nicht weiterkommen, machen Sie bei der nächsten weiter. Besser eine Aufgabe weniger gelöst, als keine Zeit mehr für Aufgaben zu haben, die man lösen könnte. Ihr Ziel muss es sein, in den gegebenen 180 Minuten möglichst viele der insgesamt 300 Punkte einzusammeln. Bei den meisten Aufgaben erhalten Sie einen Punkt für jede richtige Antwort, bei Logikaufgaben häufig zwei Punkte.

1 ____ von 9 P.

Themen des Textes

TIPP *Am leichtesten lässt sich feststellen, worum es „überhaupt nicht" geht. Suchen Sie dann die Themen, bei denen Sie sich sicher sind, dass es darum „hauptsächlich" geht. Lesen Sie hierfür die Überschrift genau. Aussagen, für die beides nicht zutrifft, werden dann sehr wahrscheinlich punktuell angesprochen.*

1	2	3	4	5	6	7	8	9	
☐	☐	☐	☐	☐	☒	☐	☐	☒	hauptsächlich
☒	☐	☒	☒	☒	☐	☒	☐	☐	eher beiläufig/punktuell
☐	☒	☐	☐	☐	☐	☐	☒	☐	überhaupt nicht

Überhaupt nicht: E-Bikes werden im Abschnitt 9 erwähnt, aber die Kosten hierfür sind kein Thema (**8**); es geht nur um die Kosten für den ÖPNV. Die Macht der Autokonzerne ist ebenfalls kein Thema im Text (**2**).

Hauptsächlich: Aussage **6** lässt sich der Überschrift und den ersten drei Abschnitten, aber auch dem weiteren Text entnehmen. Das Stichwort *Verkehrswende* finden Sie in Abschnitt 8 (**9**), es handelt sich um das Kernthema des Textes, die Überschrift wird auf den Punkt gebracht.

2 ____ von 8 P.

Textaufbau

TIPP *In den vorgegebenen Aussagen sind oft markante Stichwörter enthalten. Suchen Sie den Text nach diesen Begriffen ab. Achten Sie dabei auch auf die Frage und den Textzusammenhang.*

A	B	C	D	E	F	G	H	
8	6	4	2	0	4	1	9	Abschnitt

A Stichwort „Klima"

B Das Thema „Statussymbol" wird zwar in Abschnitt 5 zum ersten Mal angesprochen, Ergebnisse werden aber erst in Abschnitt 6 thematisiert.

C Der Schwerpunkt der Frage liegt auf erstmals (Abschnitt 4).

D Stichwort „Energiewendebarometer"

E Stichwort „Bundesministerium für Digitales und Verkehr"

G Gefragt ist nach ersten Angaben, sodass Abschnitt 1 richtig ist.

H Stichwort „E-Bikes"

3

___ von 8 P.

Meinung des Autors

TIPP *Wie bei Aufgabe 2 können Sie im Text nach relevanten Stichworten suchen. „Nicht zu entnehmen" bedeutet, dass dazu keine entsprechend formulierte Information im Text bzw. im Material enthalten ist. Unwichtig ist dabei, ob eine Aussage trotzdem, z. B. aus eigener Erfahrung, anders beurteilt werden könnte.*

1	2	3	4	5	6	7	8	
☐	☒	☒	☒	☐	☒	☐	☒	entspricht der Meinung des Autors
☐	☐	☐	☐	☒	☐	☐	☐	entspricht nicht der Meinung des Autors
☒	☐	☐	☐	☐	☐	☒	☐	nicht dem Text zu entnehmen

5 Diese Aussage entspricht nicht der Meinung des Autors, weil dieser von einer Kombinierbarkeit von Rad und ÖPNV spricht, nicht von einer Konkurrenz.

6 Diese Aussage dagegen entspricht der Meinung des Autors, da der Text durchweg Möglichkeiten darstellt, wie die Verkehrswende zu realisieren ist. Mit keinem Wort spricht der Autor gegen die Verkehrswende. Und dort, wo deren Realisierung auf Widerstände oder Probleme stoßen könnte, bietet er Möglichkeiten, wie man konstruktiv damit umgehen könnte, um eine Verkehrswende möglich zu machen. Somit ist die Haltung des Autors deutlich positiver als nur neutral.

4

___ von 8 P.

Eigenschaften und Merkmale des Textes

TIPP *Hier ist es wichtig, dass Sie erkennen, was mit der Aussage gemeint ist. Sie sollten also wissen, was z. B. mit „kritisch reflektierend", „objektiv" oder „ironisch" gemeint ist. Bereiten Sie sich auf solche Begriffe vor. Überlegen Sie zuerst, welche Aussagen vollständig falsch bzw. richtig sind. Prüfen Sie dann, ob auf die anderen Aussagen „teilweise richtig" zutrifft.*

1	2	3	4	5	6	7	8	
☐	☒	☐	☐	☒	☒	☐	☐	vollständig richtig
☐	☐	☐	☒	☐	☐	☐	☐	teilweise richtig
☒	☐	☒	☐	☐	☐	☒	☒	vollständig falsch

Falsch:
Aussage 3 ist falsch, weil es sich hier um einen sachlichen Text handelt, der keine Ironie enthält.
Aussage 7 ist falsch, weil im Text die Verkehrswende insgesamt sehr positiv dargestellt wird. Nie wird z. B. Kritik geübt, die nicht durch konstruktive Lösungsansätze sofort wieder relativiert wird. Selbst wenn man dem Autor professionelle Objektivität attestieren kann, lässt sich durchweg erkennen, dass er die Verkehrswende für sinnvoll hält.

Richtig:
Hinweise zu **Aussage 2** finden Sie im ganzen Text. Immer wieder reflektiert der Autor die Grenzen einer möglichen Realisierung der Verkehrswende, z. B. die Probleme im ländlichen Raum. Die **Aussagen 5** und **6** treffen beide zu, weil sie in sich keinen Widerspruch darstellen („informativ" und „vor allem informativ" widersprechen sich nicht; „vor allem informativ" lässt Raum für eine weitere Eigenschaft, also z. B. „meinungsbildend").

Teilweise richtig:
Aussage 4: bei der ZEIT handelt es sich um eine überregionale Wochenzeitung.

5 ___ von 8 P.

Synonyme und Antonyme

TIPP *Wörter mit nahezu gleicher Bedeutung nennt man Synonyme (Bsp.: Essen, Mahlzeit). Ein Antonym hat die entgegengesetzte Bedeutung eines anderen Wortes (Bsp.: groß/klein). Hier helfen häufiges Lesen und ein umfangreicher Wortschatz. Beim Lösen der konkreten Aufgabe gehen Sie die Auswahlliste am besten systematisch durch. Pro Wort bleiben dann nur noch wenige Alternativen übrig, sodass Sie auch mit dem Ausschlussprinzip zur richtigen Lösung kommen. Als Synonym für „Kombinierbarkeit" kommt nur ein Substantiv in Frage, Adjektive scheiden aus (richtig ist hier „Vereinbarkeit"). Achten Sie stets auf den Textzusammenhang! Bei Wort 8 „laut" kommt z. B. nur „entgegen" infrage, „leise" passt hier nicht!*

1	2	3	4	5	6	7	8
E	G	W	U	K	L	H	X

6 ___ von 6 P.

Nebensätze

TIPP *Wenn Sie hier unsicher sind, wiederholen Sie die Satzarten. Zur Erinnerung: Konditionalsätze informieren darüber, unter welcher Bedingung die Aussage des Hauptsatzes gilt (Bsp.: Falls die Sonne scheint, könnt ihr im Garten grillen). Konsekutivsätze benennen die Folge (Bsp.: Ich stand zu spät auf, sodass ich den Bus verpasste). Konzessivsätze formulieren Tatsachen, die man nicht erwarten würde (Bsp.: Obwohl es regnet, gehen wir ins Freibad).*

		Kennbuchstabe
a	Laut der KfW-Studie wird das Auto also in Regionen, in denen die Anbindung mit öffentlichen Verkehrsmitteln schlecht ist, und bei älteren Menschen auch künftig eine zentrale Rolle spielen (Z. 31 f.).	A
b	In dieser Gruppe könnte ein Imagegewinn des ÖPNV helfen, um die Abkehr vom Auto zu ermöglichen (Z. 28 f.).	C
c	Die Mehrheit der Menschen in Deutschland kann sich grundsätzlich vorstellen, häufiger vom Auto auf öffentliche Verkehrsmittel oder aufs Fahrrad umzusteigen – wenn denn die Infrastruktur stimmt (Z. 3 ff.).	K
d	Demnach können sich rund 75 Prozent der Befragten, die aktuell mehrmals pro Woche das Auto nutzen, einen häufigeren Wechsel auf öffentliche Verkehrsmittel (ÖPNV) vorstellen (Z. 7 f.).	E
e	Als wichtigste Voraussetzungen nannten alle eine bessere Anbindung (63 Prozent), gefolgt von geringeren Kosten (49 Prozent) und mehr Komfort (19 Prozent) (Z. 10 ff.).	M
f	Interessanterweise gilt dies unabhängig von der Stadtgröße, sodass es sich bei Kommunen aller Größen lohnen dürfte, durch einen entsprechenden Ausbau der Infrastruktur … (Z. 39 ff.).	H

7
___ von 6 P.

Wortfamilie

TIPP *Hier müssen Sie Fremdwörter in eine andere Wortart übersetzen.*

1	Adjektiv:	komfortabel
2	Verb (Grundform):	studieren
3	Nomen:	Symbol
4	Adjektiv:	elektrisch
5	Adjektiv:	kommunal
6	Verb (Grundform):	kombinieren

8
___ von 5 P.

Statistische Kennziffern

TIPP *Kaum jemand wird hier alle Werte kennen, aber durch Kombination können Sie eine Lösung finden. Dazu muss man schrittweise vorgehen, evtl. Möglichkeiten ausschließen und etwas tüfteln. Allgemeinwissen ist hier auch von Bedeutung! Diese Aufgabe ist nur auf den ersten Blick schwer zu lösen. Lassen Sie sich von den Zahlen nicht einschüchtern, sondern nutzen Sie Ihr Grundwissen.*

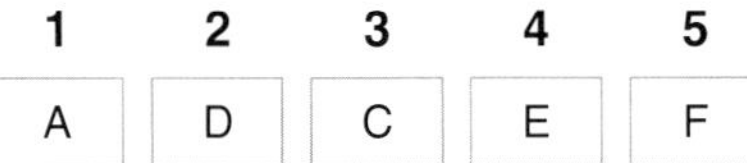

1	2	3	4	5
A	D	C	E	F

Deutschland:
Deutschland liegt zentral in Europa in der gemäßigten Klimazone, besitzt viele große schiffbare Flüsse (z. B. Rhein und Main-Donau-Kanal, Elbe) und ist zudem eines der bedeutendsten Transitländer vom Schwarzen Meer bis zur Nordsee. Die Zahlen für den Güterverkehr auf Binnenwasserstraßen dürften also hoch sein. Nahe liegt, dass Zeile 4 Deutschland zugeordnet werden muss. Zudem besitzt Deutschland in Europa das dichteste Eisenbahnnetz, was v. a. an der großen Zahl zentraler Orte liegt (viele Großstädte über ganz Deutschland verteilt). Darüber hinaus weist Deutschland mit Frankfurt/M. einen der größten Flughäfen Europas und weitere wichtige Flughäfen wie München auf. Schließlich gelten die Deutschen als „Reiseweltmeister".

Spanien und Italien:
Dass der Güterverkehr auf Binnenwasserstraßen in von Sommertrockenheit geprägten Ländern wie Spanien oder Italien eher gering ausfallen dürfte, ist zu vermuten. Zudem hat keiner der nennenswerten Flüsse (z. B. Tajo/Spanien, Po/Italien) Verbindung zu den großen europäischen Binnenwasserstraßen. Zum Teil sind sie nicht einmal (ganzjährig) schiffbar. Viel leichter dagegen ist es, Waren über das Mittelmeer bzw. den Atlantik zu transportieren. Spanien und Italien könnten also Zeile 1 und 3 zugeordnet werden – angesichts der geringen Bedeutung der Binnenschifffahrt werden keine Angaben gemacht. Da Spanien deutlich größer als Italien ist und mehr Autobahnkilometer hat, dürfte von diesen beiden Zeile 1 Spanien und Zeile 3 Italien sein. Für Zeile 1 (Spanien) spricht auch das hohe Passagieraufkommen in der Luftfahrt: Spanien und seine Inseln sind ein wichtiges Touristenziel für Mittel-, Nord- und Westeuropäer.

Polen:
Schweden ist für seine Seen und Küsten bekannt, nicht aber für Binnenschifffahrt. Polen hingegen hat mit Weichsel und Oder zwei große ganzjährig schiffbare Flüsse. Typisch für ein ehemals sozialistisches Land ist ein relativ gut ausgebautes Eisenbahnnetz. Es gibt jedoch wenige Autobahnen (anders als z. B. in Schweden), da das Auto im Sozialismus eher als privater Luxus galt, wenig gefördert wurde und oft nur schwer zu erwerben war. Zudem

hat (bescheidener) Handel bis zum Fall des Eisernen Vorhangs v. a. innerhalb der „sozialistischen Bruderstaaten" stattgefunden. Auch hier lag der Schwerpunkt auf Bahnverbindungen. Auswirkungen hat das z. B. auch auf den Passagier-Flugverkehr.

Frankreich:
Frankreich hat über den Rhein eine Verbindung zwischen Schwarzem Meer und Nordsee. Zudem ist es eines der Gründerländer der Europäischen Gemeinschaft und später Europäischen Union, und somit seit Langem am grenzenlosen europäischen Handel beteiligt. Der Güterverkehr auf Binnenwasserstraßen spielt auf jeden Fall eine größere Rolle als in Spanien, Italien, Schweden oder Polen. Das Eisenbahnnetz ist besser ausgebaut als in allen der genannten Länder.

Straßenverkehrstote und andere schwer zuzuordnende Zahlen: Man braucht nicht unbedingt alle Daten für eine Lösung. Und: Hinweise finden sich evtl. auch in anderen Aufgaben, hier in Aufgabe 11. Aber Vorsicht: Zahlen pro Milliarde Personenkilometer lassen sich nicht exakt mit Zahlen insgesamt vergleichen!

9 ___ von 8 P.

Umwelt und Verkehr

TIPP *Bei sehr komplexen Materialien ist es oft gut, die Aussagen nacheinander zu prüfen. Beachten Sie dabei, dass sich die Aufgabenstellung immer nur auf die vorhandenen Materialien bezieht, nicht auf Ihr Hintergrundwissen, d. h., es spielt keine Rolle, ob die Aussage grundsätzlich richtig wäre.*

1	2	3	4	5	6	7	8	
☐	☐	☒	☐	☒	☒	☐	☒	vollständig richtig
☐	☐	☐	☒	☐	☐	☐	☐	teilweise richtig
☒	☐	☐	☐	☐	☐	☒	☐	vollständig falsch
☐	☒	☐	☐	☐	☐	☐	☐	nicht zu entnehmen

1 Diesel-Pkws liegen mit 67,4 % NO_2-Ausstoß deutlich vor Nutzfahrzeugen mit 28,3 % Ausstoß.

2 Hierzu wird keine Aussage getroffen.

3 siehe Grafik „Trends des Verkehrs"

4 Pkws und Krafträder verbrauchen über die Hälfte der Energie im Verkehr, der Luftverkehr liegt aber mit knapp 16 % doch klar unter 20 %.

5 siehe Grafik „Anteil einzelner Verkehrsteilnehmer am Energieverbrauch im Verkehr"

6 Achten Sie genau auf die Zahlen! Manchmal werden solche Aufgaben absichtlich verwirrend gestellt (111 420 Tonnen = 111 420 000 kg > 1 Million/1 000 000 kg).

7 Von Schallemissionen sind nur 13 %, nicht 20 %, der deutschen Bevölkerung betroffen. Hier müssen Sie sich vergegenwärtigen, dass ein Fünftel 20 % entspricht.

8 siehe Grafik „Anteil einzelner Verkehrsteilnehmer am Energieverbrauch im Verkehr"

10
___ von 8 P.

Sehenswürdigkeiten

TIPP *Hier hilft ein großes Allgemeinwissen. Neben bekannten Sehenswürdigkeiten wie dem Eiffelturm können auch weniger bekannte Sehenswürdigkeiten vorkommen. Versuchen Sie, anhand von typischen Bildmerkmalen die richtige Lösung zu erschließen.*

	Name	Stadt
1	Eiffelturm	Paris
2	Majdan (Platz der Unabhängigkeit)	Kiew
3	Blaue Moschee (Sultan-Ahmed-Moschee)	Istanbul
4	Kolosseum	Rom

11
___ von 6 P.

Sicherheit in Verkehrsmitteln

TIPP *Lesen Sie die Diagramme genau, es kommt oft auf Details an. Festzustellen, welche Aussage „falsch" ist, ist meist am leichtesten. Beginnen Sie also damit. Suchen Sie dann die Aussagen, die „richtig" sind. Prüfen Sie, ob „nicht zu entnehmen" für die Übrigen zutrifft.*

1	2	3	4	5	6	
☒	☐	☐	☒	☐	☒	richtig
☐	☒	☒	☐	☐	☐	falsch
☐	☐	☐	☐	☒	☐	nicht zu entnehmen

5 Man weiß nichts über die Verkehrstoten, die z. B. zu Fuß, mit dem Fahrrad oder dem Motorrad verunglücken.

12
___ von 9 P.

Promillegrenzen für Fahrradfahrer

TIPP *Auch hier gilt: Materialien genau ansehen und Aussagen genau lesen. Achten Sie auf die kleingedruckten Fußnoten.*

1	2	3	4	5	6	7	8	9	
☐	☒	☐	☒	☐	☒	☐	☒	☐	richtig
☒	☐	☐	☐	☒	☐	☒	☐	☐	falsch
☐	☐	☒	☐	☐	☐	☐	☐	☒	nicht zu entnehmen

1 In Irland kann das Bußgeld z. B. höher sein.
2 Auch dort, wo keine Promillegrenzen gelten, wird Fahrtüchtigkeit erwartet.
3 Hier handelt es sich um Begriffe aus dem deutschen Rechtssystem, die aber beide im Material nicht enthalten sind.
4 In Tschechien gilt die Promillegrenze 0,0.
5 Zu den skandinavischen Ländern zählen Dänemark, Norwegen, Schweden und Finnland (siehe Fußnote 1).
6 siehe Fußnote 3
7 siehe Tabelle
8 z. B. ab 150 Euro
9 Zu den Regeln in den USA liefert die Tabelle keine Information.

13 ___ von 10 P.

Autofreier Sonntag

TIPP *Bei den meisten Lücken helfen logisches Denken und das eigene Sprachgefühl weiter: Was ist inhaltlich, was ist grammatikalisch sinnvoll? Man kann auch nach dem Ausschlussverfahren vorgehen, also: Was passt auf keinen Fall? Welche Begriffe kommen infrage?*

a	b	c	d	e	f	g	h	i	k
14	8	19	5	17	12	2	4	20	10

a „Autofreier Sonntag“ ist ein feststehender Begriff für eine politische Maßnahme, „verkehrsberuhigter Sonntag“ wäre grammatikalisch richtig, kommt aber inhaltlich nicht infrage.

i Nur Kraftstoffverbrauch kann richtig sein, weil Benzin und Diesel gemeint sind.

14 ___ von 12 P.

Ergänzen Sie!

TIPP *Zahlen-, Buchstabenreihen und Figurenreihen gehören zu den klassischen Fragen bei Einstellungstests.*

a) B **b)** 5

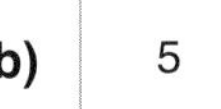

a Die oberen Hälften der Dominosteine folgen dem System –1, die unteren +1.

b Das graue Feld bewegt sich im Uhrzeigersinn um eine Stelle weiter, der Stern bewegt sich gegen den Uhrzeigersinn um eine Stelle weiter.

c)

A	B	C	D
13	S	64s	P

A D bis G = +3. 5 plus 3 = 8, G bis L = +5, 8 + 5 = 13

B Hier sind Buchstaben und Zahlen getrennt zu betrachten.
Muster der Zahlenreihe: +5; Muster der Buchstabenreihe: +4

C Muster der Zahlenreihe: ×4 : 2 (4×4 = 16 : 2 = 8×4 = 32 : 2 = 16 etc.)
Die Buchstaben folgen dem Alphabet, nach R kommt S.

D Geht man von M im Alphabet zwei Buchstaben weiter, kommt man bei O an, 6 Buchstaben in die andere Richtung des Alphabets führen zu I, wiederum zwei Buchstaben rückwärts zu G. Zählt man 9 Buchstaben im Alphabet wieder in die Richtung A bis Z gelangt man zu P.

15
___ von 8 P.

Straßenverkehrs-Ordnung (StVO)

TIPP *Klären Sie erst, welche Aussagen richtig bzw. falsch sind. Die verbleibenden Aussagen sollten dann in die Kategorie „teilweise richtig" passen. Auch hier gilt: Lesen Sie Text und Aussagen genau.*

1	2	3	4	5	6	7	8	
☒	☒	☐	☒	☒	☐	☐	☐	vollständig richtig
☐	☐	☐	☐	☐	☒	☐	☒	teilweise richtig
☐	☐	☒	☐	☐	☐	☒	☐	vollständig falsch

Richtig sind 1 (§ 49 (4)), 2 (§ 2 (4)), 4 (§ 49 bzw. § 2 (5) bzw. Hinweise zu den Verkehrszeichen 37, 240 und 241) und 5 (§ 1 Grundregeln).

Falsch sind 3 (§ 24) und 7 (siehe Verkehrszeichen 237, 240 und 241).

Teilweise richtig sind die Aussagen 6 (Hunde dürfen von Fahrrädern, aber nicht von Kraftfahrzeugen aus geführt werden) und 8 (siehe § 39 (5)), Markierungen sind Verkehrszeichen; dass sie die gleiche Bedeutung haben, wird im vorliegenden Material nicht gesagt.

16
___ von 10 P.

Buchstabensalat

a) TIPP *Orientieren Sie sich an Wörtern, die auffallen (z. B. „Rom"). Wenn Sie ein Sprichwort gefunden haben, können Sie die übrigen Wörter zusammensetzen.*

Alle Wege führen nach Rom.
Wer zuerst kommt, mahlt zuerst.

b) TIPP *Hier ist es hilfreich, nach dem ersten und dem letzten Buchstaben zu suchen.*

A Lastenfahrrad
B Verkehrswende
C Rettungswagen

c) TIPP Konzentrieren Sie sich und achten Sie auch auf gespiegelte Buchstaben.

9

17
___ von 7 P.

Gesetz über die Pflichtversicherung für Kraftfahrzeughalter (Pflichtversicherungsgesetz/PflVG)

TIPP *Lesen Sie zuerst die Gesetzestexte und die Fallbeispiele durch. Suchen Sie gezielt nach den Paragrafen, die für die Beantwortung der Fallbeispiele relevant sind.*

1.1	1.2	2.1	2.2	3.1	3.2	3.3	
☐	☒	☐	☐	☒	☐	☐	vollständig richtig
☐	☐	☒	☒	☐	☐	☐	teilweise richtig
☒	☐	☐	☐	☐	☒	☒	vollständig falsch

Fall 1: Der 14-jährige Sohn hat keinen Führerschein und ist nicht zum Führen des Fahrzeugs berechtigt (§ 3).

Fall 2: Es handelt sich um ein strafrechtlich relevantes Verhalten. R. handelt aber fahrlässig und nicht vorsätzlich (§ 6).

Fall 3: Gemeinden mit mehr als einhunderttausend Einwohnern müssen keine Pflichtversicherung abschließen (§ 2 (1) 3.). Allerdings müssen die von der Versicherungspflicht befreiten Fahrzeughalter in gleicher Weise und in gleichem Umfang bei Schäden haften (§ 2 (2)). Es geht dabei aber nicht um den Fahrzeugtyp „Schneeräumfahrzeuge" (vgl. 3.2).

18 ___ von 8 P.

Karikatur

TIPP *Sehen Sie sich zuerst die Karikatur genau an. Stellen Sie sich dann vor, sie müssten jemandem die Karikatur und deren Aussage erklären. Dann vergleichen Sie die Aussagen mit Ihren eigenen Gedanken. Sie merken, welche Antworten richtig sind. Bedenken Sie, dass eine Karikatur auf humoristische und kritische Weise auf Probleme in Gesellschaft und Politik hinweisen will.*

1	2	3	4	5	6	7	8	
☐	☐	☒	☒	☒	☐	☒	☐	vollständig richtig
☒	☒	☐	☐	☐	☐	☐	☐	vollständig falsch
☐	☐	☐	☐	☐	☒	☐	☒	nicht zu entnehmen

19 ___ von 4 P.

Räumliche Vorstellung

TIPP *Die Faltvorlagen der gängigsten geometrischen Körper sollten Sie kennen. Überlegen Sie bei Aufgabe a): Welche Lösungsvarianten scheiden aus? Bei Aufgabe b) kommen Sie mit Kästchenzählen weiter.*

a) C **b)** D

20 ___ von 2 P.

Rechnerei

3

Ferdinand macht drei Fahrten mehr, die zusammen 9 Euro gekostet haben. Eine Fahrt kostet also 3 Euro (9 Euro : 3).

21 ___ von 9 P.

Elektrofahrzeuge

TIPP *Richtige und falsche Aussagen sind aus den Diagrammen abzulesen. Nicht zu entnehmen ist eine Aussage, wenn keine Information dazu vorhanden ist.*

1	2	3	4	5	6	7	8	9	
☐	☒	☒	☐	☐	☒	☐	☐	☐	vollständig richtig
☒	☐	☐	☐	☐	☐	☐	☐	☐	teilweise richtig
☐	☐	☐	☐	☐	☐	☒	☒	☐	vollständig falsch
☐	☐	☐	☒	☒	☐	☐	☐	☒	nicht zu entnehmen

Falsch:

7 Nur die Zahlen von Januar bis September 2022 sind in die Grafik eingeflossen, außerdem ist die Corona-Pandemie bereits im Jahr 2020 ausgebrochen.

8 Es wird von Ihnen nicht erwartet, dass Sie die Einwohnerzahlen der aufgeführten skandinavischen Länder sowie von Großbritannien, Frankreich und Italien kennen und die absoluten Zahlen hochrechnen (Abb. „Bestand an Elektro-Pkw je 1 000 Einwohner"). Es wird aber vorausgesetzt, dass Sie wissen, dass Deutschland ca. 80 Millionen Einwohner hat.

Nicht zu entnehmen:

4 Über die Produktion von Elektroautos erfährt man nichts.

5 Im Diagramm wird nur der Bestand an Elektro-Pkw je 1 000 Einwohner aufgezeigt, nicht der Bestand in absoluten Zahlen.

9 Auch wenn im Diagramm „Wo E-Autos am beliebtesten sind", Plug-in-Hybride einbezogen sind, wird nichts dazu ausgesagt, ob zu Elektroautos immer auch Plug-in-Hybride gerechnet werden.

22

___ von 9 P.

Entwicklung der Kraftstoffpreise 1950 bis 2021

TIPP *Achten Sie auf Genauigkeit. Hier müssen Sie berücksichtigen, ob in der Aussage von Diesel oder Super-Benzin die Rede ist, von welchem Zeitraum gesprochen wird und welche Graphen im Diagramm Sie anschauen müssen. Falsch kreuzen Sie an, wenn dem Diagramm eindeutig eine andere Aussage zu entnehmen ist. Wenn das Diagramm keine Informationen zu den Aussagen enthält, kreuzen Sie „nicht zu entnehmen" an. Gefragt ist nicht nach Ihrem Hintergrundwissen, sondern nach den Aussagen des Diagramms.*

1	2	3	4	5	6	7	8	9	
☐	☒	☐	☒	☐	☒	☐	☒	☐	zutreffend
☐	☐	☒	☐	☒	☐	☐	☐	☐	nicht zutreffend
☒	☐	☐	☐	☐	☐	☒	☐	☒	nicht zu entnehmen

1 Über die Verfügbarkeit von Erdölreserven wird in der Grafik nichts gesagt.

2 Ist trotz ungenauer Zeitangabe („fast über den ganzen Zeitraum") als richtig einzuordnen.

3 Trifft für die Jahre ab ca. 2018 nicht zu.

4 Die Kraftstoffpreise waren im Vergleich zum Einkommen in den 1970er-Jahren höher als jetzt, auch wenn Sie heute nominal höher sind (vgl. durchgezogene Linie für Diesel und Super-Benzin).

5 Anfang der 1950er-Jahre war Super-Benzin gemessen am Preisniveau am teuersten.

6 Die Erklärungen für einkommens- bzw. kaufkraftbereinigt finden Sie in den jeweiligen Fußnoten.

7 Darüber wird in der Grafik nichts gesagt.

8 Achten Sie auch auf Anmerkungen. Hier finden Sie die Information, die der Grafik nicht zu entnehmen ist.

23
___ von 9 P.

Kfz-Versicherung in Deutschland

TIPP *Lesen Sie zuerst den Text und das Diagramm und dann die Aussagen genau.*

1	2	3	4	5	6	7	8	9	
☐	☐	☐	☒	☐	☐	☒	☐	☐	richtig
☐	☐	☐	☐	☐	☒	☐	☐	☐	teilweise richtig
☒	☒	☐	☐	☒	☐	☐	☐	☒	falsch
☐	☐	☒	☐	☐	☐	☐	☒	☐	nicht zu entnehmen

1 Es handelt sich hier um zwei unterschiedliche Versicherungen (siehe Grafik).
2 siehe Absatz „Unbegründete Ansprüche abwehren".
3 Vollkasko und Teilkasko sind nur in der Grafik aufgeführt; worin der Unterschied besteht, wird nicht erwähnt.
4 siehe Grafik
5 Wird der Versicherungsbeitrag nicht rechtzeitig gezahlt, kann der Versicherungsschutz rückwirkend verloren gehen.
6 Die Kfz-Haftpflicht entschädigt die Unfallopfer einschließlich der Mitfahrer des Unfallfahrers, aber nur bis zur vereinbarten Mindestversicherungssumme.
7 siehe Absatz „Wissenswertes: Autokauf"
8 Das wäre zwar sachlich korrekt, steht aber so nicht explizit im Text/Material.
9 siehe Absatz „Wie viel zahlt die Kfz-Haftpflicht?"

24
___ von 7 P.

Suchen Sie!

TIPP *Sehen Sie genau hin und achten Sie darauf, Ihre Ergebnisse richtig einzutragen.*

a) 8

b) A: 8, B: 11

c) A: R, B: F, C: R

25
___ von 4 P.

Würfel erkennen

TIPP *Würfelaufgaben gehören zu den klassischen Logikaufgaben und kommen in verschiedenen Varianten vor. Bei Aufgabe* ***a*** *ist es wichtig, die Würfel in den Ecken nicht doppelt zu zählen. Bei Aufgabe* ***b*** *bietet es sich an, die schwarze Ecke gedanklich so zu positionieren wie beim Würfel oben.*

a) E **b)** 3

a Würfel 3 muss nach rechts gekippt werden.

b Die untere Reihe besteht aus 6×4 Würfeln (=24 Würfel). Bei 2 Reihen übereinander sind dies 48 Würfel. Addiert man dazu die 8 Würfel in der oberen Reihe, die man abzählen kann, kommt man auf 56 Würfel.

a

K B m t E a X F o W a T s Q H A u t O L A Z u A u F F a U T o F g T x a u t O s
a E A U T O D F T A o t u d f g R g H z U A u F F t o T o A b d o E v B n M s W
Z g K f z S q t z i z R c h I K P U s u T k ä O s a U T o M c V e A u t o E R t
k P ü d T z I a u t o e A t A U T o i k F E a N D a u d d o E f T z u X O d U b

b

1 2 4 1 8 9 1 7 9 4 5 1 4 5 3 1 9 7 8 9 6 4 5 4 6 1 6 7 8 5 2 9 8 2 1 6 8 9 4 6
4 1 7 5 2 7 9 3 5 2 4 1 3 8 0 7 5 2 3 6 9 6 5 2 8 7 1 0 2 4 9 9 1 8 3 0 4 5 2 6
2 1 9 8 1 8 7 4 3 1 8 1 7 5 5 1 7 3 9 1 4 6 9 1 9 2 1 4 3 1 7 8 7 9 6 4 2 1 9 5
5 2 3 3 6 0 9 8 7 5 0 1 0 9 7 6 5 7 0 9 1 1 9 5 2 6 4 6 9 8 9 4 1 8 3 3 5 2 4 5
3 9 8 1 7 7 2 2 5 2 3 1 5 4 8 8 3 5 5 1 7 5 1 1 9 4 5 1 7 9 8 0 7 6 9 3 4 0 8 7
2 5 4 3 8 1 4 9 7 8 3 2 0 1 4 4 5 8 7 6 3 2 4 8 0 9 9 7 6 5 4 5 7 5 2 5 1 8 1 9

26 ___ von 12 P.

Jahrestage 2022

TIPP *Hier wird geschichtliches Grundwissen geprüft. Vergegenwärtigen Sie sich ausgehend vom Jahr 2022, um welche Jahreszahlen es geht. Einige Fragen können Sie beantworten, wenn Sie Ereignisse in ein bestimmtes Jahrzehnt bzw. Jahrhundert einordnen können. Auch hier hilft also das Ausschlussverfahren. Hilfreich kann es evtl. für Sie sein, wenn Sie zu den Jahresangaben die konkreten Jahreszahlen notieren (z. B. vor 20 Jahren = 2002). Beachten Sie, dass in der Auswahlliste mehr Jahre genannt werden als es Ereignisse gibt (C, M, N können hier nicht zugeordnet werden), umgekehrt passt das Jahr 1822 (K) zu zwei Ereignissen.*

1	2	3	4	5	6	7	8	9	10	11	12
L	G	O	B	I	K	K	D	E	F	A	H

27 ___ von 11 P

Vor 25 Jahren

TIPP *Informieren Sie sich über Jahrestage im Jahr bzw. Vorjahr Ihrer Auswahlprüfung (z. B. Ereignisse vor 25 Jahren, vor 50 Jahren, vor 100 Jahren). Wichtige Jahrestage werden in der Regel in den Medien thematisiert. Beachten Sie hier, dass sich der Text auf das Ausgangsjahr 1997 bezieht (25 Jahre vor 2022). Wenn Sie die Lücke nicht aufgrund Ihres Hintergrundwissens füllen können, gehen Sie nach dem Ausschlussprinzip vor.*

a	b	c	d	e	f	g	h	i	k	l
17	20	1	10	31	24	11	28	2	19	12

Beispiel: Für **a** kommen nur die Lücken 4, 17 und 22 infrage. 350 Jahre vor 1842 entdeckte Kolumbus Amerika; Kolonialmächte waren Spanien und Portugal, nicht Großbritannien. 500 Jahre vor 1842 war die Zeit des Mittelalters; lange vor einer Kolonisierung durch die Briten.

28 ___ von 4 P.

Wer hat was gesagt?

TIPP *Manche Zitate sind berühmt und sollten daher bekannt sein (z. B. „Niemand hat die Absicht, eine Mauer zu errichten.“). Beginnen Sie mit dem Zitat, das Sie klar zuordnen können. Auch das Ausschlussprinzip kann helfen.*

A	B	C	D
9	6	2	4

29
___ von 9 P.

Europawahlen

TIPP *Setzen Sie sich rechtzeitig mit dem politischen System Bayerns, der Bundesrepublik und der Europäischen Union auseinander. Mit Fragen zu aktuell anstehenden Wahlen müssen Sie rechnen (z. B. Landtags-, Bundestags-, Europawahlen, Volksentscheide). Auch hier kann das Ausschlussprinzip helfen.*

a	b	c	d	e	f	g	h	i
3	9	12	8	2	17	5	7	20

30
___ von 8 P.

Bayerischer Landtag

TIPP *Informieren Sie sich über anstehende Landtags-, Bundestags- sowie Europawahlen. Mit Fragen hierzu müssen Sie rechnen. Die richtigen und falschen Aussagen sollten Sie mit Ihrem Hintergrundwissen erkennen.*

1	2	3	4	5	6	7	8	
X			X	X		X		vollständig richtig
	X				X			teilweise richtig
		X					X	vollständig falsch

Teilweise richtig sind die beiden folgenden Aussagen:

2 Der Landtagspräsident oder die Landtagspräsidentin führt die Geschäfte des Landtags, vertritt den Staat in allen Rechtsgeschäften und Rechtsstreitigkeiten, nimmt aber nach dem Ministerpräsidenten oder der Ministerpräsidentin den zweithöchsten Rang ein.

6 Der Bayerische Landtag kann Verfassungsänderungen beschließen, und zwar mit einer Zweidrittelmehrheit.

31
___ von 8 P.

Denksport

TIPP *Bei **Aufgabe a** müssen Sie ähnlich wie bei Buchstaben- und Zahlenreihen nach einem logischen Prinzip suchen. Bei **Aufgabe b und c** notieren Sie bei jeder Aufgabe mit wenigen Worten die entscheidenden Informationen und ziehen daraus Schlussfolgerungen. Auf diese Weise finden Sie das richtige Ergebnis. Bei **Aufgabe d** probieren Sie verschiedene Wege aus. Hier werden 2 Punkte pro Antwort vergeben.*

a) 3 **b)** B **c)** C **d)** D

a Würden die Buchstaben hier wie bei den anderen Reihen dem Alphabet rückwärts folgen, hieße die Reihe Z Y X.

b Reihenfolge am Ende: Simon, Adam, Emma und Lena. Lena und Simon haben getauscht, d. h. vorher war die Reihenfolge: Lena, Adam, Emma und Simon. Die Plätze gewechselt hatten zuvor bereits Adam und Lena. Also war die Reihenfolge zu Beginn: Adam, Lena, Emma und Simon.

c In der Wiesenstraße gibt es insgesamt $8+6+5+1=20$ Fahrzeuge. Drei Kinder haben zwei Fahrzeuge, aber dafür haben drei Kinder keines. Wenn die Kinder mit zwei Fahrzeugen denjenigen ohne Fahrzeuge eines abgeben würden, wäre für jedes Kind ein Fahrzeug vorhanden: 20 Fahrzeuge = 20 Kinder in der Wiesenstraße.

d 11 Nüsse. Emil sammelt immer maximal 11 Nüsse, egal, ob er bei der ersten Kreuzung links oder rechts abbiegt.

32
___ von 60 P.

Abhandlung

Erwartet wird eine **differenzierte Stellungnahme mit drei Argumenten** (These, Begründung, Beispiel), die sich auf einem für den Einstieg in die dritte Qualifikationsebene angemessenen, problembewussten Reflexionsniveau bewegt.
Im Original-Test müssen Sie die **Reinschrift** Ihrer Abhandlung direkt im Lösungsbogen eintragen. Es empfiehlt sich, Notizpapier, z. B. für eine Stoffsammlung, bereit zu halten.
Im Folgenden finden Sie mögliche **Stichworte** für Ihre Abhandlung, Hinweise zur **Bewertung** sowie ein **Formulierungsbeispiel**.

TIPP *Wichtig ist, dass Sie eine Themaverfehlung und damit eine Bewertung mit 0 Punkten vermeiden! Sobald Sie keinen Punkt auf den Inhalt bzw. die Argumentation Ihrer Abhandlung erhalten, bekommen Sie auch keine Punkte für die sprachliche Ausgestaltung oder die äußere Form.*

Thema: Kostenlose Fahrten mit den Verkehrsmitteln des öffentlichen Personennahverkehrs als Lösung gegen die Überlastung der Innenstädte.

Beurteilen Sie diese Idee (für Deutschland). Entfalten Sie hierzu drei Argumente.

Mögliche Stichworte als Grundlage für Ihre Abhandlung

Kostenloser ÖPNV – Idee:

- Idee, die bereits in den 1970er-Jahren entstand und seit wenigen Jahren wieder diskutiert wird und z. B. in der Idee des 9 €-Tickets in veränderter Form aufgegriffen wurde.
- Fahrten mit dem ÖPNV, ohne für die Fahrt zahlen zu müssen
- Bereitschaft, auf Fortbewegung mit dem Pkw (Individualverkehr) zu verzichten, wird gefördert
- ähnlich wie der Bau von Straßen durch alle Steuerzahler finanziert wird, werden die Kosten für notwendigen Verkehr auf alle verteilt
- Idee des gerechten Preises – auch für die, die auf Fahrten in die (Innen-)Städte angewiesen sind
- Entlastung der (Innen-)Städte kommt allen zugute

Kostenloser ÖPNV – Ziele:

- (Innen-)Städte sind seit Langem durch Individualverkehr überlastet
- Entlastung durch Nutzung des ÖPNV ist möglich
- Verbesserung der Lebensqualität in den Städten und damit Steigerung der Attraktivität (weniger Schadstoffemissionen, Lärm, Staus)
- Finanzierung z. B. über Steuern

Argumente für kostenlosen ÖPNV:

- Anreiz für Verkehrsverlagerungseffekt (Individualverkehr → ÖPNV)
- Kosten im Vergleich zum Individualverkehr
- besserer Verkehrsfluss (weniger Staus, weniger Emissionen, Zeitersparnis)
- Reduzierung der Umweltbelastungen, unterstützt bei der Erreichung der Klimaziele
- Raum für anderen Verkehr (z. B. Fahrradfahrer)
- geringeres Unfallrisiko
- Entlastung der Privathaushalte, wenn auf Pkw verzichtet werden kann
- Kostengerechtigkeit (auch andere Infrastruktur wie Straßen und Autobahnen wird von Steuergeldern finanziert)

Argumente gegen kostenlosen ÖPNV:

- Kosten (Finanzierung, Erhalt usw.)
- Verkehrsverlagerungseffekt hängt auch von anderen Faktoren ab (Prestige des Autos, Bequemlichkeit usw.) und kann daher evtl. niedriger ausfallen als denkbar
- unterschiedliche Voraussetzungen von Stadt zu Stadt
- ÖPNV nicht überall gleich gut ausgebaut bzw. rentabel (Land-Stadt-Fahrten)
- Finanzierung auch durch die, die den ÖPNV nicht nutzen (können)
- Erwartungshaltung der Nutzer des ÖPNV steigt bei Verzicht auf den Pkw

Formulierungsbeispiel

Erwartet wird eine **differenzierte Stellungnahme mit drei Argumenten** (These, Begründung, Beispiel). Über die ausformulierten Argumente hinaus ist nichts weiter gefordert: keine Gliederung, keine Einleitung, kein Schluss.
Sinnvoll ist aber sicherlich eine **Anordnung der Argumente** nach Gewichtung: Zunächst sollte die Seite vertreten werden, die man als „schwächer" einstuft. Bei drei geforderten Argumenten genügt für diese Seite ein Argument. Den Schwerpunkt – inhaltlich und quantitativ – sollte man auf die „stärkere" Seite legen. Hier formuliert man zwei besonders gewichtige Argumente aus.

TIPP ***Übrigens:** Manchmal bieten andere Teile der Prüfung einen Ansatz für die Argumentation, hier z. B. der Text zu Aufgaben 1 bis 5, vor allem die Abschnitte 3 und 4.*

Argument 1

Rund 75 % aller Berufspendler- und pendlerinnen können sich vorstellen, den öffentlichen Personennahverkehr zu nutzen, „wenn denn die Infrastruktur stimmt" (Text, Abschnitt 2). Und eben hierin dürfte eines der größten Probleme liegen, wenn der ÖPNV kostenlos für alle angeboten werden soll. Würde dadurch die Zahl der ÖPNV-Nutzer steigen, müsste die Zahl der Verkehrsmittel erhöht werden, müsste die Verkehrsinfrastruktur weiter ausgebaut werden, auch in Regionen, die bisher weniger gut an den ÖPNV angeschlossen sind. Es bliebe also nicht nur bei den Kosten für bereits eingesetzte Verkehrsmittel wie z. B. Wartung, Energiekosten, Löhne für Fahrer. Hinzu käme ein immenser Aufwand für die Anschaffung weiterer Verkehrsmittel, für den Ausbau der Verkehrswege in den Städten und auch in weniger gut ausgebauten Regionen.

Argument 2

Demgegenüber stehen allerdings andere Aufwendungen. Denn auch der Individualverkehr, der auf den ersten Blick durch den Fahrzeughalter selbst finanziert wird, verursacht weitere Kosten. So müssen auch dafür Verkehrswege gebaut oder instandgehalten werden. Parkplätze oder Parkgaragen kosten Platz, der vor allem in Innenstädten, in denen das Miet- sowie das Preisniveau für Immobilien hoch ist, dieses Niveau noch weiter in die Höhe treibt und immer auch zu Lasten der Bewohner geht. Die zeigt sich in Bayern z. B. in München. Mehr und mehr Menschen ziehen vom Stadtbereich ins Umland, auch wegen kaum mehr bezahlbarer Mieten und Immobilienpreise. Und ein Teil derer pendelt infolgedessen aus beruflichen Gründen von dort wieder in die Kerngebiete der Stadt und verschärft damit die Verkehrsproblematik. Die Möglichkeit, kostenlos den ÖPNV nutzen zu können, könnte dem in gewissem Maße abhelfen.

Argument 3

Eines der wichtigsten Argumente ist heute aber sicher das der Nachhaltigkeit. Kostenloser ÖPNV kann zu einer Verkehrsverlagerung führen. Die positiven Folgen für die Umwelt sind offensichtlich. Fahren 50 bis 60 Personen in einem Bus, liegt der Verbrauch an Kraftstoff deutlich niedriger, als würden immer zwei Personen zusammen in einem Pkw fahren. Und gerade Pendler fahren häufig allein im Auto. Zudem braucht ein Bus weniger Platz als 25 bis 30 Pkws. Staus würden reduziert, geringere Standzeiten im Verkehr wären die Folge und der Kraftstoffverbrauch würde auch auf diese Weise sinken. Wertvolle Ressourcen würden geschont. In vielen Städten fahren öffentliche Verkehrsmittel auch mit „Bio-Sprit“ oder elektrisch angetrieben. Mit alledem ginge eine Reduzierung der Schadstoffemissionen einher. Die Lebensqualität stiege in den Städten und ihrem Umland und weit darüber hinaus.